普通高等教育“十四五”规划教材

未来炼厂

宁 汇 编著

中国石化出版社
·北京·

内 容 提 要

本书旨在探索未来炼油的发展趋势与方向，通过深入剖析炼油行业的历史、现状和未来，分析当前炼油行业存在的关键问题，介绍当前主要石油加工技术的重要创新、炼油行业产业升级和炼厂可持续发展案例，为炼油行业的发展规划提供有益的启示和借鉴。

本书适合作为大中专院校的教材或教辅材料，也有助于炼油行业的从业人员开拓视野、创新思路、提高工作能力。

图书在版编目(CIP)数据

未来炼厂 / 宁汇编著. --北京：中国石化出版社，2024.12. --ISBN 978-7-5114-7770-5

Ⅰ.TE62

中国国家版本馆 CIP 数据核字第 2024QL0582 号

中国石化出版社出版发行

地址:北京市东城区安定门外大街 58 号

邮编:100011　电话:(010)57512500

发行部电话:(010)57512575

http://www.sinopec-press.com

E-mail:press@sinopec.com

北京艾普海德印刷有限公司印刷

全国各地新华书店经销

*

787 毫米×1092 毫米 16 开本 14 印张 340 千字

2025 年 1 月第 1 版　2025 年 1 月第 1 次印刷

定价:68.00 元

前　言

炼厂，作为工业文明的重要象征，经历了从蒸汽时代到信息化时代的漫长演变。

随着全球能源结构的不断调整，特别是新能源、新技术的不断涌现，炼厂行业面临前所未有的挑战。在此背景下，《未来炼厂》应运而生，旨在探索未来炼油行业的发展趋势与方向，为行业内的决策者、研究者和实践者提供有价值的参考。

未来炼厂，不仅是一个技术概念，更是一种全新的产业生态。它融合了先进的数字技术、制造技术、新能源技术，以及安全环保理念，实现炼厂生产过程的智能化、绿色化、高效化。未来炼厂不仅是能源转化的主阵地，更是高端化工材料一体化、资源循环利用、环境友好、经济可持续发展的重要载体。

本书通过深入剖析炼油行业的历史、现状和未来，展望当前炼厂的技术创新、产业升级和可持续发展路径。同时，通过案例研究、数据分析、逻辑推断等方法，为读者呈现未来炼厂的蓝图，为炼油行业的未来发展提供有益的启示和借鉴。

在内容与结构上，本书首先回顾了炼油行业的历史沿革与发展背景，分析了当前国内外炼油行业的现状与面临的问题，指出了新科技革命背景下未来炼厂的发展趋势和破局之策。其次，从炼油的基础——石油的化学组成出发，按照石油的加工过程不同，分别阐述了石油分馏、延迟焦化、催化裂化、加氢裂化等主流加工工艺的历史、现状和未来；从分子炼油和数字化炼厂的角度分析了当前炼油行业正在进行的科技攻关。最后在综合大量国内外研究报告和数据的基础上，描绘未来炼厂的蓝图。

本书内容与理念结合了作者多年的教学科研经验，相关论点和论据经过了深刻与反复的思考，编写过程中采用文献调研、案例分析和专家访谈等多种研究方法，力求全面、客观、准确地把握未来炼厂的发展趋势与特点。本书一是对未来炼厂的概念进行了系统的阐述和解读；二是通过深入的案例研究，展示了未来炼厂在技术创新、产业升级和可持续发展等方面的实践成果；三是对未来炼厂的发展趋势进行了前瞻性的分析和预测，为行业的未来发展提供了有价值的参考。

本书由宁汇担任主编、由严文娟担任副主编，感谢所有为本书付出辛勤劳动的作者、编辑和审稿专家，尤其要感谢五年来一直跟随我为撰写本书而付出辛苦劳动的学生们，他们的智慧和汗水汇聚成了这本具有里程碑意义的著作。同时，在编写过程中我首次尝试利用 AI 辅助文本编辑工作，极大提高了我的工作效率。最后，感谢广大读者对本书的关注和支持。

展望未来，我期望《未来炼厂》能够引发行业内外的广泛关注和热烈讨论，为炼油行业的可持续发展注入新的活力。同时，我也期待与各位同人共同努力，推动炼油行业迈向更加绿色、高效、智能的未来！

由于作者水平有限，书中难免疏漏和不妥之处，恳请读者批评指正。

目　　录

第1章 绪 论

随着新一轮产业和技术革命的开展，全球工业升级步伐加快，炼厂作为石油和化学工业的核心场所，面临前所未有的挑战。在能源转型、环境保护、技术创新等多重因素的影响下，炼厂的未来发展充满变数。本章系统分析了炼厂的发展历史与现状，旨在探索炼厂在未来工业格局中的地位、趋势以及所面临的挑战，并提出相应的解决方案。

1.1 炼油行业现状

1.1.1 国内外炼油发展史

炼油工业的历史可以追溯到170年前，其发展经历了从最初的照明用途向燃料用途，再向化工品用途方向的转变。现代炼油工业的起源可以追溯到加拿大医生 Abraham Gesner 发明煤油，并建造了能够产出更高质量产品的精炼设施。19 世纪 40 年代初，Gesner 开始对一系列石油类的碳氢化合物进行试验，特别是来自特立尼达和多巴哥的沥青，他开发了一种提取燃油的工艺。通过在蒸馏器中加热这种矿物，Gesner 注意到一种类油物质被提取出来，这种油燃烧时有明亮的黄色火焰，并且不会产生异味，他将这种物质命名为“kerosene”(煤油)。

随着 19 世纪 60 年代汽车工业的发展，对汽油的需求迅速增长，热裂化技术应运而生。热裂化的发明者是威廉·M. 伯顿，他在 1911 年建成了世界第一座半工业化的热裂化装置，显著提高了汽油的产量。

20 世纪以来，炼油技术不断进步，特别是近 30 年来，装置规模不断大型化，在清洁油品生产、重油加工、烯烃原料多元化和高附加值化工产品生产等方面的技术开发不断突破。例如，沸腾床加氢技术和悬浮床加氢技术在重油和劣质油的轻质化加工技术上取得突破性进展。

20 世纪 60 年代，国内研究人员成功开发的流化催化裂化、催化重整、延迟焦化、尿素脱蜡、新型催化剂和添加剂被誉为中国炼油史上的“五朵金花”。近年来，我国在炼油和石油化工技术方面取得了显著成就，炼油能力和乙烯规模均仅次于美国，位居世界第二。

全球炼油行业集中度上升并向深加工发展，与过去汽油和柴油的需求支撑了炼油业产能增加的主要推动力不同，未来全球石油需求的增长主要来自石化产品，化工市场规模继续扩大。预计 2030 年全球化工品市场产值总量将达到 7 万亿美元，较 2018 年提高近 50%。炼油技术的发展也体现在二次加工能力、连续重整、渣油加氢裂化等方面。目前的炼油技术仍沿袭之前的理论基础，而技术进步主要体现在炼油装置的大型化与规模化、对重质油及炼油中重质组分的加工能力、工艺优化以及炼厂智能化等方面。此外，大型化、一体化、清洁化、高端化成为全球炼化行业发展的新趋势。例如，美国墨西哥湾沿岸、日本北部湾、新加坡裕廊岛、沙特朱拜勒和延布石化工业园等已形成一批世界级炼化基地。

中国国内的炼化业务竞争主体进一步多元化，民营大炼化日渐崛起，外资企业积极抢滩，国企加快投资步伐。预计到 2025 年，我国七大石化基地的炼油产能将占全国总产能的 40%。随着新建大型炼厂的逐渐投产，中小型炼油企业也将面临整合及产能退出，而全球范围内即将投产的炼厂主要包括科威特 Al-Zour、尼日利亚 Dangote 等。

知识点：我国七大石化基地

(1)大连长兴岛石化基地：恒力炼化一体化项目已在此投产，该项目是国内目前为止计划一次性建成规模最大、加工流程最长、上下游装置关联度最高、技术最复杂的一体化项目。

(2)河北曹妃甸石化基地：以炼化一体化为主体，加快建设一批大型炼化一体化项目，促进芳烃-乙二醇-聚酯一体化产业基地建设，提高有机原料的保障能力。

(3)江苏连云港石化基地：盛虹集团 1600 万 t/a 炼化一体化项目于 2021 年建成投产。

(4)浙江宁波石化基地：已聚集了多家世界 500 强企业，重点发展原油炼制、新兴石化产业、高端专用化学品。镇海炼化扩建 1500 万 t/a 炼油项目，炼油 4000 万 t/a、乙烯 200 万 t/a。

(5)上海漕泾石化基地：高桥石化漕泾炼化一体化项目计划建设 2000 万 t/a 炼油、100 万 t/a 乙烯的炼化一体项目。

(6)广东惠州石化基地：2020 年，惠州大亚湾石化区石油炼制、乙烯生产能力分别达到 4000 万 t/a、500 万 t/a。中海油惠炼二期 1000 万 t/a 炼油项目已投产。

(7)福建漳州古雷石化基地：福建福海创石油化工有限公司成功重启芳烃项目，PX 装置已生产出合格产品。

1.1.2 全球炼厂新格局

炼油行业在全球经济和社会发展中扮演着至关重要的角色。随着全球能源结构的转型和新技术的发展，炼油行业将继续在全球经济中发挥重要作用。当前，全球炼油行业正在经历一系列变革，形成了新的格局。

(1)能源结构转型：全球能源消费结构正向低碳化、绿色化、多元化发展，国际大石油公司在强化油气核心优势的同时，纷纷布局新能源和替代能源业务。

(2)炼油能力过剩：国内炼油产能过剩的态势将长期存在，2020年国内原油产量1.95亿t，炼油能力8.9亿t/a，开工率70.0%；预计2025年左右成品油消费将达到峰值，消费总量约4.0亿t。

(3)炼化产业布局：全球炼化产业布局向园区化、基地化、特色化、绿色化发展，大型化、一体化、清洁化、高端化成为全球炼化行业发展的新趋势。

(4)产能东扩：全球炼油产能的增长主要集中在亚太和中东地区，而欧美地区炼油装置老化或部分产能退出，导致全球炼油行业东移趋势显著。

(5)技术进步：炼油技术在劣质重油加工、清洁燃料生产、炼油向化工转型等方面取得持续发展。重油和劣质油的轻质化加工技术，如沸腾床加氢技术和悬浮床加氢技术，取得突破性进展。

(6)炼厂投产高峰：2021年全球迎来新一轮炼厂投产高峰，尤其是中国、印度和中东地区，而其他地区如欧美的炼厂受疫情冲击严重，部分炼厂考虑永久关闭或持续停产。

(7)石油需求峰值预测：在全球能源低碳转型的大背景下，石油需求峰值可能会提前到来，这将对炼油行业产生深远影响。

(8)炼油行业整合与转型：面对能源变革和石油峰值到来，国际石油公司一方面加紧在炼化行业的新布局，推动炼油化工业转型升级；另一方面强势进军天然气和新能源领域，开启转型之路。

(9)新三大炼油中心：传统的三大炼油中心(美国墨西哥湾、欧洲西北欧、亚太新加坡)正受到新三大炼油中心(印度西海岸、波斯湾和红海、中国东南沿海)的挑战，全球炼油行业格局可能重新洗牌。

这些变革预示着全球炼油行业正朝着更加高效、环保和一体化的方向发展，同时也面临着需求峰值提前到来和能源转型的挑战。

1.1.3 我国炼油行业面临的风险和挑战

我国炼油行业虽然起步晚，但发展迅速。特别是改革开放以来，我国的炼油技术突飞猛进，无论是炼油能力还是炼油水平，当前都已处于世界领先地位。但随着科技进步和国际形势的变化，我国炼油行业面临多方面的风险和挑战，主要包括：

(1)利润下降压力：受上游原料价格高位、下游市场需求不振、产品价格低位徘徊的影响，石化行业效益尚未全面扭转下滑态势，尤其是炼油板块利润下降幅度高于90%，这直接影响了石化全行业的经济效益。

(2)炼油能力过剩：随着多个千万吨级炼厂建成投产，预计到2025年，我国炼油能力将达到9.8亿t/a，成为世界第一大炼油国。但这也意味着炼油能力过剩问题将更加严峻，预计过剩能力至少1.6亿t/a。

(3)低碳转型挑战：炼油行业是能源消耗和碳排放的重要来源，面临实现低碳转型的重任。在“双碳”目标指引下，炼油企业需要加快绿色低碳转型发展路径探索，努力实现可持续发展。

(4)市场竞争加剧：随着民营企业和外资企业的参与，市场竞争日趋激烈。预计到2025年，民营企业炼油能力将占全国炼油总能力的30%，这将导致市场竞争进一步加剧，部分规模小、效益低的企业可能面临关停或重组的风险。

(5)技术创新能力偏弱：技术创新是推动炼油行业高质量发展的关键，但目前我国炼油行业在技术创新能力方面仍有待加强，需要攻克更多核心技术和关键技术。

(6)国际环境复杂多变：全球地缘政治紧张局势和国际贸易环境的不确定性，导致国际油价波动频繁，对依赖进口原油的中国企业构成挑战。

(7)新能源的替代压力：随着新能源汽车的快速发展，传统燃油车市场面临压力，未来汽柴油的消费量将逐步减少，对炼油行业构成替代威胁。

面对这些风险和挑战，我国炼油行业需要采取有效措施，如加快结构调整、推动技术创新、实现绿色低碳发展、加强市场竞争力等，以应对当前的困难并实现可持续发展。

1.2 炼油行业发展趋势

炼油行业正面临重要的转型时期，炼油行业的发展将更加注重绿色、多元和可持续性，同时技术创新和结构调整将是支持行业转型升级的关键因素。炼油行业发展趋势具体可以概括为以下几个方面。

1.2.1 低碳发展

随着全球对减少碳排放的重视，炼油行业需要实现低碳发展，这不仅是挑战，也是转型升级的机遇。中国提出了“双碳”目标，即碳达峰和碳中和，这要求炼油行业在整体规划和各个环节中实现低碳发展，包括能量和资源的高效利用、循环经济，以及碳捕集、利用与封存(CCUS)等技术的应用。

在炼油行业中，CCUS技术是实现低碳发展的关键技术之一。中国石化已经在CCUS领域取得了显著成就，形成了国内领先的技术。2022年8月，中国首个百万吨级CCUS项目——齐鲁石化-胜利油田CCUS示范工程建成投产，该项目通过将齐鲁石化生产过程中产生的二氧化碳输送至胜利油田注入地层封存并驱油，实现了年平均增油20万t、减排二氧化碳100万t的成效。

然而，CCUS技术在经济性方面仍面临挑战。高昂的成本是阻碍CCUS应用范围扩容的主要因素之一。目前，每吨碳的捕获成本约为100美元，企业的目标是将这个成本减半，降至50美元。

尽管存在挑战，CCUS技术的应用前景依然广阔。CCUS技术在炼油行业中的应用不仅限于封存并驱油，还包括化工利用、富碳农业、建筑行业等多个领域，例如将 CCUS 与光伏发电等可再生能源融合，以实现更加绿色、低碳的发展。未来，随着技术的不断发展和政策的支持，CCUS 技术有望得到更广泛的应用，为实现“双碳”目标作出重要贡献。

1.2.2 产能过剩与产业结构调整

中国炼油产能存在结构性过剩问题，全国炼厂开工率相对较低，且成品油和基础化工品过剩，而高端化工品短缺。这要求行业进行产能结构调整，淘汰落后产能，加快建设现代化炼化基地。未来，炼厂结构调整的主要方向包括：

(1)炼化一体化：炼化一体化有利于减少产品生产的中间环节，缩短工艺路线，实现能量最优化利用，以最大限度地降低生产成本。目前，新建炼厂多为千万吨级“化主油辅”的炼化一体化企业，如裕龙石化、华锦阿美石化等，实现原油深度加工和产品多样化，提高经济效益和市场竞争力。

(2)减油增化：炼油企业加快二次加工、深度精制装置建设，推动“减油增化、炼化一体化”，适应成品油需求减少、化工原料需求增加的新趋势。2023 年，二次加工能力增长快于炼油能力。

(3)优化产业布局：产业集中化、智能化、大型化发展有利于资源和能源的充分利用，避免重复建设，提高生产效率。一方面，要淘汰落后产能。国家明确炼油能力 10 亿 t/a 的红线，推动 200 万 t/a 及以下常减压装置有序淘汰退出，提高行业整体技术水平和竞争力。另一方面，要加快石化产业园区建设，形成若干世界级炼化产业基地，提升产业集中度和协同效应。

(4)绿色低碳发展：炼油企业加快绿色低碳转型，大力发展氢能、生物燃料等新能源，积极探索 CCUS 技术，实现降碳减排。

(5)数字化、智能化：数字化和智能化是工业 4.0 的典型特征，故炼厂应加快 5G、大数据、人工智能等新技术应用，建设智能炼厂，提高生产效率和管理水平。

(6)科技创新：科技是第一生产力。炼化企业应强化科技创新，突破关键核心技术，向下游化工新材料、特种化学品等高附加值领域延伸。

(7)产品结构调整：随着我国生产力的提升，低端和普通产品产能已经出现过剩局面，单纯靠压低价格竞争不利于市场良性发展和企业自身的技术进步，故应发展高端润滑油、节能环保、高端智能制造等炼油特色产品，满足市场对高品质、差异化产品的需求。

总之，炼厂结构调整正朝着炼化一体化、减油增化、绿色低碳、智能化等方向加速推进，以适应能源转型和市场需求变化，实现高质量发展。

1.2.3 炼化一体化

炼化一体化是指炼油与化工生产在规划、运营或转型过程中的一体化整合。炼厂主要产品包括汽油、煤油、柴油、燃料油和润滑油等，这些产品作为交通运输和工程机械的主要燃料，其重要性不言而喻。化工厂则进一步加工炼油装置的产品，生产出烯烃、芳烃等基础的化工原料。推动炼化一体化发展的首要因素是工业自身的需求，通过一体化整合可以降低生产成本，提高经济效益，并实现资源的优化利用。此外，炼化一体化也是响应外部环境需求的体现，有助于实现碳达峰、碳中和的目标，同时适应新能源车的快速发展趋势。

炼化一体化可以实现原油的深度加工，提高原油的利用效率，与传统炼油相比，能够生产出更多样化的产品，降低生产成本和原料成本，实现原油利用最大化。炼化一体化使炼油企业不再依赖单一的成品油市场，而是能够通过延伸生产链条，实现自产自销和自产自用，增强对原料紧缺的抗风险能力。同时，炼化一体化企业可以根据市场的需求变化灵活调整生产路线，实现产品的多样化，提高市场适应性和竞争力。

炼化一体化可以从两个维度进行划分。首先，从业务结合程度来看，可以分为“炼”“化”两部分。“炼”是指将原油进行蒸馏、裂化等处理，生产出汽油、煤油、柴油、燃料油、润滑油等成品油。“化”是指对炼油装置产出的产品进行更为深入的加工，以制备烯烃、芳烃等化工原料。其次，从项目实施和产业链延伸的角度来看，炼化一体化项目可以实现上下游产业链协同发展，横向延伸至 C_2 和 C_3 产业链。例如，一种模式是实现“原油-乙烯-芳烃-PTA-聚酯-化纤”和“原油-乙烯-乙二醇-聚酯-化纤”的全产业链打通。另一种模式是优化生产结构，发展化工生产链条，例如镇海炼化、锦西石化、利华益等多家炼油企业。此外，在推进炼化一体化的过程中，也需要科学调控产业规模，有序推进炼化项目“减油增化”，延长石油化工产业链，增强高端聚合物、专用化学品等产品供给能力。

炼化一体化随着中国经济的快速发展和能源需求的增长应运而生，行业经历了快速发展期和转型升级期两个子阶段，产量不断增长，产品质量和生产效率得到提升。当前，我们正处于深化发展阶段，面临“减油增化”的挑战，优化资源配置、降低生产成本、提高附加值产品已成为主要战略选择。同时，为了实现全价值流的效益提升，一些企业开始打造一体化运营优化，推动端到端的提升。炼化一体化的产品广泛应用于下游交通运输燃料、工程机械燃料、化工原料等领域，如汽车燃油、飞机燃料、塑料、橡胶、化肥等。

在“十三五”期间，我国炼化行业取得了显著的进展，体现在规模实力提升、结构调整优化、油品质量升级以及市场化转型等方面，展现出强大的抗风险能力。同时，我国的炼油和乙烯产能规模持续扩大，稳居全球第二，仅次于美国。近五年来，我国炼厂大型化装置的建设加速，深加工能力得到显著提升。截至 2021 年 11 月，全国千万吨级以上的炼厂已达到 28 家，占全国炼油总能力的 45%左右，体现出炼厂规模化和集约化的发展趋势。根据《2021 中国能源化工产业发展报告》的预测，在“十四五”期间，炼化行业将以一体化、大型化、园区化为发展趋势，进一步提升核心竞争力。预计到 2025 年，千万吨级炼厂的数量将增加至 33 家，平均规模也将扩大至 702 万 t/a，接近全球平均水平。同时，炼化一体化将成为新建炼厂的基本配置。此外，石化产业的规模集中度、石化基地的集群化程度、行业整体技术水平和核心竞争力都将实现新的跨越，推动我国炼化行业向更高水平发展。

炼化一体化前景广阔，但在发展过程中必须解决以下几个典型问题。

(1)炼化一体化过程中会产生大量的废气、废水和固体废弃物，其中含有有害物质，对环境造成严重污染。例如，石化企业排放的二氧化碳、硫化物等气体会导致空气污染；废水中含有重金属、有机物等污染物，会对水体和土壤造成污染。

(2)炼化一体化过程需要大量的能源供应，包括燃料和电力等传统的石化工艺存在能源利用效率低的问题，导致能源浪费和碳排放增加。此外，炼化一体化过程中还需要大量的水资源，而水资源的稀缺性和水质问题也给行业带来了挑战。

(3)炼化一体化过程中涉及高温、高压、易燃易爆等危险因素，一旦发生事故，可能会造成严重的人员伤亡和财产损失。因此，石化企业需要加强安全管理，提高安全意识和技术水平，确保生产过程的安全。

(4)炼化一体化行业的技术创新能力相对较弱，大部分企业仍然采用传统的生产工艺和技术装备。这导致了产品质量不稳定、资源利用效率低下等问题。

(5)近年来炼化一体化行业的产能过剩问题日益突出。由于市场竞争激烈和需求增长放缓，一些企业过度投资建设新项目，导致产能过剩和价格下跌，这不仅影响了企业的盈利能力，还可能导致资源浪费和环境污染加剧。

总之，炼化一体化有利于上下游产业链协同发展，增强高端聚合物、专用化学品等产品的供给能力，推动石油化工产业链的高端化、精细化发展。未来，炼化一体化行业将更加注重绿色、低碳、高效、可持续发展，通过技术创新和工艺优化，提高资源利用效率和产品质量，减少环境污染和碳排放。同时，炼化一体化行业还将加强国际合作，积极参与全球能源治理和市场竞争，推动行业的健康发展。总体而言，炼化一体化行业有望在未来继续保持稳步增长，并为全球经济的可持续发展作出积极贡献。

1.2.4 技术创新

随着经济发展和人们环保意识的增强，炼化行业只有进行技术创新，才能适应市场变化、提升竞争力、满足环保和实现可持续发展的要求。

技术创新的主要目标包括提高生产效率，降低生产成本；推动产品升级，开发新产品，满足市场对高质量、多样化产品的需求；减少污染物排放，实现绿色生产；更高效地利用资源，提高原料转化率，减少浪费；提高生产过程的安全性，降低事故发生的风险；提升国际竞争力，开拓更广阔的市场；开发新技术，应对电动汽车市场的崛起和可再生能源的挑战。

炼化行业的技术创新方向可以关注以下几个领域：

1. 电气化技术

随着发电技术的不断进步，可再生能源发电比例的逐渐上升，电气化技术在未来炼化行业中可能具有显著的优势。首先，电气化技术将清洁的电能作为能源，环境友好不产生燃烧过程中的污染物排放，如废渣、废气等，有助于实现低碳环保的运营。其次，电热系统具有更高的热效率，以电热锅炉为例，其热效率可达99%。再次，电气化技术配合先进的控制系统可以实现自动化操作，即根据生产需求快速调节功率输出，对于启停和负荷变化的适应性强，操作简便，智能化控制生产效率高，安全性好，人力成本低。最后，电气化技术有助于推动能源消费的电能替代，包括电裂解炉、大功率电加热炉、电锅炉、电化学等技术，实现炼化终端用能深度电气化，以提高绿电消纳比例，减少对化石燃料的依赖，支持可再生能源的利用和能源结构的优化。

2. 生物制造技术

生物制造技术的优势在于其环境友好性、原料的可持续性、技术创新能力以及广阔的市场应用前景，是实现绿色发展和产业转型升级的重要途径。生物制造与炼化行业的结合是实现绿色低碳转型的重要方向，具有巨大的发展潜力和战略意义。具体来说，这种结合可以通过以下几个方面实现：(1)将生物质作为碳氢资源。生物质中富含C、H元素，将农作物秸秆、林木废弃物等生物质资源作为炼化行业的原料，通过生物制造技术转化为能源和化工产品，有助于减少对化石燃料的依赖。(2)发展生物炼制技术，将生物质通过发酵、汽化等工艺转化为生物燃料和化工原料，实现生物质的高值化利用。(3)发展生物制造技术，利用生物质生产生物基塑料、生物基橡胶等绿色低碳产品，减少温室气体排放。

3. 二氧化碳综合利用技术

随着“双碳”目标的日益临近，二氧化碳的消纳成为亟须解决的难题。作为降低碳排放的重要途径，构建低成本、低能耗、安全可靠的CCUS技术体系和产业集群至关重要，其中包括二氧化碳耦合制碳酸酯、二氧化碳与绿氢结合制备化学品、二氧化碳制备绿色油品等技术。

二氧化碳耦合制碳酸酯的过程是将CO_2与环氧化合物通过环加成反应制备环状碳酸酯。此过程是原子经济的，且产品环状碳酸酯具有高沸点、高极性、低挥发性和可生物降解性等优点，是CO_2资源化利用的有效途径。中国科学院过程工程研究所离子液体团队等单位合作开发的离子液体催化CO_2合成碳酸酯绿色低碳成套新技术，已在广东惠州大亚湾国家级石化区建成了10万吨级工业装置，并已连续稳定运行14个月。该技术利用工业排放的CO_2生产电子级碳酸酯联产聚酯级乙二醇，系统能耗降低了37%，展现了显著的经济效益和减碳效果。尽管二氧化碳耦合制碳酸酯技术展现出良好的应用前景，但在实际工业应用中仍面临催化剂活性、稳定性、分离回用等技术挑战。同时，这一技术的发展也受到政策支持和市场需求的双重驱动，具有实现绿色化学和循环经济的巨大潜力。

二氧化碳与绿氢结合制备化学品是实现碳中和目标的重要途径之一。我国高度重视可再生能源制氢行业的发展，发布了多项政策以支持行业快速成长。例如，《氢能产业发展中长期规划(2021—2035年)》提出了到2025年，可再生能源制氢量达到10万t/a至20万t/a

的目标，并预计到2030年实现可再生能源制氢广泛应用，有力支撑碳达峰目标实现。此外，各省市也纷纷出台了相应的政策目标，如甘肃提出到2025年，可再生能源制氢能力达到20万t/a左右；内蒙古提出到2025年全区绿氢生产能力突破50万t/a，绿氢产能在全国占比超过50%。在此背景下，二氧化碳加绿氢制备化学品引起了人们的广泛兴趣。清华大学化工系魏飞教授团队在二氧化碳加氢绿色转化催化剂研制与反应器开发方面取得重要进展。该团队发展了自发单分散金属策略，在保持80%(质量分数)以上超高芳烃定向转化的基础上将二氧化碳加氢能力提高3倍，并探究了高压加氢多相流反应器内气、固相结构特征，满足了二氧化碳加氢过程中对温度与浓度场均匀性的苛刻要求。百吨级中试验证了多相催化与多相流反应器的可靠性，为二氧化碳加氢制绿色航空燃料与化学品从概念到产业化奠定了坚实的基础。

随着全球对碳排放的限制越来越严格，绿色航煤的需求也在不断增加。欧盟《可再生能源指令》要求可再生航煤的掺混比例在2025年不低于2%，到2050年不低于63%。因此，二氧化碳加氢制航煤技术具有广阔的市场前景。清华大学化工系魏飞教授团队在二氧化碳加氢制航煤领域取得了重要进展。该技术将工业排放的二氧化碳作为碳源，结合光伏电解水产生的绿色氢气，通过一步法催化合成含有80%以上的航煤组分的产品。该技术已经完成了从概念到实验室小试，再到10万吨级中试的过程，并计划在2024年进行万吨级工业试验。此外，该技术还入选了2023年中关村论坛，并在国内许多示范项目中落地实施。

4. 废弃物循环利用技术

循环经济是一种经济运行模式，其核心目标是实现资源的高效利用和循环再生，减少浪费，提高经济系统的环境可持续性。例如，产品在设计阶段就考虑到其生命周期结束时的回收和再利用。尽可能延长产品和服务的使用寿命，通过维修、再制造和升级来实现。在产品生命周期结束时，通过回收和再利用材料来减少对新资源的需求。减少生产和消费过程中的废物产生，实现废物的资源化。通过整合整个供应链和价值链，优化资源流动和物流。在资源利用和产业发展中，保护自然环境和生物多样性等。循环经济不仅是一种环保理念，也是推动经济增长和创新的新途径，有助于构建更加可持续和有韧性的经济体系。

废弃物循环利用技术是实现可持续发展和循环经济的关键组成部分，对于保护环境、促进经济和社会发展具有重要意义。炼化过程中会产生多种废弃物，主要包括：(1)固体废弃物：如催化裂化产生的催化剂废渣、脱硫过程中的废渣、沥青、油泥等；(2)废液：包括炼油过程中的废碱液、酸性水、含油废水等；(3)废气：如硫化氢、氨气、挥发性有机化合物(VOCs)等有害气体；(4)油泥和浮渣：在原油储存和运输过程中产生的油泥和浮渣等。随着人们环保意识的增强和环保法规的完善，越来越多的废弃物不能直接排放，必须进行无害化处理，这个过程需要消耗大量能量，并释放大量CO_2。如果能通过技术创新，将这些废弃物变废为宝，实现废弃物的高附加值全组分资源化，不仅有利于降低企业排放，而且有利于推动行业的绿色发展和循环经济。

在所有废弃物中，废塑料的回收利用近来得到了最为广泛的关注。塑料的单体大多来自石化行业。塑料废弃后，可以通过化学循环技术转化为小分子，用于生产燃油和化工产品，实现从石油到塑料再到石油的循环。废塑料油化技术包括热裂解法、催化热裂解法和热裂解-催化改质法，可以将废塑料转化为燃料油，但热解油中含有多种杂质，需要进一步的后处理工艺，如脱氯、加氢处理、催化改质、蒸汽裂解等。中国政府鼓励废塑料化学循环利用，工业和信息化部印发的《"十四五"工业绿色发展规划》提出落实塑料污染治理要求，实施废塑料综合利用行业规范条件。废塑料化学回收不仅可以减少环境污染，还可以节约石油资源，提高企业的竞争力和品牌影响力。未来废塑料化学回收技术将向催化化学、低温、低能耗、高选择性催化裂解烯烃重组技术等方向发展，同时可能会与石油化工系统更加融合，形成从废塑料到新塑料的闭环。

5. 数智化技术

数智化是数字化与智能化的结合体，它强调将数据和智能技术相结合，以实现对事物的全面感知、深度分析和智能决策。

计算机技术的迅猛发展为工业的数智化转型奠定了基础。数智化转型包括生产环节的数智化、经营管理的数智化和生产经营决策的一体化，需要全面联动线上与线下、内部与外部、消费端与产业端数据，实现物理空间与赛博空间的交互映射和总体优化。数智化技术的应用正从单点应用向整个研发链条的赋能渗透，为企业研发构建了一个由数据驱动的、高度自动化的研发模式。在这个模式下，企业可以使用数智化技术实现技术趋势预测、快速产品定义、快速原型验证等，专业人员可以更聚焦在业务改进与决策上。数智化技术能够推动产业链、供应链高效协同和资源优化配置，正成为赋能制造业高质量发展的重要引擎。

数智化在炼油行业的应用主要体现在以下几个方面：(1)智能工厂建设。通过构建智能工厂，实现生产过程的自动化、数字化和智能化管理。(2)数据治理与应用。强化数据治理，构建统一的数据资源目录，提供标准化数据服务，为智能化系统提供数据支持，实现数据可查、可管、可控、可用。(3)生产优化。通过智能化技术，如人工智能、数字孪生等，对装置加工负荷和库存预期数据进行测算和方案对比分析，优化生产调度，降低生产经营损失。(4)设备管理。利用数智化技术进行设备健康管理，实时跟踪设备运行状态，实现设备风险动态感知、故障智能诊断、检修精准施策。(5)供应链优化。通过数智化技术重塑从生产到客户的全生命周期流程，实现供应链上下游业务的高效协同管理。(6)节能降碳。通过数智化手段，如蒸汽动力系统优化、低温余热高效利用、换热网络集成优化等，实现炼厂的节能降碳。数智化转型是炼油行业实现绿色创新高质量发展的关键，通过智能化技术的应用，可以提升炼油企业的精细化管理水平，促进工业数据集成共享，加快炼油行业数字化转型的步伐。(7)打造智能化工过程。推动分子炼油技术进步，包括分子设计智能化、产品功能智能化、产品制造智能化，打造无人实验室和黑灯工厂。

1.2.5 环境效益和经济效益并重

全球能源公司在技术发展上越来越注重环境效益和经济效益的平衡，石化产品的增加推动了石化技术的蓬勃发展，原料多元化成为研发的热点。实现环境效益和经济效益并重的策略涉及多个层面，包括技术创新、智能化管理、绿色基础设施建设等。在炼油行业中，如何实现环境效益和经济效益并重呢？

首先，需要加强技术创新与智能化管理。例如，通过应用AI技术，炼油企业能够优化工艺参数，提高生产效率和产品质量。使用机器学习算法建立模型，预测不同工艺参数对产品的影响，从而找到最佳操作点。其次，加大绿色基础设施建设力度。在“一带一路”倡议中，中国积极推动绿色基础设施建设，如亚洲基础设施投资银行、丝路基金等，将绿色发展作为投资重点领域，这不仅带来经济效益，还有助于消除可持续发展的瓶颈。再次，落实环保管理与能源节约。通过环境影响评价(EIA)，对新项目、政策或规划对环境可能产生的影响进行全面评估，预测和评估可能的环境影响，以便在项目实施之前采取相应的措施来减少和避免环境破坏。同时，加强对污染物排放的监管，确保企业排放达到环保标准，采用先进的污染治理技术，减少污染物的排放，包括建立环境监测网络，定期收集和监测环境数据，及时发现和解决环境问题。通过这些措施，可以有效地落实环保管理与能源节约，促进炼油行业的绿色、低碳和高质量发展。最后，发展智能安全运维技术。安全是工业生产的红线，马虎不得。在油气行业数智化发展中，智能安全运维技术尤为重要。通过研究油气生产的重大风险机理，建立全场景、可视化的安全屏障系统，提升油气生产系统的本质安全水平。

1.2.6 开拓新能源业务

长期以来，炼油行业的主要任务是提供能源。但随着新能源的崛起以及人们对低碳能源需求的增加，炼油企业在传统业务基础上，积极向可持续燃料、氢和氨供应、新能源相关材料等方向扩展新业务。

炼油行业与新能源结合是实现绿色低碳发展的重要途径，具体措施如下。

(1)绿氢炼化：炼油企业可使用绿色电力生产氢气，替代碳排放高的天然气制氢。例如，利用炼厂空地或屋顶安装太阳能光伏板将太阳能转换成电能，然后由光伏发电产生的绿电通过电解水制氢，替代过去炼油加工中使用的天然气制氢。在这一流程中，中国石化通过自主开发绿电制氢配置优化软件，实现了设备对波动的适应性，并通过技术创新形成了具有自主知识产权的大规模电解水制氢工艺与工程成套技术，所用的重大设备及核心材料全部实现了国产化，为绿氢产业的发展提供了可复制、可推广的示范案例。

(2)分布式发电新技术：炼油企业使用分布式发电新技术，替代现有的燃煤自备电厂，降低煤炭消费比例，提升可再生能源消纳水平。一方面，可以利用太阳能发电替代部分照明和办公用电，节约用电成本；另一方面，可以利用炼厂废气，通过固体氧化物燃料电池

(SOFC)技术发电。SOFC是一种高效的发电技术，通过电化学反应直接将储存在燃料和氧化剂中的化学能转换为电能，具有发电效率高、燃料适用范围广、全固态结构、模块化组装、低污染等优点。SOFC的工作温度在650～950℃之间，这使得它在发电效率上可以超过50%，并且如果与燃气轮机或蒸汽轮机联合使用，发电效率可进一步提高至80%以上。SOFC技术在国内外都受到了广泛关注。在国际上，美国、日本和欧洲在SOFC技术方面处于领先地位，已经实现了SOFC技术的商业化运行，并且有多家公司发展出了具有特色技术的SOFC产品。而在中国，SOFC技术虽然起步较晚，但已经取得了一定的研究进展，能够自主研发出千瓦级的SOFC发电系统。中国企业如潮州三环(集团)股份有限公司、苏州华清京昆新能源科技有限公司、宁波索福人能源技术有限公司和武汉华科福赛新能源有限责任公司等，都在积极推动SOFC技术的研发和应用。中国石油天然气股份有限公司石油化工研究院(简称"石化院")近期成功开发了中国石油首套千瓦级SOFC热电联供系统，该系统实现了发电效率超过40%，蒸汽效率超过25%，综合热电效率超过80%，并已稳定运行超过1000h。这项技术的开发对于炼化企业的减碳具有重要意义，因为它可以利用副产氢、催化干气、加氢干气等炼厂氢烃资源进行高效发电并联产高温蒸汽，从而提高炼化企业的电气化率和降低用能碳排放强度。

通过以上措施，炼油行业将进一步提升能源资源利用效率，增强技术装备实力，实现绿色低碳发展，为实现"双碳"目标提供支持。

1.3 未来炼厂的尝试和探索

未来炼厂是一个庞大的系统工程，不可能一蹴而就。特别在当前，为了实现规模化效益，千万吨级以下炼厂普遍面临关停危机。未来，只有超大规模的炼化一体化企业能在激烈的市场竞争中存活下来。即便如此，这些"巨无霸"也同样面临原料短缺、开工率不足、需求量萎缩等一系列严峻挑战，这是科技发展的必然规律。在此背景下，各大炼厂都极为关注未来炼化行业的发展趋势，同时开展了许多有意义的尝试和探索。

1.3.1 霍尼韦尔

霍尼韦尔是一家全球性的高科技企业，公司业务围绕自动化、未来航空和能源转型三大发展趋势，以霍尼韦尔加速器运营系统和霍尼韦尔企业智联集成软件平台为依托，在世界范围内为多个行业提供广泛的技术和服务。

霍尼韦尔的未来炼厂概念主要聚焦于通过先进的工艺技术，实现原油向高价值化学品的转化，以应对炼化行业面临的挑战，并满足市场对石化产品不断增长的需求。这一概念涉及采用基于分子管理的创新工艺技术，如浆态床渣油加氢裂化工艺，将渣油升级为燃料或石化中间体，以及通过减压蜡油和馏分油加氢裂化生产重石脑油，用于芳烃生产等。

霍尼韦尔UOP是霍尼韦尔特性材料和技术集团的一部分，其未来炼厂白皮书提出通过彻底拥抱数字化和工艺集约化的资本投资策略，推进石化行业的转型升级，助力企业高效生产各类燃料和石化产品。霍尼韦尔 UOP 发布的《未来炼厂白皮书——六大关键能效分析》，详述了炼化企业如何采用六大关键能效理念框架分析体系，包括碳、氢、排放、能耗、水和资本六个指标，通过工艺集约化手段，炼厂可以提高生产力、效率及投资回报率，开阔石化行业的可持续发展新思路。

此外，霍尼韦尔还关注储能技术的发展，其解决方案覆盖电站各环节，包括提升储能电池性能、守护电站安全到优化电站的能源控制，推动储能系统在中国的普及与发展。霍尼韦尔在储能安全方面提供了包括热失控传感器、电流传感器、门开关、气体探测器等一体化解决方案，致力于提升储能系统的安全性。

霍尼韦尔的 UpCycle 工艺技术是一种先进的塑料化学回收方法，它通过行业内领先的分子转化、热解和污染物管理技术，将塑料废品转化成再生聚合物原料(RPF)，进而用于制造新塑料。这项技术显著拓宽了可回收塑料的种类，包括难以回收的废塑料，如彩色、柔性、多层包装或聚苯乙烯等。UpCycle 工艺技术通过在温和条件下热解回收塑料废品，避免了传统焚烧或填埋方式对环境的影响。与传统的处理方法相比，使用 UpCycle 工艺技术生产新塑料可以减少 57%的二氧化碳当量排放；与焚烧和填埋相比，可以减少 77%的二氧化碳当量排放。在中国，霍尼韦尔已经与多家企业合作，推广 UpCycle 工艺技术的应用，例如与北京汉能清源科技有限公司合作，在山东省建立商业化塑料回收工厂，预计年处理能力达到 3 万 t。

1.3.2 埃克森美孚

埃克森美孚公司(Exxon Mobil Corporation)是全球知名的石油化工企业之一，其历史可追溯至 1870 年。埃克森美孚的化工部门是全球最大的化工公司之一，其产品广泛应用于汽车、包装等多个领域，提供包括增塑剂、合成润滑油、聚乙烯、聚丙烯等在内的多种化学品，公司超过 90%的化学品产能与 Exxon Mobil 的炼油厂或天然气加工厂实现了一体化。此外，埃克森美孚在技术创新和研发方面不断投入，致力于通过新技术减少温室气体排放，推动社会向零排放目标迈进。公司还积极探索低排放商业机会，包括碳捕集与存储、氢能、生物燃料等。

埃克森美孚近年来将目光转向了碳捕集。埃克森美孚此前预计，到 2050 年，全球碳捕集和封存市场的规模将达到 4 万亿美元，相当于届时全球石油和天然气市场规模(6.5 万亿美元)的 60%左右。同时化石燃料的需求不会消失。由于它们相对成本较低，石油和天然气在未来推动经济发展方面发挥着至关重要的作用。尽管清洁替代品的采用正在加速，但绿色氢等替代燃料实现商业可行性之前需要巨大的技术飞跃。捕集二氧化碳的一个潜在主要市场是被称为提高石油采收率(EOR)的工艺。包括埃克森美孚、西方石油、丹伯里资源(Denbury Resources)和金德摩根(Kinder Morgan)在内的不少油气公司通过将二氧化碳注入石油地层以增加压力，从而提高产量。一些公司目前使用地下水库产生的二氧化碳进行三次采油。埃克森美孚认为，碳捕集和封存是解决世界能源问题的一种方法。与替代燃料相比，它可以使化石燃料更加清洁，同时保持较低的成本。如果最终被证明是正确的，这将带来巨大的业绩红利，使其能够在继续生产石油和天然气的同时通过碳捕集增加盈利。

在生物燃料领域，埃克森美孚的加拿大子公司帝国石油公司正在推进使用专有催化剂技术在埃德蒙顿的 Strathcona 炼油厂生产可再生柴油的计划，这种可再生柴油是现有发动机的直接替代燃料，比常规柴油减少 70％的碳排放。此外，公司还与 Global Clean Energy 扩展了协议，从 2022 年开始每年购买高达 500 万桶的可再生柴油。2024 年，埃克森美孚在中国香港推出了首款供公共道路使用的可再生柴油，这种可再生柴油的生命周期温室气体排放比常规柴油低 15.4％左右。这标志着公司在提供可降低温室气体排放的解决方案方面迈出了重要一步。

氢能也是埃克森美孚布局的一部分，公司年产约 130 万 t 氢气，并正在开发新技术以大幅降低生产成本。公司还与大学合作伙伴和其他利益相关者推进研究，探索和商业化新的生物燃料技术。

埃克森美孚还宣布了到 2050 年实现净零温室气体排放的雄心，并支持《巴黎协定》的目标、美国和欧盟的全球甲烷承诺以及美国甲烷减排行动计划。此外，公司正在采取一系列措施来减少其运营资产的温室气体排放，包括在得克萨斯州和新墨西哥州的资产启用超过 475MW 的风力发电能力，以及升级设备和部署技术来减少甲烷排放。

总体来看，埃克森美孚在新能源方面的布局体现了其致力于能源转型和减少温室气体排放的承诺，并在多个领域采取了具体的行动和投资。

1.3.3 中国石化

中国石油化工股份有限公司(简称“中国石化”)是一家上中下游一体化、石油石化主业突出、拥有比较完备销售网络的股份制企业。中国石化的主营业务涵盖了石油与天然气的勘探开发、管道运输、销售；石油炼制；石油化工、煤化工、化纤及其他化工产品的生产与销售、储运，以及相关技术的进出口、代理进出口业务和研究开发应用。作为中国大型油气生产商之一，中国石化在炼油能力上排名第一，拥有完善的成品油销售网络，是中国最大的成品油供应商，同时在乙烯生产能力上也居首位，构建了较为完善的化工产品营销网络。

中国石化不仅在传统能源领域占据重要地位，还积极响应国家绿色发展战略，致力于新能源的开发与利用，包括氢能业务、新能源汽车充换电服务以及太阳能、风能等新能源发电业务。通过持续的技术创新和业务拓展，中国石化正朝着建设成为世界一流的洁净能源化工公司的目标稳步前进。

近年来，中国石化在氢能领域加大投入，明确提出打造“油气氢电服”综合能源服务商的目标，已在多个省市建成加氢站，并计划“十四五”期间规划布局 1000 座加氢站、5000

座充换电站、7000 座分布式光伏发电站点。2021 年，中国石化建成加氢站 74 座并投运 54 座，同时启动了全球最大在建光伏绿氢项目——新疆库车绿氢示范项目。

中国石化积极探索绿电能源开发，在油田企业中推广"光伏+"行动，利用加油站优势发展分布式光伏发电，至 2021 年底已建成 1253 座光伏发电加油站，装机容量 43.8MW。此外，中国石化还建成了首个陆上分散式风力发电项目，装机容量 20MW，年发电量约 4300 万 kW・h，可满足当地居民清洁用电需求。

此外，中国石化是目前国内最大的地热能开发利用企业，业务遍布多个省市，建成地热供暖能力近 8500 万 m^2，年可减排二氧化碳 420 多万 t。中国石化在 CCUS 领域深耕，启动了我国首个百万吨级 CCUS 项目，齐鲁石化-胜利油田 CCUS 项目，每年可捕集、利用与封存二氧化碳 100 万 t。目前，中国石化已成立中石化碳产业科技股份有限公司，开展碳全产业链研发和生产工作，专注于二氧化碳捕集、利用项目股权投资和碳资产运营，提供国内外碳产业市场综合解决方案。

1.3.4 九江石化

中国石油化工股份有限公司九江分公司(简称"九江石化")，前身为九江炼油厂，1975 年国家批准筹建，1980 年 10 月建成投产，是中国石化直属企业，是我国中部地区和沿长江流域重点企业、江西省唯一的大型石油化工企业。公司主要有常减压、催化裂化、连续重整、延迟焦化、汽柴油加氢、渣油加氢、加氢裂化、煤制氢、聚丙烯等生产装置，以及配套的公用工程、辅助系统等。原油通过仪征、长岭管道进厂，成品油通过管道和铁路等方式出厂，主要生产汽煤柴油、芳烃、聚丙烯等石化产品，现有原油综合加工能力 800 万 t/a，占地面积 4.08km^2，现有在职员工近 3000 人。入选国家级智能制造试点示范企业(行业内唯一企业)，荣获国家第一批绿色工厂、石油和化工行业绿色工厂称号，获评江西省首批绿色工厂。连续 5 年荣获中国石化环境保护先进单位称号，连续两届获评中国石化"绿色企业"。

2023 年 10 月，习近平总书记视察九江石化，强调要打造世界领先的绿色智能炼化企业。作为国家智能制造标杆企业，九江石化坚定不移沿着习近平总书记指引的方向勇毅前行，发力绿色低碳、智能制造、科技创新、转型升级，加快形成新质生产力，推进智能工厂 3.0 建设，奋力开创石化产业数智化改造、绿色化转型新局面。2012 年以来，九江石化大力推进"智能工厂"建设，产品的生产加工和安全检测实现智能化，之前靠人力完成的工作已经被智能系统"代劳"。如今，公司设备自动化控制率达 95%，生产数据自动采集率在 95%以上，运行成本降低 22.5%，能耗降低 2%，软硬件国产化率达 95%，有效提高企业核心竞争力。

公司按照国家级智能制造示范工厂的目标定位，依托院士工作站和智能制造联合实验室，以基于信息物理系统的未来智能工厂为方向，聚焦数字化转型攻坚，利用云计算、大数据、物联网、IPv6(互联网协议第 6 版)、5G(第五代移动通信技术)、人工智能、区块链等新一代信息通信技术，采取“数据＋平台＋应用”的新模式，围绕基于工业互联网的全面感知及预测预警分析、基于以机理模型为核心的炼油全流程智能协同优化两条主线，重点从生产运行优化绩效、设备预知预防能力、消除孤岛提升管理三个层面迭代升级建设，努力实现企业更高质量发展。

参考文献

[1]费华伟，刘旭明，王婧，等．2023年中国炼油工业发展状况及展望[J]．国际石油经济，2024，32(4)：43－48＋103.

[2]徐海丰．世界炼油行业发展状况与趋势[J]．世界石油工业，2022，29(2)：23－29.

[3]孙雪婷，林堂茂．炼厂制氢技术发展现状[J]．当代化工，2022，51(2)：451－455.

[4]吴青．新态势下的炼化企业数字化转型——从数字炼化走向智慧炼化[J]．化工进展，2018，37(6)：2140－2146.

[5]罗佐县．我国石油石化产业现代化发展路径思考[J]．当代石油石化，2023，31(8)：1－6＋16.

[6]边圣海．基于全局资源优化模型的炼化一体化应用[J]．齐鲁石油化工，2024，52(2)：132－139.

第2章　分子炼油

2.1　分子炼油的概念

“分子炼油”就是从分子水平来认识石油加工过程，准确预测产品性质，优化工艺和加工流程，提升每个分子的价值，实现“宜烯则烯、宜芳则芳、宜油则油”的生产理念。“分子管理”等于“分子炼油”，近似为“石油组学”。可以将“分子管理”理解为“分子炼油”理念在技术层面的具体实施，“分子管理”是“分子炼油”的技术体现，是“石油组学”在炼油化工过程中的实践。

分子管理是实现“分子炼油”的技术途径。分子管理是一种从分子水平实现石油化工整体增效的组合技术方案，主要内容包括：从分子水平认识石油化学组成，揭示分子组成与物理性质的内在关系，掌控调和及分离过程中分子走向与分布，掌握化学加工过程的分子转化规律，实现分子组成及转化规律的模型化，将基于分子组成的理论模型应用于炼化过程的决策优化、运营优化及生产优化的各个层面。

具体操作要一方面从分子水平上了解和区分原油，另一方面从分子水平上更精确地裁剪原油的碳链，做到市场需要什么，就生产什么，调整生产流程实现效益最大化。从分子组成与转化层面理解和优化炼化过程的所有活动，包括但不限于以下：石油分子组成与转化机理；分离、调和过程中不同分子的走向与分布；各种转化工艺过程的转化规律；基于分子组成的催化剂设计与机理分析；基于分子组成的“三废”处理以及生产过程中与油气相关的故障诊断等。分子层面反应示意见图2.1。

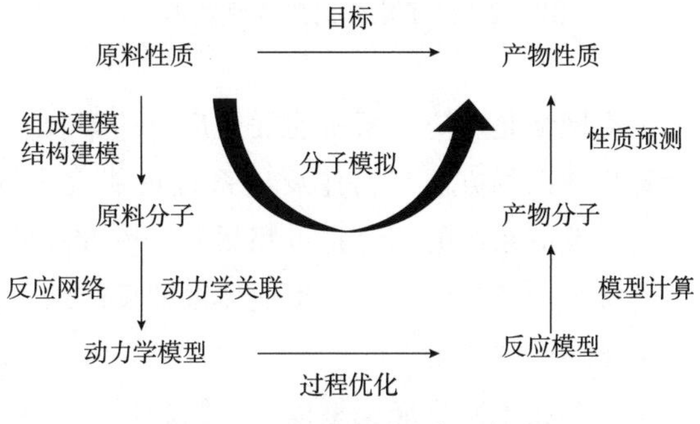

图2.1　分子层面反应示意图

“分子炼油”技术突破了传统炼油技术对原油馏分的粗放认知和加工，从体现原油特征和价值的分子层次上深入认识和加工利用原油，通过从分子水平分析原油组成，精准预测产品性质，精细设计加工过程，合理配置加工流程，优化工艺操作，充分利用原料中每一种或者每一类分子的特点，将其转化成所需要的产物分子，并尽可能减少副产物的产生，使每一个石油分子的价值最大化，使炼厂真正实现“全处理、无残渣”的理想目标。

分子管理的核心是建立基于分子组成的过程模型。全面提供分子组成的定量分析数据是实现模型开发的基础。但是目前的技术水平还远未实现对石油分子组成的定量分析。从石油的分子组成特点和目前的技术水平来看，短期内不可能实现石油分子组成的精确定量分析。当前的任务是充分利用仪器分析手段，开发和整合针对不同油品和不同类型化合物的各种分析方法，建立一套完整的解决方案，放宽定量的准确度要求，在现有技术水平下，实现涵盖全馏程范围和全部化合物类型的石油组分分子组成的定量分析。

基于实验分析的石油分子组成信息固然重要，但这些信息往往不能直接用于模型开发，主要原因有：①实验分析难以提供完整的分子组成数据；②分子组成信息不能被计算机语言有效识别；③过于详细的分子组成信息不适合进行大规模反应模型构建。

基于以上原因，分子管理在实施过程中的首要技术问题是分子组成的模型化，即通过有限的实验测试数据，根据油品的宏观性质，建立虚拟分子集，该分子集需要通过合适的计算机表达方式，表示不同分子组成与结构信息，在不损失关键组成和结构信息的基础上尽可能压缩分子集的规模以便进行性质预测及过程模型开发。

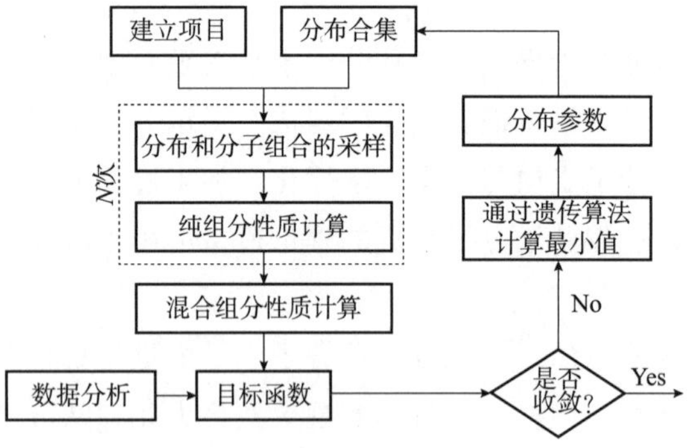

图 2.2　分子集构建流程示意图

分子构建技术是分子管理技术的基础，它把已有的实验分析数据转化成详细的分子组成信息，这项技术并非替代分析技术，而是弥补分析技术的不足。石油分子构建已经具有较好的理论基础，蒙特卡罗抽样法和最大信息熵法在实践中经常组合使用，可以应对大部分体系。图 2.2 是一个典型的分子集构建流程示意图。分子构建技术的发展趋势是引入更多的分析数据，同时改进算法，提高构建效率。

反应网络是反应体系所能发生反应的集合。反应网络构建是基于分子组成数据库，通过计算机辅助的方法来构建反应系统可能发生的反应。因为整个系统都有明确的化学意义，所以反应系统的信息是可积累的。该方法可以利用模型化合物的实验以及量化计算结果，直接预测已知原料分子组成体系的反应结果。其核心包括反应网络的构建以及反应网络动力学参数的求解。

由于存在不同反应类型以及不同的反应路径，即使是简单分子的反应过程模拟也需要处理大量的中间产物、最终产物和反应路径。石油分子组成复杂，同样的分子既是原料，也可能成为中间物出现在反应路径的中间节点上，还可能成为最终产物。对石油加工过程的模拟最终演化成为处理复杂庞大的反应网络问题。虽然石油馏分反应复杂，但对于具体的反应体系，其发生的反应是有规律可循的。

根据构建选用的反应规则不同，可以分为机理层面构建和路径层面构建。根据构建所采用的算法不同又可以分为结构导向集总法(SOL)、基于分子同系物矩阵的构建方法和键电矩阵法等。

反应网络构建的一个重要问题在于反应动力学参数的计算。因为无论是在构建过程或者求解过程中，都需要对反应的过程进行相应的计算。而计算过程需要相应的反应动力学参数，某些体系甚至还需要吸附动力学参数。目前，按照反应动力学计算方法不同可以分为数据关联、量化计算和实验直接获得。由于反应体系异常复杂，实际应用中通常只能获得少量实验数据，因此动力学参数的求解通常需要关联方法或者量化计算。虽然随着计算机性能的长足发展，近年来量化计算的精度和效率都有大幅度的提高，但是仍然难以满足石油体系的计算需求。关联方法仍然是主要的实现方法，量化计算以及实验数据作为补充。

2.2　分子炼油的研究及应用

“分子炼油”只是一种理念，若想从实际方面来考虑这一理念，就必须要深入探究“分子管理”这一概念。“分子管理”是一个比较宽泛的概念，其核心是从分子水平来认识及优化石油加工过程。从应用层面来看，分子管理并不只是一项技术，而是一个面向石油炼化全过程的整体优化解决方案，是炼油厂智能化、集成化和高效化发展的必然方向。

2.2.1　分子炼油的研究

基于分子管理的生产优化示意图如图 2.3 所示，其主要内容包括：从分子水平认识石油化学组成，揭示分子组成与物理性质的内在关系，掌控分离及调和过程中分子走向与分布，把握化学加工过程的分子转化规律，实现分子组成及转化规律的模型化，将基于分子组成的理论模型应用于炼化过程的决策优化、运营优化及生产优化等各个层面。细细分析后可以看出，分子组成与模型化是“分子管理”非常重要的一部分。其大致可以分为以下三个方面：分子组成研究、模型化开发与性质预测、分子层次反应网络构建及求解方法。

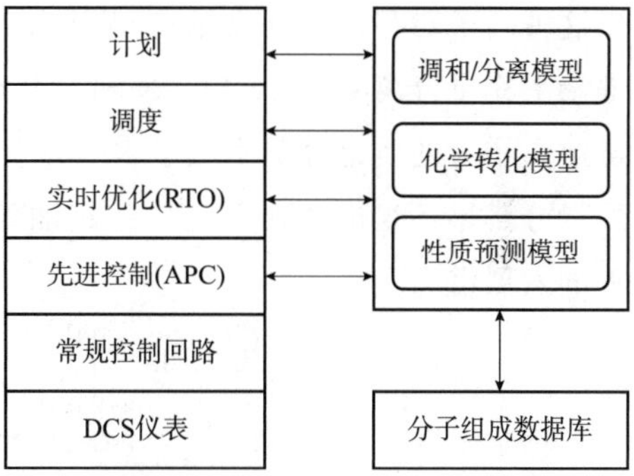

图 2.3　基于分子管理的生产优化示意图

2.2.1.1　分子组成研究

分子管理技术难以继续向前推进很大一部分原因是对石油分子组成认识不足。常用的分析技术有色谱法和质谱法，其中色谱法的技术有限，虽可以精确分析汽油中所有组分，即 200 余种化合物，但像大部分极性或难挥发组分，以及馏分油中的微量杂原子化合物都没有得到深入表征，该分析方法也就受限于此。而质谱法为重质油分子组成分析提供了全新的手段。石油的元素组成主要包括 C、H、O、N 和 S 这 5 种元素，一旦测得某种化合物的精确质量，很容易计算其元素组成。精确质量测定在许多质谱仪上均可实现，甚至在四极杆质谱仪上也可借助同位素峰相对丰度测得精确的质量数值，但是获得精确质量的前提是保证不同质谱峰的相互分离，即仪器的分辨率必须足够高。以分辨C_3/SH_4元素组成差异为例，在 m/z 400 处实现分离需要的最低分辨率为 12 万，该分辨能力通常被认为是分析石油组分的最基本要求。实际上，石油质谱峰中还存在更接近的质量峰对，如分辨$O_3H_3/C_2N^{13}C$(1.7mDa)需要提高一倍分辨率，而$^{13}CSH/C_4$之间质量差仅为 1.1mDa，在 m/z 400 处的分辨率要求为 36 万。这些要求显然已经远超于早期高分辨质谱的能力范围，因此，提高质谱分辨率是石油分析面临的最大挑战。20 世纪 50 年代，离子回旋共振质谱仪(Ion Cyclotron Resonance Mass Spectrometry，ICR MS)的出现使质谱技术迎来了重大突破。1980 年 Marshall 和 Comisarow 等将傅立叶变换引入了 ICR MS，形成傅立叶变换离子回旋共振质谱仪(Fourier Transform Ion Cyclotron Resonance Mass Spectrometry，FT-ICR MS)并使用超导磁体，极大地提高了 FT-ICR MS 的分辨率和稳定性。到 20 世纪 90 年代，其已具有超过传统磁质谱的分辨率，Hsu 等最早利用磁场强度为 3T 的商业 FT-ICR MS分析石油组分，尽管分辨率远达不到要求，如图 2.4 为负离子 ESI 模式下得到的石油组分 m/z 521 处 FT-ICR MS 质谱图，放大窗口中显示的 4 个质谱峰之间质量差约为 1.1mDa。通过质量校准，3 #峰被指定为$[^{13}CC_{34}H_{55}NS\text{-}H]^-$，但是存在一个明显的质量偏差，理论计算这个峰可以是两个质谱峰的重叠，即与$[^{13}CC_{28}H_{56}NO_5Na\text{-}H]^-$共存。如果这种离子对存在，其质量差小于 0.1mDa，仅为电子质量的 1/5，则这一分辨能力也是理论上完全分离 C、H、O、N 和 S 几种元素及其同位素形成的各种化合物的最高要求，分辨此离子对的质谱分辨率大于 500 万。也可以说明在存在其他元素情况下，目前质谱仪的质量分辨率还远未达到完全分辨石油组分的要求。但实验结果证明，FT-ICR MS 具有较大的发展潜力。

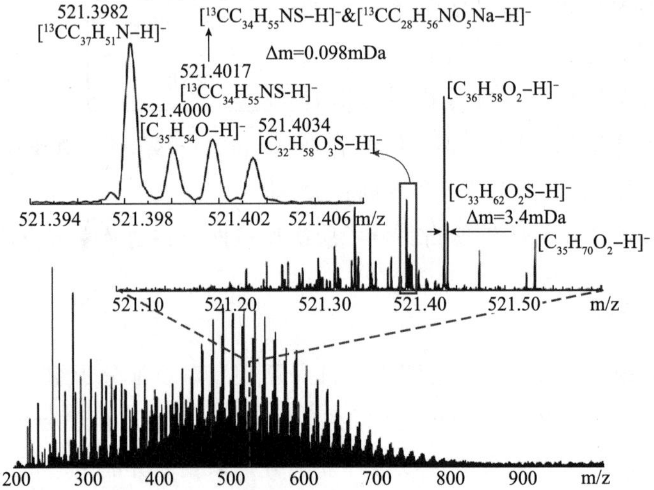

图 2.4 重质油 FT-ICR MS 质谱图

样品来源：委内瑞拉重质原油渣油超临界萃取 2 #窄馏分. Bruker 公司 Solarix FT-ICR MS，磁场强度为 12T，动态协调回旋池(dynamically harmonized FT-ICR cell). 负离子 ESI

FT-ICR MS 的核心是分析池，在垂直磁场方向设置互相垂直的两组电极，一组电极用于激发电子，使其能够以较大半径产生旋转运动；另一组电极接收由周期性运动于两极之间带电离子产生的交变电流，检测电极间接收的高频电流周期与离子在池中的回旋运动周期相同。由于不同质荷比离子的回旋周期不同，根据这一原理可以通过检测电流信号的频率计算出离子的质荷比，而信号的强度反映离子的丰度。

FT-ICR MS 的设计可以说是相当成功的，能够非常容易地与多种电离源连接使用，尤其是可以使用电喷雾电离源(ESI)、大气压光致电离源等多种常压电离源。2001 年，Qian 等使用 ESI 电离源结合 FT-ICR MS 成功地检测了重质油中极性杂原子化合物的分子水平分布，也意味着重质油的分子组成分析拥有了一种全新而有效的检测手段。

2.2.1.2 模型化开发与性质预测

基于实验分析的石油分子组成信息固然重要，但这些信息往往不能直接用于模型开发，主要原因有：一是实验分析难以提供完整的分子组成数据；二是分子组成信息不能被计算机语言有效识别；三是过于详细的分子组成信息不适合进行大规模反应模型构建。基于以上原因，分子管理在实施过程中的首要技术问题是分子组成的模型化，即通过有限的实验测试数据，根据油品的宏观性质，建立虚拟分子集。

分子集的构建可通过分子重建算法建立，称为 SR-REM。这种类型的算法从整体石油分析、模型假设和化学知识中生成一组合成的分子。该算法是将随机重构(SR)和熵最大化重构(REM)两种方法相结合的结果。SR 方法被用于生成一组具有特定类型石油馏分典型特征的初始分子。REM 方法通过调整分子的摩尔分数来对混合物进行适当的改进。在之前的工作中，SR-REM 算法最初被开发并验证用于轻循环油(LCO)和真空气油(VGO)。Verstraete 等和 Pereira de Oliveira 等也将 SR-REM 算法应用于各种石油真空剩余物。

以随机重构法(SR)为例。SR 方法背后的思想是将可用的分析信息转化为分子结构属性的概率分布函数(PDF)(例如分子类型、核数、芳香环数、侧链数等)。然后这些 PDF 被用来生成一组等摩尔的分子，其性质接近于那些给定的石油馏分。SR 算法如图 2.5所示。

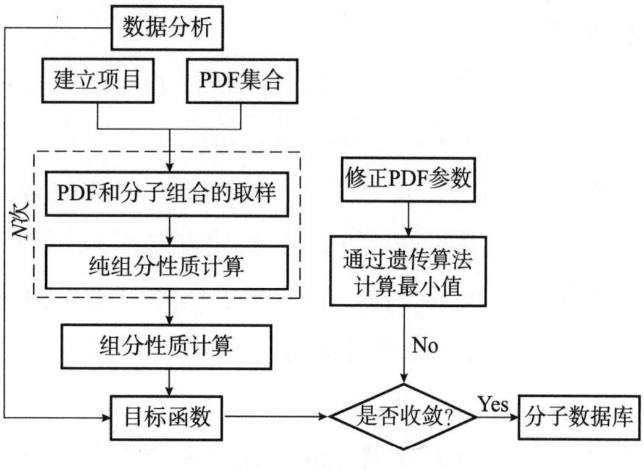

图 2.5 SR 算法示意图

首先，从原料分析信息和专家知识中确定适当的分子属性。石油分析可以提供原子信息，例如原子丰度(元素分析)或原子连通性(^{13}C NMR，^{1}H NMR)；结构信息，如结构类别(GC-MS)；物理信息，如沸点分布(模拟蒸馏)；化学信息，如 PIONA(石蜡、异链烷烃、烯烃、环烷和芳烃)馏分或 SARA(饱和烃、芳烃、树脂和沥青质)馏分。分子属性的分布可以是离散的 PDF，如直方图，或连续的 PDF，如正态分布函数、伽马分布函数等。

在为每个分子属性选择合适的 PDF 后，通过蒙特卡罗程序对 PDF 进行采样，以确定分子的功能和结构属性。PDF 采样步骤的顺序是通过构建图来定义的。分子属性是随机组合的，但又遵守化学规则。这些规则避免了在热力学或概率基础上创造不可能和不可能的分子。

一旦分子被构建，它的性质可以通过结构检查(如化学式、相对分子质量、元素分析、核磁共振分析等)直接计算，也可以通过基团贡献方法或相关性间接计算(如密度、沸点分布、SARA 馏分、CCR 含量等)。

上述过程重复 *N* 次，以获得 *N* 个分子的合成混合物。分子的数量(*N*)必须足够大，以获得稳定和准确的原料表示，但同时，它必须足够小，才能以高效的方式构建分子。

在创造这样一种分子混合物时，它的平均性质通过线性混合规则从纯组分性质计算，并通过目标函数与可用的分析进行比较。目标函数的值通过遗传算法优化器最小化，该优化器迭代修改结构属性的 PDF 的参数。重复迭代循环，直到分子表示精确匹配原料的属性。

2.2.1.3　分子层次反应网络构建及求解方法

反应网络是反应体系所能发生反应的集合。反应网络构建是基于分子组成数据库，通过计算机辅助的方法来构建反应系统可能发生的反应。因为整个系统都有明确的化学意义，所以反应系统的信息是可积累的。该方法可以利用模型化合物的实验以及量化计算结果，直接预测已知原料分子组成体系的反应结果。其核心包括反应网络的构建以及反应网络动力学参数的求解。

根据构建选用的反应规则不同，可以分为机理层面构建和路径层面构建。根据构建所采用的算法不同又可以分为结构导向集总法(SOL)、基于分子同系物矩阵的构建方法和键电矩阵法等。

以 SOL 为例。SOL 表征方法由 Quann 和 Jaffe 提出，该方法利用 24 个结构增量片段表征复杂烃类分子的基础结构。任何一个石油分子都能够用一组特定的结构增量片段来表述。SOL 方法属于分子尺度上的集总，将实际体系中的分子数由上百万个减少到几千个，大大降低了模拟的复杂性。该表征方法不仅可以表示烷烃、环烷烃，一直到包含 50～60 个碳原子的复杂芳烃构，还可表示作为中间产物或二次反应产物的烯烃、环烯烃，另外还考虑了含硫、氮、氧等杂原子化合物。

SOL 表征方法可以用于石油分子的物性计算，也可用于复杂反应过程的描述。基于 SOL 方法，结合石油馏分的详细分析数据，可以开发由烃类分子构成的石油馏分的物性计算方法，并针对国内主要自产原油解析相应的分子结构及组成数据。在此基础上进行分子级炼油加工过程全厂的模拟和优化研究。

再举一个具体例子，纪晔等建立了基于 SOL 方法的柴油加氢模型。模型利用 1840 种柴油馏分分子，13 条反应规则，生成包含 4054 种中间产物、产品分子，4877 条分子反应转化路径的反应网络。

根据装置生产操作条件数据和原料、产物实验分析数据，用模型计算产品分子组成数据，通过两者残差平方和构建目标函数，优化计算反应转化率等模型的参数。根据柴油馏分的实沸点馏程和不同类型硫化物的含量建立目标函数，如下式所示：

$$
\begin{aligned}
RMS =& \left(\frac{D_{10c}-D_{10e}}{D_{10e}}\right)^2+\left(\frac{D_{30c}-D_{30e}}{D_{30e}}\right)^2+\left(\frac{D_{50c}-D_{50e}}{D_{50e}}\right)^2 \\
&+\left(\frac{D_{70c}-D_{70e}}{D_{70e}}\right)^2+\left(\frac{D_{90c}-D_{90e}}{D_{90e}}\right)^2+\left(\frac{D_{95c}-D_{95e}}{D_{95e}}\right)^2 \\
&+\left(\frac{S_{SHc}-S_{SHe}}{S_{SHe}}\right)^2+\left(\frac{S_{RSRc}-S_{RSRe}}{S_{RSRe}}\right)^2+\left(\frac{S_{TSc}-S_{TSe}}{S_{TSe}}\right)^2 \\
&+\left(\frac{S_{BTSc}-S_{BTSe}}{S_{BTSe}}\right)^2+\left(\frac{S_{2BTSc}-S_{2BTSe}}{S_{2BTSe}}\right)^2
\end{aligned}
$$

其中 RMS 为目标偏差；D 为产品 TBP 馏程沸点，10、30、50、70、90、95 分别为累计收率 10%、30%、50%、70%、90%、95%；S 为产品中不同类型硫化物含量，SH 为硫醇，RSR 为硫醚，TS 为噻吩，BTS 为苯并噻吩，2BTS 为二苯并噻吩；下标 c 为模型计算值，e 为实际生产值。

反应转化路径的转化率参数采用与催化重整模型类似的公式进行计算，并通过不同工况的数据进行验证。目前，柴油加氢模型的预测结果相对误差可以控制在 15%以内。柴油加氢精制过程的反应动力学网络见图 2.6。

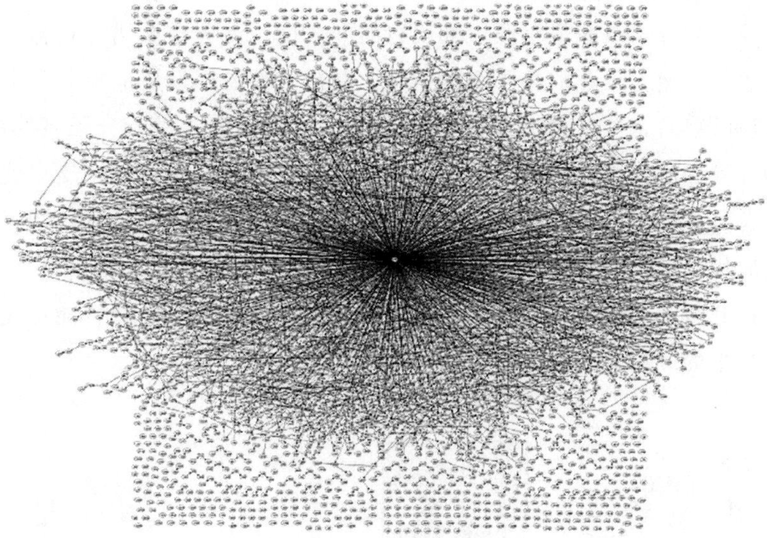

图 2.6 柴油加氢精制过程的反应动力学网络

对于分子管理技术的开发和应用，其实早在 20 世纪 80 年代就有国外的公司开始研究和开发。而我国多年来一直非常重视“分子炼油”的理念与技术。镇江石化等炼化企业积极推进分子管理技术的应用。中国石化石油化工科学研究院在过去的 10 年中开发了一系列针对石油分子组成的分析方法，为分子管理技术开发提供了重要的方法与数据基础。华东理工大学的石油加工研究所在石油分子管理方面进行了多年的研究，开发了分子层面的重油焦化和重油催化裂化等模型。经过多年积累，提出了"基于分子管理的炼化技术(分子炼油)"的理念，并与中国石化石油化工科学研究院共同完成了"石油资源高效利用的绿色可持续化学"国家重点基础研究发展计划(973)课题。中国石油近年来开始开展分子管理的相关科研工作，与中国石油大学(北京)合作，在重质油分子组成表征方面开展基础性研究工作，从分子层次深入认识重质油组成，研究杂原子化合物组成与转化规律，开发出了通过原料组成预测重质油热转化产物中杂原子化合物组成的模型软件。中海油的炼化业务起步较晚，但在分子管理技术开发方面具有很好的基础，目前正在从企业和炼厂层面快速推进相关技术的应用。中国石油大学(北京)提出"分子组合与加工"(Molecular Combination and Conversion)概念，与特拉华大学合作，重新构建了重质油分子表征模型。

2.2.2 分子炼油的应用

分子炼油技术主要应用于油品调和，例如原油调和、汽油调和以及柴油调和，以及一些石油加工的单元操作过程，如 FCC 汽油加氢脱硫、石脑油蒸汽裂解等。

2.2.2.1 重整芳烃

首先，需要建立原料和产品的分子级表征手段，包括色谱、质谱等对轻油组分分析的仪器，以及对原料及产品性质的表征仪器；对于柴油、减压蜡油和渣油的加工单元，同样需要匹配相应馏分的分子级表征手段，如飞行时间质谱、高分辨质谱等仪器；通过对原料分子级数据的表征，建立企业的分子级数据库。其次，需要开发反应单元的分子级反应器(分子级反应机理模型)，并且搭建重整-芳烃单元的流程模拟，进行分子级的模拟与优化；其中，模型的开发和流程模拟的使用是该技术的核心，企业需要建立一支专业团队进行模型的开发、运营与维护。最后，基于分子级流程模拟搭建智能优化平台，用于优化结果的发布和未来实时优化模型的运行与结果发布；通过优化平台发布的最优指令传递给 DCS 系统，指导和控制装置进行最优化生产，形成炼化装置的分子级离线智能优化平台。分子管理在重整芳烃中的应用见图 2.7。

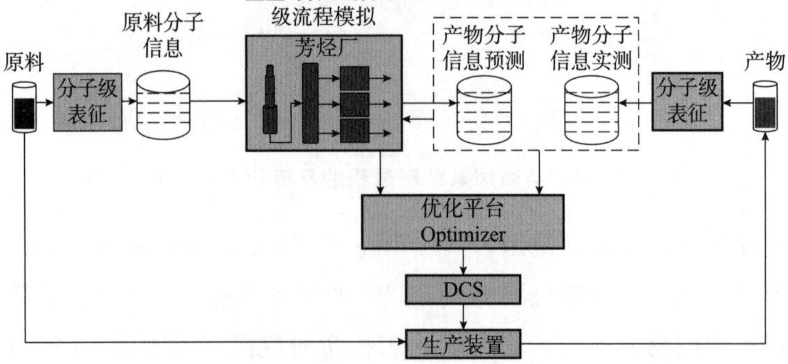

图 2.7 分子管理在重整芳烃中的应用

2.2.2.2 以分子炼油为导向的催化裂化加工

对于催化裂化装置轻、重循环油转化，目前炼油业内研究者提出的工艺方案可以归纳为：催化循环油由原来的催化裂化装置“体内循环”转变为“体外循环”，即改变催化循环油直接返回催化裂化装置进行加工的方式，而是先进入加氢改质装置单元，通过加入氢元素调整分子组成与结构，将循环油中的芳烃结构基团转化成为易裂化的环烷烃结构基团，实现重质油分子的“选形”改质，再返回催化裂化装置单元转化。该工艺方案将现有的催化裂化与加氢改质装置单元进行深度协同和组合，使炼厂的重油转化效率大幅度提高；但是加氢后循环油的分子组成、结构与常规催化原料也存在较大区别，主要由环烷烃或环烷基芳烃构成，对于加氢后的烃分子如何更加有效地“择形”裂化，尚需要匹配优化的反应区间和催化剂。

加氢工艺协同催化裂化实现了分子“选形”改质，大量环烷烃分子在提升管反应器中有效“择形”裂化的关键是减少环烷结构发生氢转移反应，这需要高温、短接触的高苛刻度裂化条件，同时需要选择专用裂化催化剂实现。以大孔高岭土材料为基质、微孔分子筛为主要活性组分，适当引入介孔材料，目标是实现重油大分子中的桥链结构预裂化，同时促进分子中的环烷环和芳环侧链结构断裂，提高催化剂的总裂化活性和选择性。需要注意的是，国内外市场对轻质油品和化工原料产品的需求总是发生交替变化，以重质油为原料催化裂化生产轻质油和低碳烯烃需要不同的转化深度，提高目的产品的选择性需要根据催化裂化操作域使用不同的专用裂化催化剂。裂化催化剂的梯级孔材料结构和反应性能示意图见图 2.8。

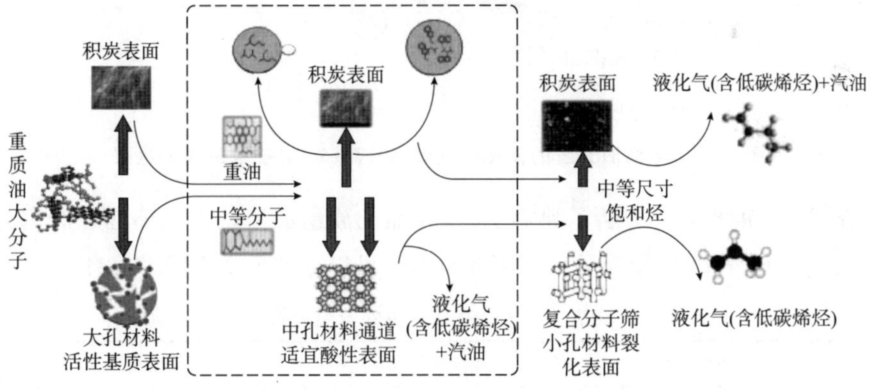

图 2.8 裂化催化剂的梯级孔材料结构和反应性能示意图

2.2.2.3 催化柴油提质升值

在汽油质量升级过程中，通过研究汽油的分子组成、转化规律，提出满足汽油质量升级目标要求的新工艺或新催化剂开发要求。研究表明，同碳数异构烷烃随着支链增加，研究法辛烷值(RON)逐渐提高；同碳数烯烃，异构烯烃 RON 高于直链烯烃，且随着支链增加，RON 提高；带支链芳烃的 RON 均高于 100。因此，可以通过异构化，将正构烯烃转化成异构烯烃、正构烷烃转化为异构烷烃，或发生烯烃的双键转移，从而弥补由于烯烃饱和所造成的辛烷值损失。中海油依据本理论，开发了基于分子信息和分子工程的催化柴油提质增值新工艺，其中催化柴油精准分离 SAA 技术在山东滨化集团实现了工业化与技术转让。图 2.9 是相应技术构成的简图，而图 2.10 是该技术路线示意图。

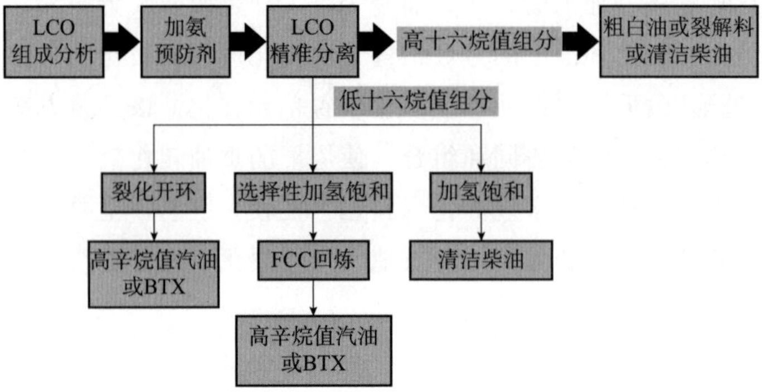

图 2.9　基于分子信息和分子工程的催化柴油提质增值流程简图

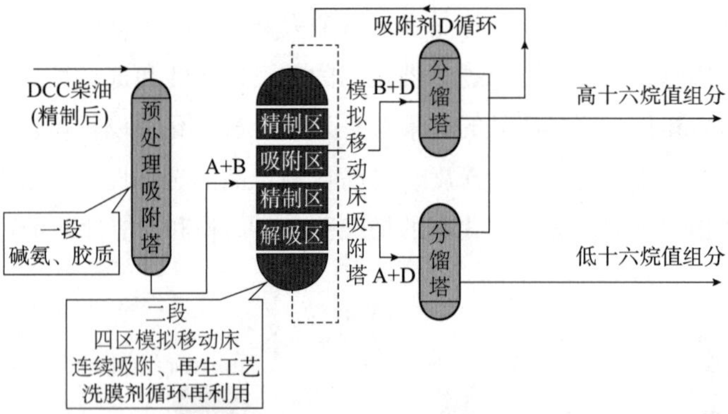

图 2.10　中海油开发的催化柴油吸附分离(SAA)技术路线示意图

按照分子工程的理念，分析了典型 LCO 样品的族组成信息，多环芳烃约占芳烃总量的 70%。进一步研究 LCO 窄馏分中的芳烃分布，可以得到表 2.1 所示信息。

表 2.1　LCO 窄馏分中的芳烃分布

沸点范围/℃	单环芳烃		双环芳烃		三环芳烃		总芳烃/%
	碳数	质量分数/%	碳数	质量分数/%	碳数	质量分数/%	
<220	9～12	44.1	10	19.4	—	—	63.5
220～240	11～13	29.7	11	31.3	—	—	61
240～280	12～16	23	11～16	39.4	14～18	2.5	64.9
280～300	15～18	15.5	13～18	41.8	16～18	5	62.3
300～320	16～20	10.4	14～19	30.3	15～18	9.6	59.3
>320	17～22	6.7	15～21	13	16～18	20.3	40

为此设计了相应的流程并开发了相应的催化剂与工艺技术，图 2.11 是 LCO 提质增值流程示意图。

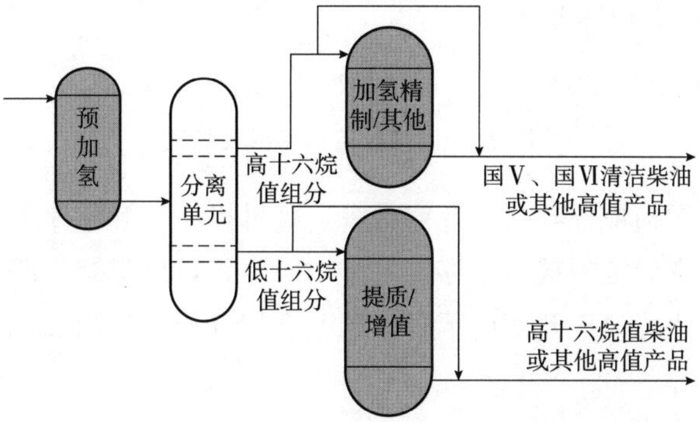

图 2.11　基于分子工程的 LCO 提质增值流程示意图

LCO 经预加氢处理后进入分离单元，中海油研究了吸附法、抽提法、萃取蒸馏法、超重力法等分离方法，其中，采用吸附法分离，可以得到 45%～50%的高十六烷值组分。根据市场情况的不同，通过吸附分离工艺参数的调整，可以控制芳烃脱除深度，实现清洁柴油收率和品质的灵活调控。

2.2.2.4　汽油馏分改质方面的应用

从分子工程角度看催化汽油的质量升级，首先要搞清楚催化汽油中含硫化合物和烯烃的分布与转化规律，见表 2.2。

表 2.2　催化汽油中含硫化合物和烯烃的分布与转化规律

项目	分布规律	转化规律
含硫化合物	约 10%的硫分布在轻组分中，主要为小分子硫醇；约 90%的硫分布在重组分中，主要为大分子硫醇、噻吩类含硫化合物	轻组分中的小分子硫醇可以通过加成反应重质转入重组分；重组分中的硫化物可以通过加氢脱除
烯烃	约 35%的轻组分富集了近 60%的烯烃；重组分的烯烃含量相对较低	直接对全馏分汽油加氢脱硫十分简单，但汽油中的轻质烯烃易被加氢饱和，辛烷值损失较大；将催化汽油切割为轻、重、馏分分别进行处理可以减少烯烃饱和，但能耗或其他成本增加；烯烃异构化或芳构化可以增加辛烷值。如在催化剂上经仲碳正离子、环化、脱氢形成芳烃

如何解决好 FCC 汽油加氢改质过程烯烃下降与辛烷值保持或提升之间的矛盾，是各种技术的着眼点。以辛烷值为 54 的 1-庚烷为例，如果加氢饱和为链烷烃，则其辛烷值降为 0，而如果芳构化成甲苯，则其辛烷值可以超过 100。对于烯烃芳构化转化规律而言，有两种反应机理，见图 2.12，其中新机理所得芳烃的辛烷值更高，应强化此路线。

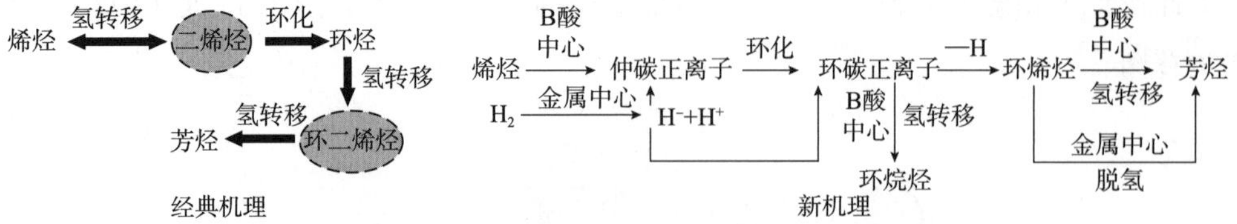

图 2.12　烯烃芳构化反应机理

通过异构化，将正构烯烃转化成异构烯烃，既可以扩大醚化原料，也可以发生烯烃的双键转移，碳碳双键由烃链的链端转移至链的中间位置，使辛烷值略有提高。如中海石油炼化有限责任公司惠州炼油厂开发的国Ⅳ、国Ⅴ全馏分催化汽油加氢技术，中国石油开发的相关汽油改质技术等。

2.2.2.5　催化材料研发中的应用

中海油在开发汽油和柴油加氢改质催化剂过程中，首先建立汽、柴油分子信息库，以及化学反应规则库，并通过对不同催化材料反应性能的裂化及开环反应的差异性评价对比，优选出最适合反应环境的分子筛催化剂，中海油据此开发了相应的催化裂化汽油和柴油脱硫用催化剂。可以根据不同催化剂的不同性能特点，结合工艺过程所期望的反应路径，筛选出合适的催化剂，以最大限度地利用资源。

2.2.2.6　油品分子级调和优化

目前企业对油品调和的技术掌握多停留在调和组分性质的经验公式结算上。而在分子管理技术体系中，对油品的调和从调和组分的分子成分出发，根据分子间的作用力，准确计算混合后的辛烷值、十六烷值等关键性质。通过对分子间作用机理的把握，准确掌握这些性质的非线性调和效应，从而达到更精准的调和优化。

2.2.2.7　清洁汽油生产技术

催化裂化是我国最主要的重油加工手段，也是我国汽油调和组分的最主要来源。催化裂化汽油中硫含量和烯烃含量相对较高。因此，降低催化裂化汽油中硫含量和烯烃含量是实现汽油质量升级的关键。根据分子水平的表征和催化裂化反应动力学研究发现，催化裂化轻汽油组分（<100℃馏分）富集了大部分烯烃（以 C_6、C_7 为主），硫类型以易脱除的硫醇、硫醚为主；重汽油组分中烯烃含量低，但富集了大部分较难脱除的噻吩、苯并噻吩。据此，国内外分别开发了多种催化裂化汽油精制技术，如 CDTECH 公司开发的催化裂化汽油脱硫降烯烃组合工艺技术。如图 2.13 所示，该技术首先将全馏分催化裂化汽油加氢精制脱除硫醇、硫醚、二烯烃等组分，并将催化裂化汽油按馏程切割为轻、重石脑油；轻石脑油富含烯烃，与甲醇或乙醇发生醚化反应，脱除烯烃并将其转化为辛烷值非常高的醚类，蒸馏得到的轻组分因富含正构烷烃而辛烷值较低，经异构化反应提高辛烷值后进入调和池；重石脑油经深度加氢脱硫后进入调和池。该技术得到的精制催化裂化汽油具有低

硫、低烯烃、高辛烷值和高液收率的优点，整体思路的精心设计也是分子炼油理念在汽油精制中的体现。

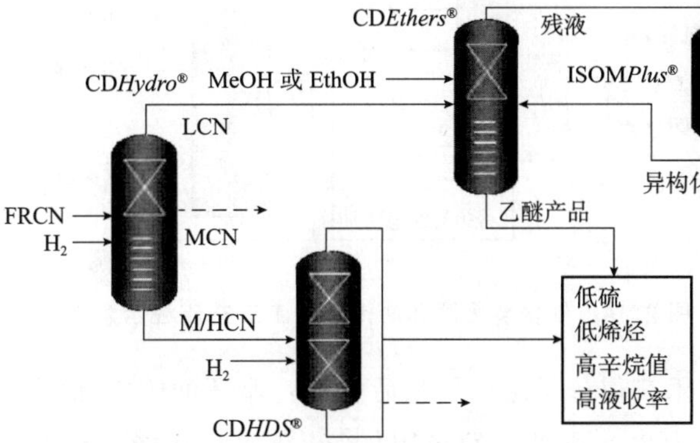

图 2.13 催化裂化汽油脱硫降烯烃组合工艺流程示意图

2.2.2.8 清洁柴油生产技术

下一阶段柴油质量标准升级过程中，性能指标将朝着低密度、低多环芳烃含量的方向变化。而我国年产催化裂化柴油 5000 余万 t，其中部分催化裂化柴油的密度 0.90～0.95g/cm^3，十六烷值<25(国Ⅴ标准：≮51)，是柴油质量升级任务中的重点和难点。借助分子化表征技术，国内外研发了多种催化裂化柴油加氢裂化技术，生产需求旺盛的低硫、高辛烷值汽油组分或催化重整原料，同时生产低硫清洁柴油。

UOP 公司开发了催化裂化柴油加氢转化－选择性烷基转移新工艺(LCOUnicracking 和 LCO-X)，充分利用催化裂化柴油富含多环芳烃的特点，通过加氢处理、转化并选择性烷基转移生产富含芳烃的重石脑油，其收率可达 57%、研究法辛烷值 90～95。美国雅保公司开发了催化裂化柴油加氢转化技术，采用部分循环流程，以催化裂化柴油(密度 0.935g/cm^3，十六烷值 24)为原料，产物中 65～165℃、165～205℃、>205℃收率分别约为 20.98%、16.97% 和 49.55%。其中 65～165℃ 馏分研究法辛烷值 91、芳烃含量>50%，>205℃馏分十六烷值可达到 42。

北京安耐吉公司开发的催化裂化柴油低压加氢裂化技术采用两段加氢、部分循环流程，最大量生产高辛烷值汽油，同时生产低硫清洁柴油。汽油产品研究法辛烷值 93～95，质量收率 40%～50%；柴油产品十六烷值 41 左右，比原料十六烷值高 15 左右；汽、柴油硫含量均可满足国Ⅴ标准要求。国内类似技术还有中国石化石油化工科学研究院开发的 RLG 技术等。

2.2.2.9 分子化重油加工技术

以催化裂化循环油加工工艺的研究与创新为例。传统分析方法对催化裂化循环油仅能得到以下认识：密度高，H/C 低，芳烃和胶质含量高，裂化性能较差，难以合理轻质化生成汽柴油。催化裂化循环油传统加工工艺流程见图 2.14。

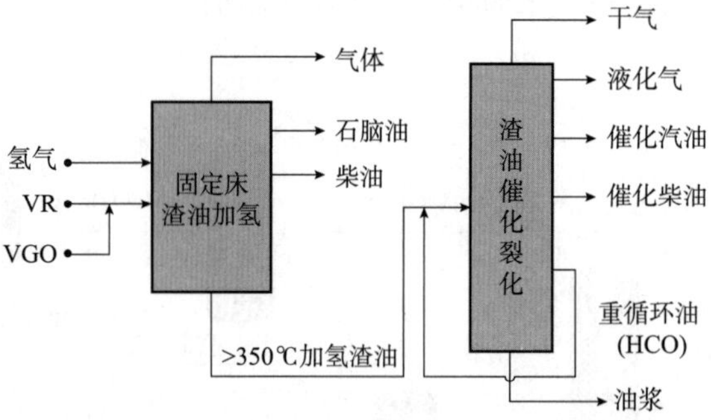

图 2.14　催化裂化循环油传统加工工艺流程示意图

利用分子级表征技术获得分子结构信息后发现：循环油中饱和烃以环烷烃为主，芳烃以三环及以上稠环芳烃为主，通过开发专用加氢-裂化双功能催化剂和优化的反应条件，饱和裂化部分芳环后作催化裂化装置原料，最终生产富含异构烷烃和单环芳烃等高辛烷值的汽油组分，见图 2.15。

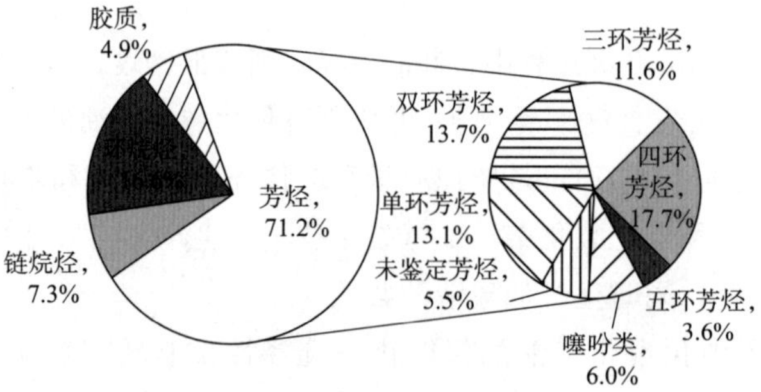

图 2.15　催化裂化重循环油(HCO)一般组成

基于上述技术思路开发的重油加氢处理-催化裂化双向组合(RICP)工艺，渣油经加氢处理后作催化裂化装置原料，催化裂化循环油返回至渣油加氢装置，见图 2.16。

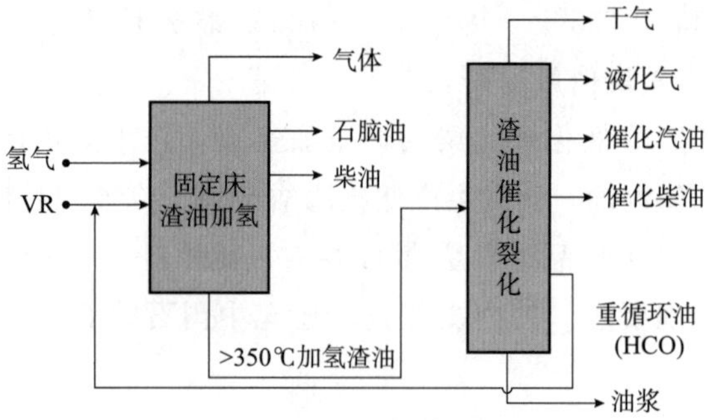

图 2.16　催化裂化循环油创新加工工艺流程示意图

该组合工艺具有诸多优点。循环油的掺入可以降低渣油加氢进料的黏度，提高渣油加氢脱硫、脱金属、脱残炭和脱沥青质反应的速率，改善生成油的性质。循环油经过加氢，增加了氢含量，催化裂化操作苛刻度有所降低，产物选择性变好，干气、油浆、焦炭产率下降，轻油收率和总液收率提高；柴油组分终馏点降低，有利于后续的柴油改质。

2.2.2.10 润滑油基础油异构降凝技术

内燃机润滑油是各种润滑油中需求量最多的一类，使用过程中需要具有较高的黏度指数和较好的低温流动性。内燃机润滑油黏度指数越高，其黏度随温度变化的幅度越小。影响润滑油低温流动性的因素主要有两方面：一是在使用温度下因形成蜡结晶结构而丧失流动性；二是在使用温度下因黏度大、流动太慢而造成润滑油泵抽空或供油不足。

从化学组成来看，正构烷烃的凝点最高，易于凝固，而多环烃类的低温黏度较大，异构烷烃相对较理想。所以，在润滑油基础油生产过程中，要尽量将原料中的大分子直链烷烃转化为性能较为理想的异构烷烃。目前，脱蜡降凝技术主要有溶剂脱蜡和加氢脱蜡，加氢脱蜡(临氢降凝)技术又包括择形裂化(催化脱蜡)技术和择形异构化(异构脱蜡)技术。

润滑油基础油异构脱蜡技术是通过采用高选择性的择形异构化催化剂，把油中的蜡转化为基础油最理想的组分——异构烷烃，产品收率高，基础油品质好。润滑油择形异构脱蜡技术的核心是基于分子炼油理念开发的大分子直链烷烃异构催化剂，其开发过程与对大分子烃分子水平上的表征和反应动力学认识息息相关。

2.2.2.11 石脑油正异构烃吸附分离技术

我国炼厂所加工的原油普遍偏重、石脑油的收率较低，长期以来存在催化重整和乙烯裂解争原料的问题。同时，石脑油中烃碳数和链结构不同，其辛烷值、裂解活性和芳构化活性相差甚大，进而最佳利用途径各异。对于石脑油，按照分子管理的思路，分离其中的正构烷烃作为优质乙烯裂解原料，异构部分作为优质催化重整原料或高辛烷值汽油调和组分，从而提高石脑油的利用效率。目前，从石脑油中分离正构烷烃最经济有效的方法是利用 5A 分子筛的择形吸附原理进行吸附分离。

2.2.2.12 炼厂干气加工技术

催化裂化干气和焦化干气中主要组分为氢气、甲烷、乙烷和乙烯等，直接作炼厂燃料气使用热值较低，也是对宝贵石油资源的浪费。为了提高炼厂干气价值，国内外相继开发了催化裂化干气制乙苯技术、炼厂干气提浓技术、干气制氢技术和催化裂化干气制芳烃技术等，使炼厂干气得到了更充分的利用。

(1)催化裂化干气制乙苯技术

虽然催化裂化干气直接作燃料使用的做法在国内仍普遍存在，但其中富乙烯的 C_2 组分的加工利用早已得到研究部门的重视。最具代表性的工程技术是中国寰球辽宁分公司和中科院大连化学物理研究所等单位联合开发的稀乙烯制乙苯第三代技术，而且第四代配套催化剂也已得到工业化应用。

由于采用催化裂化干气中的稀乙烯为原料，其原料成本比纯乙烯法生产乙苯低 15%～

20%；产出乙苯纯度达到 99.8%，高于 SH/T 1140 优等品标准；无残渣和废气，生产过程绿色清洁。

(2)炼厂干气提浓技术

炼厂副产的催化裂化干气、焦化干气、加氢低分气、重整 PSA 解吸气和 PX 装置燃料气中含有大量的 C_{2+} 组分和部分氢气，是高质量的乙烯裂解原料和廉价氢源，具有很高的回收价值。所以，从分子管理水平上优化各物料加工途径的角度出发，干气提浓技术的研发与应用得到越来越高的重视。

从投资、运营成本、原料质量要求、C_{2+} 和氢气的回收率和纯度、技术成熟度等方面比较，目前最为成熟、经济的技术路线是吸附法，即利用吸附剂在一定压力和温度下对 C_{2+} 烃选择性吸附的特性实现气体的分离，而深冷分离、膜分离和吸收法还有所欠缺。

2.2.3 分子炼油的应用案例

2.2.3.1 埃克森美孚

埃克森美孚在“分子炼油”研究和应用上处于领先地位，得益于其在相关领域的一系列研究突破。埃克森美孚早在 2002 年就启动实施了“分子炼油”项目，利用其专有的原油指纹技术，分析不同原油的分子结构集总，建立相应的反应动力学模型，并进一步与计划优化系统和实时优化系统相结合，准确选择原油、优化加工流程和产品调和，最大化生产高价值产品，从炼油过程整个供应链角度进行优化。

2.2.3.2 镇海炼化

2008 年，镇海炼化应用自主开发的计划优化模型和带反应的流程模拟模型，导入“分子炼油”理念，通过优化原油资源，优化资源流向和能量配置，实现了炼油和乙烯整体效益最大化。2008 年，镇海炼化引入“分子炼油”理念，通过对 C_5 进行正/异构分离，将异构 C_5 作为汽油调和组分，每年就增效近亿元。建设炼油-乙烯一体化项目时，镇海炼化仅通过优化乙烯氢气、炼厂干气、LPG、碳五等物料流向，年增加乙烯裂解原料超过 70 万 t，为炼油提供氢气(折合标准状态)超过 $30000m^3/h$。

2.2.3.3 茂名石化和石家庄炼化

茂名石化和石家庄炼化也分别于 2011 年和 2013 年提出要深入落实“分子炼油”理念，按照“细分物料，细分客户，贴近指标，精心调配”的优化思路，实施资源差异化战略，建立完善分段优化预测模型，优化原油资源，合理安排加工流程和优选加工方案，力争实现效益最大化。茂名石化通过干气提浓装置把炼油干气中的 C_2、C_3 组分分离出来，供给蒸汽裂解装置作乙烯原料，减少燃料中 C_{2+} 组分的浪费；根据自建的分段优化预测模型，对减压渣油不同加工路线所产生的价值进行测算、排序，为渣油加氢-催化裂化、延迟焦化和沥青装置精心调配原料，最大化每一滴渣油的价值。

2.3 总结与展望

从分子层面对石油进行管理以及利用，是对传统石油开发利用的一次转型升级，转型是指更加精准，升级是指提升到分子水平。分子炼油基础是从分子层面认识石油，这需要更精确的测量以及分析手段来对石油组成进行分子层面分析。

与此同时，因石油能源紧张以及全球环境要求，对石油的最大化利用亟须提升。之前以及现如今的部分石油炼制石油的利用效率都不高，造成石油资源在一定程度上的浪费以及无法及时满足市场需求。全球石油市场需要的产品不能只从宏观上满足油品的性能达到要求，还需使油品在微观分子层面的清洁性能质量达标。

对于我国而言，分子炼油是要对石油中每一个分子的物理和化学性能进行分析并结合市场需求对其进行管理，让其通过一系列操作得到所需产品。当前我国的分子炼油水平仍然落后国外领先水平。国外智能优化分子炼油包括横向供应链的智能优化建设，纵向生产链的智能化建设，环保、节能、安全和资产的综合管理，这三个方面也是我国分子炼油发展的方向。分子炼油也是炼厂转型的关键。将原油以更高的比例转化为石化产品，找到一条原油制化学品的长期盈利路径是关键。想要改头换面，炼厂要将六大能效即碳、氢、排放、能耗、水和资本执行过程中的效率作为方法论，要从装置灵活性、炼化一体化、集约化及智能互联等方面下功夫。炼厂转型之路的优劣在于工艺改造时能否做到高效的碳氢转化效率和低能耗，也就是在最低能耗下将原油中的碳氢原子最大限度地转化到石化产品中。

我国“分子管理”技术处于起步阶段，当前最重要的是建立专业的研发团队，对“分子管理”技术做好基础研究和工业软件开发，完善石油分子信息库以及炼油反应规则库，开发炼油装置的分子级反应机理模型，以实现炼化企业在纵向生产链的分子级实时数据及时共享与应用，智能预警，各环节协同优化。分子炼油技术更加注重对炼厂原料进行分子化的精细利用和管理。石油工业的技术进步和对石油加工效益最大化的追求，已将炼油工业推进到分子炼油的新时代，许多成熟的分子炼油工程技术和系统优化模型在国内外炼油厂中得到重视和应用，并为其带来丰厚的经济效益。今后，无论是新建炼化项目还是现有炼油厂升级改造，分子炼油技术都有助于提高未来炼厂的资源利用效率，优化加工流程和产品方案，提高竞争力。

从石油的分子组成特点和目前的技术水平来看，短期内不可能实现石油分子组成的精确定量分析。当前的任务是充分利用仪器分析手段，开发和整合针对不同油品和不同类型化合物的各种分析方法，建立一套完整的解决方案，放宽定量的准确度要求，在现有技术水平下，实现涵盖全馏程范围和全部化合物类型的石油组分分子组成的定量分析。

同时，就目前来说，分子构建技术已相对较为成熟，但这项技术依旧不能代替分析技术，脱离实验数据和过度依赖模型这些发展理念都是要严禁杜绝的，其只是用来弥补分析技术的不足。而未来分子构建技术的发展趋势应是引入更多的分析数据并改进算法，以提高构建效率。

除此之外，反应网络构建的一个重要问题在于反应动力学参数的计算。因为无论是构建过程还是求解过程，都需要对反应的过程进行相应的计算。目前，按照反应动力学计算方法不同可以分为数据关联、量化计算和实验直接获得。由于反应体系异常复杂，实际应用中通常只能获得少量实验数据，因此动力学参数的求解通常需要关联方法或者量化计算。虽然随着计算机性能的长足发展，近年来量化计算的精度和效率都有大幅度的提高，但是仍然难以满足石油体系的计算需求。所以在未来的发展方向中，关联方法仍然是主要的实现方法，量化计算以及实验数据只作为补充。石油分子工程及其管理软件与生产信息化体系融合见图 2.17。

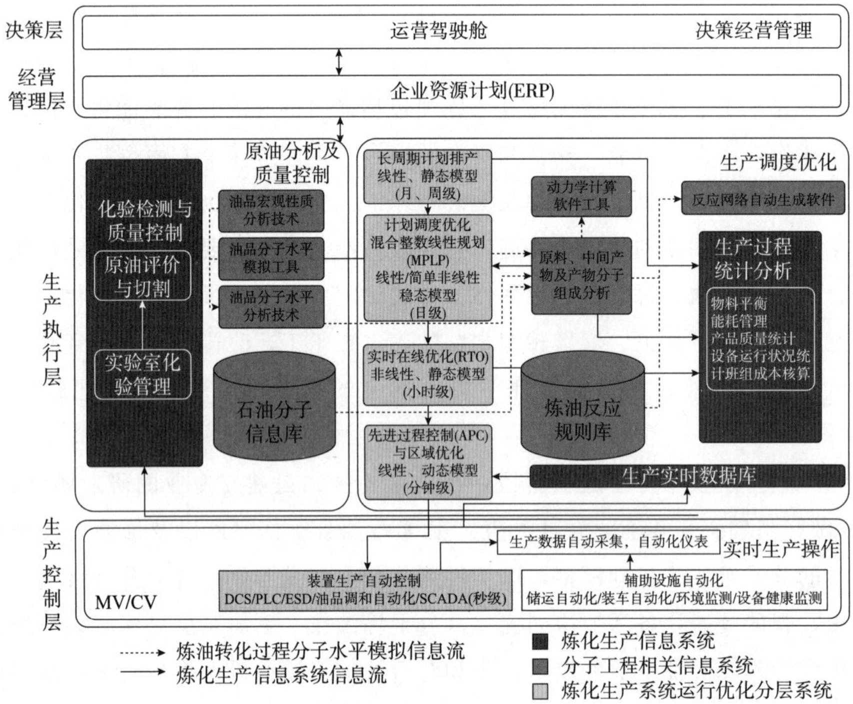

图 2.17 石油分子工程及其管理软件与生产信息化体系融合

分子管理的理念需要通过具体的技术落实到生产实践中，但是不应过分强调其“新技术”特性。现有石油加工过程实质上都是通过对分子或原子的重组实现企业的经济效益的。分子管理的实施应该建立在现有加工过程的基础上，即从分子水平实现炼化过程的深度优化。实现这一目标是一个相对漫长的过程，需要奠定扎实的基础理论和方法基础，应分阶段、分步骤地推进到整个炼化过程中去。

参考文献

[1]史权，张霖宙，赵锁奇，等．炼化分子管理技术：概念与理论基础[J]. 石油科学通报，2016，1(2)：270-278.

[2]王刚，孙静，方东，等．分子炼油为导向的催化裂化加工重质油策略[J]. 中国科学：化学，2018，48(4)：362-368.

[3]张海桐，王广炜，薛炳刚．对分子炼油技术的认识和实践[J]. 化学工业，2016，34(4)：16-23.

[4]吴青．石油分子工程及其管理的研究与应用(Ⅱ)[J]. 炼油技术与工程，2017，47(2)：1-14.

[5]吴青．石油分子工程及其管理的研究与应用(Ⅰ)[J]. 炼油技术与工程，2017，47(1)：1-9+16.

[6]郑丹．炼油向分子水平进军——专访中国石化石油化工科学研究院原院长龙军[J]. 中国石油石化，2018(21)：38-41.

[7]Marshall Alan G，Rodgers Ryan P. Petroleomics：the next grand challenge for chemical analysis [J]. Accounts of chemical research，2004，37(1)：53-59.

[8]Rodgers Ryan P，Schaub Tanner M，Marshall Alan G. Petroleomics：MS Returns to Its Roots [J]. Analytical Chemistry，2005，77(1)：20A-27A.

[9]Hsu Chang Samuel，Liang Zhenmin，Campana Joseph E. Hydrocarbon Characterization by UltraHigh Resolution Fourier Transform Ion Cyclotron Resonance Mass Spectrometry[J]. Analytical Chemistry，1994，66(6)：850-855.

[10]史权，张亚和，徐春明，等，CHUNG Keng H. 石油组分高分辨质谱分析进展与展望[J]. 中国科学：化学，2014，44(5)：694-700.

[11]史权，赵锁奇，徐春明，等．傅里叶变换离子回旋共振质谱仪在石油组成分析中的应用[J]. 质谱学报，2008，29(6)：367-378.

[12]Qian Kuangnan，Robbins Winston K，Hughey Christine A，et al. Resolution and Identification of Elemental Compositions for More than 3000 Crude Acids in Heavy Petroleum by Negative-Ion Microelectrospray High-Field Fourier Transform Ion Cyclotron Resonance Mass Spectrometry[J]. Energy & Fuels，2001，15(6)：1505-1511.

[13]Kuangnan Qian，Ryan P. Rodgers，Christopher L. Hendrickson，et al. Reading Chemical Fine Print：Resolution and Identification of 3000 Nitrogen-Containing Aromatic Compounds from a Single Electrospray Ionization Fourier Transform Ion Cyclotron Resonance Mass Spectrum of Heavy Petroleum Crude Oil[J]. Energy Fuels，2001，15(2)：492-498.

[14]J. J. Verstraete，Ph. Schnongs，H. Dulot，et al. Molecular reconstruction of heavy petroleum residue fractions[J]. Chemical Engineering Science，2010，65(1)：304-312.

[15]L. Pereira de Oliveira，Trujillo Vazquez，J. J. Verstraete，et al. Molecular Reconstruction of Petroleum Fractions：Application to Vacuum Residues from Different Origins[J]. Energy & Fuels，2013，27(Jul. /Aug.)：3622-3641.

[16]De OliveirA Luís Pereira，Verstraete Jan J，Kolb Max. Molecule-based kinetic modeling by Monte Carlo methods for heavy petroleum conversion[J]. Science China(Chemistry)，2013，56(11)：1608-1622.

[17]纪晔，王杭州，蒋子龙，等．基于结构导向集总的分子级炼油过程全厂模拟和优化方法[J/OL]. 计算

机与应用化学，2020(3)：1-9.

[18]田松柏，龙军，刘泽龙．分子水平重油表征技术开发及应用[J]. 石油学报(石油加工)，2015，31(2)：282-292.

[19]Wu Q，Wu J. Molecular Engineering and Molecular Management for Heavy Petroleum Fractions[C]. Beijing：The 9th Symposium on Heavy Petroleum Fractions：Chemistry，Processing and Utilization，2016.

[20] Dutriez Thomas，Courtiade Marion，Thiébaut Didier，et al. Advances in Quantitative Analysis of Heavy Petroleum Fractions by Liquid Chromatography-High-Temperature Comprehensive Two-Dimensional Gas Chromatography：Breakthrough for Conversion Processes[J]. Energy Fuels，2010，24(8)：4430-4438.

[21]李雪静，乔明．从近两年欧美炼油专业会议看世界炼油技术新进展[J]. 国际石油经济，2015(5)：8.

[22]刘艳伟，赵书娟，李彬，等．用“分子炼油理念”指导石脑油加工优化[J]. 炼油技术与工程，2014(8)：4.

[23]赵洋，王得红．分子炼油技术在 1.2Mt/a 柴油加氢装置上的应用[J]. 石化技术与应用，2019，37(4)：3.

[24]李宇龙，刘维康，郭彦，等．分子炼油技术展望[J]. 广东化工，2014，41(6)：111+8.

[25]周涵，任强，龙军．分子模拟技术在炼油领域的应用[J]. 石油学报(石油加工)，2015，31(2)：360-368.

[26]徐春明．分子炼油的概念与原理[J]. 石油学报，2019，48(5)：2-10.

[27]裴文军．润滑油基础油生产工艺的选择[J]. 炼油技术与工程，2012，42(7)：25-29.

[28]吕美谊．分子炼油技术的认识和趋势前瞻[J]. 中国经贸，2018，22：118-119.

[29]谢文艳，孙立华．将每一滴原油的价值“吃干榨尽”[N]. 中国石油报，2022-02-25(002).

[30]牛传峰，张瑞弛，戴立顺，等．渣油加氢-催化裂化双向组合技术 RICP[J]. 石油炼制与化工，2002(1)：27-29.

第3章　原油分离

3.1　石油蒸馏技术的发展历程

蒸馏作为一种热力学的分离工艺，其原理是利用混合液体中各组分沸点不同，使低沸点组分蒸发，再冷凝以分离整个组分的单元操作过程。

早在公元1世纪，东汉班固著《汉书·地理志》中就有“高奴有洧水可燃”的记载。北魏郦道元著《水经注》引述西晋张华于公元267年著《博物志》中的一段记载，对石油有了较详细描述：“酒泉延寿县南山出泉水，大如筥，注地为沟。水有肥，如肉汁，取著器中，始黄后黑，如凝膏，燃极明，与膏无异，膏车及水碓缸甚佳，彼方人谓之石漆。”“石油”一词的出现则始于北宋沈括著的《梦溪笔谈》：“鄜延境内有石油，旧说高奴县出脂水即此也。”至北宋神宗时期(1068～1085年)，中央军器监属下的作坊中就有加工原油的“猛火油作”和使用猛火油的器械“猛火油柜”。可见此时石油已用于军事。但将石油进行加工利用，并形成炼制工业，则始于19世纪初的欧美。

在18世纪文艺复兴后，人类社会进入油灯时代，以鲸鱼油为燃料，但由于数量有限，供应出现短缺。人们尝试将其他动植物油脂作为鲸鱼油的替代品，但存在价格昂贵、数量有限、照明度不够或是使用中产生黑烟等问题，无法满足市场的需求。受巨大的市场利益驱动，人们开始寻找可以满足市场需要且更为低廉的灯油燃料。在19世纪20年代，人们开始将目光锁定在石油，当时的石油与鲸鱼油相比价格更为低廉，大约20美元/桶，并且可以大量供应，兼备较好的使用性能，在市场需求的驱动下，石油炼制产业应运而生。

石油经过加热后，提取出来的部分产物可以作为灯油燃料，因此最早出现炼油技术是采用釜式蒸馏批量生产照明煤油。19世纪20年代主要石油产品为灯用煤油，原油加工量较少，原油蒸馏用釜式蒸馏法(原油间歇送入蒸馏釜，在釜下加热)进行。釜式蒸馏是一种简单蒸馏，属于间隙操作，具有灵活方便的特点，适用于小规模处理。蒸馏釜的原理是根据馏分沸点的不同，通过加热时所要的馏分汽化，再通过冷凝收集，即可完成蒸馏。世界上第一套蒸馏釜是美国人研究制造的(见图3.1)。据《美国石油工业史》记述，最早从煤炭里炼制出灯用煤油的，是加拿大地质家亚伯拉罕·格斯纳博士，于1852年研发出类似的工艺，获得了美国专利，主要是用于煤炭生产加工。1853年，纽约的一家公司用他的技术生产煤油，投放市场。一位叫萨缪尔·M.基尔的美国人，他利用蒸馏釜从原油中提炼煤油，获得成功，因此在美国被誉为“炼油业的创始人”。1859 年，美国炼油事业颇有起色，已经有 50 多家炼油厂，分别用软煤、页岩或天然沥青生产煤油。1859 年 8 月 27 日，宾夕法尼亚泰特斯维尔石油溪边德雷克井的出油，标志着近代石油工业的诞生。至此，小作坊式的炼油厂被大型炼化公司取代，原油生产能力也进一步加强，炼油行业迅速发展壮大起来，很多油田附近都新增了一些炼油厂。美国早期化工厂见图 3.2。

图 3.1　世界上第一套蒸馏釜

图 3.2　美国早期化工厂

1861 年美国爆发南北战争，由于战争需要增加了对灯油和润滑油的需求量，推动了美国早期石油工业的发展，在 19 世纪 60 年代，相继出现了常压蒸馏和减压蒸馏技术，分别用来生产煤油和军需设备润滑油。

19 世纪 80 年代，随着原油加工量逐渐增加，科学家发明了连续蒸馏装置：把一系列蒸馏釜串联在一起，每座釜单独加热，使其温度都高于前一座釜。蒸馏釜进行特殊布置后，原料油就可以靠重力从第一座釜流到最后一座釜。在第一座蒸馏釜中得到轻石脑油馏分，剩余物料流入第二座温度更高的釜，得到重石脑油馏分，剩余物料再进入第三座温度更高的釜，得到煤油。物料逐级流经整个蒸馏釜系统，在最后的蒸馏釜中发生热裂化，生产更多的煤油。最后蒸馏釜里的渣油被连续移出，加工生产润滑油或用作燃料油。通过对原有技术的升级改造，原油蒸馏技术有了突破性进展。美国标准石油公司直到 19 世纪 90

年代，才开始采用连续蒸馏技术，生产灯用煤油。

1912 年，美国 M. T. 特朗布尔应用管式加热炉与蒸馏塔等加工原油，形成了现代化原油连续蒸馏装置的雏形，原油加工量越来越大。20 世纪初，部分冷凝(或选择性冷凝)方法的发展使得石油馏分可以得到更好的分离。部分冷凝器(又称 Van Dyke 塔)安装在蒸馏釜和常规水冷冷凝器之间。冷凝器下部堆放石块并用砖隔热，这样重质、挥发性较差的物料进入冷凝器后又返回蒸馏釜。未冷凝的物料进入另一部分，一些挥发性较差的物质在空冷管中冷凝，将冷凝液抽出作为石油馏分。易挥发组分(又称塔顶馏分)从空冷部分出来后进入第二个冷凝器，其中设有空冷管，得到第二种馏分。这个阶段得到的挥发性物质经水冷后得到第三种馏分。使用常压蒸馏，这也是石油炼制过程最基础的工艺。

此外，20 世纪 30 年代前后炼油工业另一重要的进展是润滑油生产技术日臻成熟。常压蒸馏能够得到的最重组分的沸点受到渣油开始分解(裂化)的温度和停留时间的限制。当需要生产润滑油时，需要对物料进一步分馏，且需要避免裂化的发生，而减压蒸馏可以很好地实现这一目的。因此，为了分馏出黏温性能好的润滑油料和获得更多的轻质油品，发展了减压蒸馏。至此，目前炼厂中最常见的常减压蒸馏技术也就出现了。时至今日，蒸馏釜被常压蒸馏塔取代，但蒸馏依然是所有炼油厂的第一道加工工序。炼油厂的常压蒸馏能力，就是这座炼油厂的加工能力。

但由于炼厂中的常减压蒸馏装置不能生产特定的产品，因此 20 世纪后半期，炼厂又增加了共沸蒸馏和萃取蒸馏等装置。

近 30 年来，原油蒸馏随着扩大处理能力和提高设备效率而不断发展，逐渐形成了现代化大型装置。

目前，石油蒸馏技术已经包括原油预处理(脱除原油中过多的水和盐)、常压蒸馏(在接近常压下蒸馏出汽油、煤油、柴油等直馏馏分，塔底残余为常压渣油)和减压蒸馏三部分(将常压渣油在 8kPa 左右的绝对压力下蒸馏出重质馏分油作为润滑油料、裂化原料或裂解原料，塔底残余部分为减压渣油)。

世界炼油技术发展历史见图 3.3。

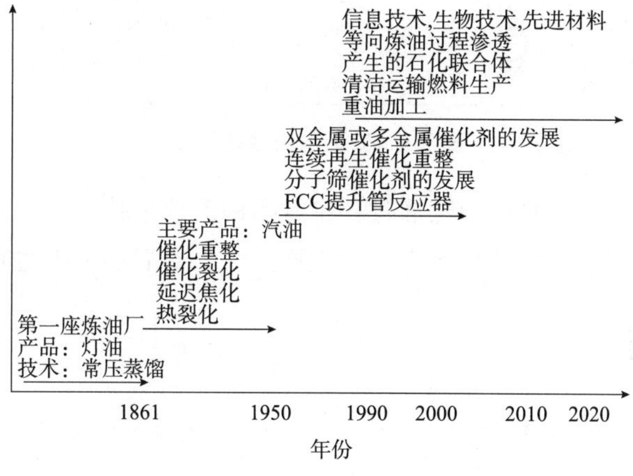

图 3.3　世界炼油技术发展历史

3.2 现代石油蒸馏技术

3.2.1 原油预处理

原油在进入蒸馏装置之前需要经过预处理。原油的预处理过程就是脱除原油中的水和盐的过程。应用电化学分离(电脱盐脱水)或加热沉降方法(沉降法)脱除原油所含水、盐和固体杂质的过程。主要目的是防止盐类(钠、钙、镁的氯化物)离解产生氯化氢而腐蚀设备和盐垢在管式炉炉管内沉积。

原油中约90%的钠盐，70%的钙盐和镁盐是水溶性的。通过向原油中注入含氯低的新鲜水，溶解原油中的结晶盐并稀释原油盐水，经充分混合，原油与水形成W/O型乳状液，其中的盐类溶在水中。进入电脱盐装置，乳状液在电场与破乳剂的双重作用下，使小水滴聚结成为大水滴后在重力场作用下依靠油水密度差将水从原油中分离出来。

采用电脱盐法时，在原油中要加入破乳剂(离子型破乳剂或非离子型聚醚类破乳剂)和软化水，然后通过高压电场(电场强度1.2～1.5kV/cm)，使含盐的水滴聚集沉降，从而除去原油中的盐、水和其他杂质。电化学脱盐常以两组设备串联使用(二级脱盐)以提高脱盐效果。图3.4是一个二级电脱盐装置图。

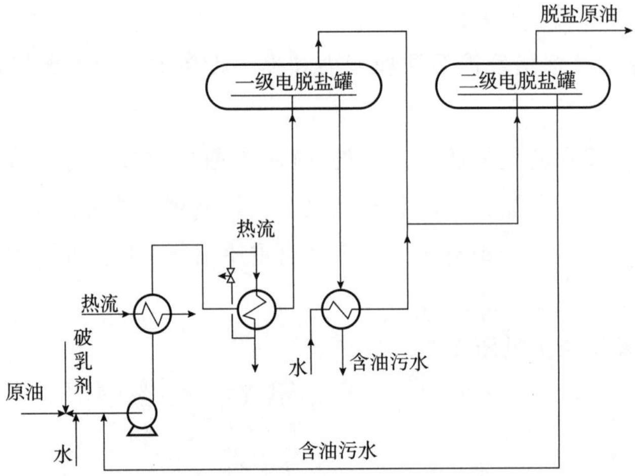

图3.4 二级电脱盐装置图

原油的电脱盐脱水技术是石油蒸馏过程中常用的预处理技术，但是该技术存在生产成本高、适应性差、电脱盐罐所需体积大、占地面积大、对后续加工过程不利等缺陷。

3.2.2 常压蒸馏

图3.5为常压蒸馏装置图。

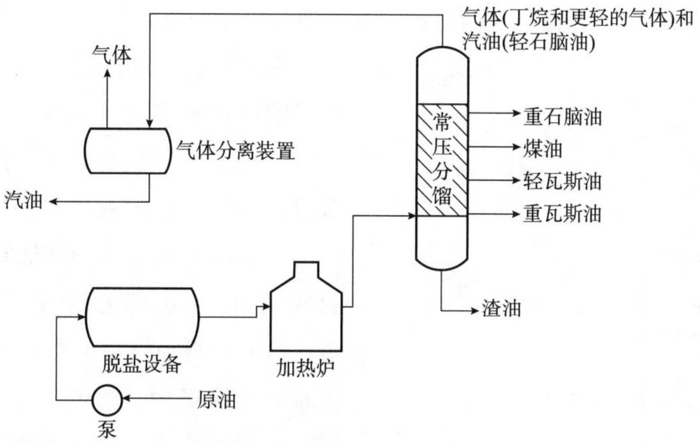

图 3.5 常压蒸馏装置图

蒸馏塔的操作是基于通过塔的液体混合物中各组分的沸点差异和气-液逆流循环而进行的。适当地控制塔内的温度分布，便可在不同高度处得到组成不同的混合物。虽然所有的蒸馏塔内都存在着多组分相间传质的现象，但其物流的流动状态却主要取决于所使用的塔内构件的不同。蒸馏塔主要分为板式塔和填料塔。填料塔内可装填散装填料或规整填料。不同类型的蒸馏塔有不同的用途，取决于所需要的持液量、生产能力(流速)和压降。由于涉及多种塔内构件，这些塔都属于复杂的单元装置。

当所需要的温度超过 205℃时，我们只能采用加热炉来加热进料。而较低的温度，如石脑油和低沸点产物的二次蒸馏则可由换热器或和蒸汽再沸器来提供。

分馏塔的进料是流过安装在一个大炉子中的管道时被加热的。这个加热装置被称为管式加热器或管式炉，它和分馏塔构成了蒸馏装置的基本部分。加热炉把进料加热到预期的温度，在此温度下，进料中的一部分转化成蒸气。这些蒸气保持着加热炉管中的压力，以泡沫流的形式进入分馏塔，在塔内被分馏成瓦斯油、煤油和石脑油；进料中的难挥发组分或液体部分向下流入塔底，作为塔底产品用泵输出。

管式加热炉在尺寸、形状和内部结构方面有很大的不同，每天能够处理 25000bbl 甚至更多的原油。炉壁和炉顶采用耐火砖隔热，燃气或燃油的燃烧器嵌入一侧或多侧炉壁上。加热炉内部分成两部分，其中较小的部分是对流室，这是油首先进入加热炉的地方，而较大的部分是燃烧器释放热量的地方，在这里油品达到其最高温度。

换热器可用于预热进入加热炉前的进料。换热器壳程内有多束换热管，走管程的物流与走壳程的物流成逆流方向。这样，冷原油在进入加热炉前可通过一系列的换热器被加热，同时从蒸馏塔出来的热产物被冷却，从而节约了大量的能量，这也是炼厂经济操作中的一个重要因素。

再沸器以蒸汽盘管的形式设置在分馏塔的底部或者设置在单独的容器里。对于后者，塔底产物进入再沸器被蒸汽盘管加热，部分被汽化。热蒸汽直接返回到塔底，提供蒸馏操作所需要的部分热量。难挥发的产物离开再沸器后通过换热器将热量传递给进塔的物料。蒸汽被引入分馏塔，不仅能够提供热量，而且能够使较低温度下的料液沸腾。再沸器通常能提高分馏的效率，但是要达到更好的分离程度，通常简便的办法是借助于提馏段来实现。

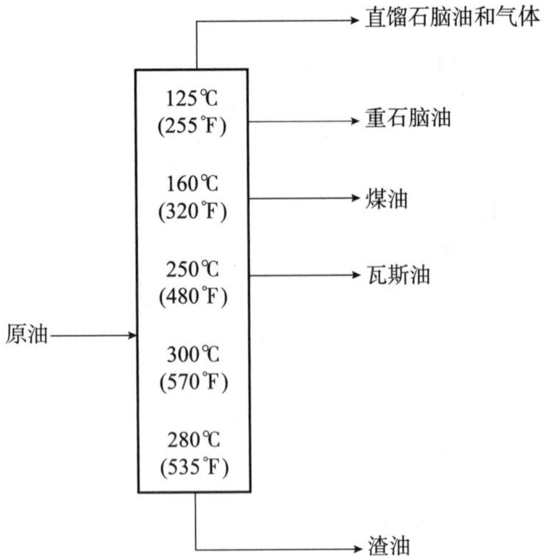

图 3.6　常压蒸馏塔的温度分布图

提馏操作是在塔的进料点下部进行的。在提馏段，更多的易挥发组分被从下降的液体中汽提出来。在进料点的上部，或者说精馏段，蒸气中难挥发物质的浓度被减少。

从塔底到塔顶各塔板的温度是逐渐下降的(图 3.6)。底部的塔板被进入的热原料加热，有时也通过再沸器来提供额外的热量。在原油蒸馏塔中，轻石脑油和气体从塔顶取出，而重石脑油、煤油和瓦斯油作为侧线产品抽出，常压渣油则从塔底取走。

根据大多数石油产品的规格，仅通过蒸馏很难得到适销的产品。常压蒸馏主要适合为中级精炼操作及掺炼工艺提供原料。一般来说，蒸馏在常压下进行，虽然轻质原油可能从高压塔顶拔出，然而残留物仍在常压下蒸馏。

拔头操作不同于正常的蒸馏过程，大部分热量直接提供给进料，而不是在塔底部通过再沸器来加热物料。此外，在塔顶馏分和塔底馏分(渣油)之间的中等挥发性产物，被作为侧线产品抽出。进而，将蒸汽注入塔底部和侧线汽提塔中，用于控制馏分的初始沸程(初馏点)。拔头油需要用蒸汽汽提来提高其闪点或回收残存的瓦斯油。拔头油的组成是气化器(闪蒸器)温度的函数。此外，残渣的特性主要取决于经由常压蒸馏或减压蒸馏蒸出的可挥发物的程度。

3.2.3　减压蒸馏

图 3.7 为减压蒸馏装置图。

减压蒸馏的出现是为了分离不易挥发的产品，例如石油中的润滑油，使高沸点产品不至于发生裂解。高沸点的润滑油基础油的分馏要求压力低于 15～30mmHg(0.29～0.58psi)，但是操作条件通常为 50～100mmHg(0.97～1.93psi)。在这样的压力下，蒸气体积很大，压降必须很小才便于维持控制，因此，减压塔必须有较大的塔径。与低沸点馏分相比，这些馏分蒸气压的差异要更大一些，所以需要的塔板数相对较少。在这种情况下，重瓦斯油可在 150℃的条件下作为塔顶产品馏出；润滑油组分在 250～350℃的条件下作为侧线产品抽出；进料和渣油温度则保

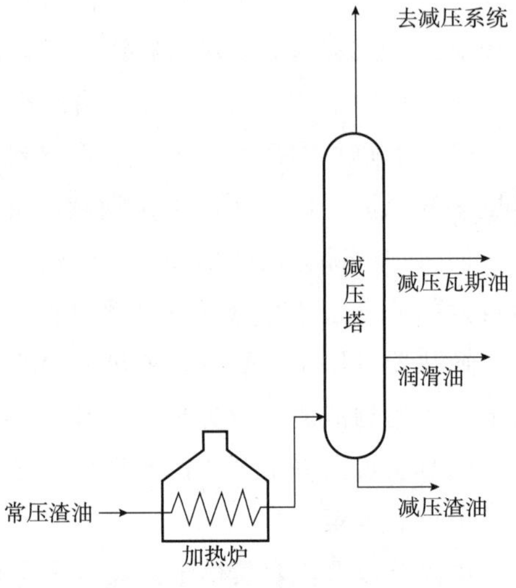

图 3.7　减压蒸馏装置图

持在 350℃以下。高于此温度，热分解的速度增加，裂化开始出现。一般通过注入蒸汽，烃分压会得到有效的降低。蒸汽注入塔中，主要是为了汽提出沥青组分，并且在加热炉的对流段中使蒸汽过热。

进入减压塔(闪蒸段)的热物料温度应该尽可能高，压力尽量低，以便得到最大的蒸馏收率。但是，考虑到进料组分的裂化趋势，闪蒸温度要限制在 420℃以下。真空度既可以通过真空喷射泵来实现，也可以通过液环泵来实现。对于老式的高真空度装置，如果不使用提升蒸汽，便无法使闪蒸段实现所需要的低分压，这与常压蒸馏中汽提蒸汽所起的作用相似。这些装置被称为湿式装置。在减压蒸馏中最新研发的是一种深度减压闪蒸器(高真空闪蒸器)，它不需要注入蒸汽。这种干式装置是在非常低的闪蒸段压力和低的塔压降下操作的。冷回流通过塔内许多专门设计的喷嘴喷出，与上升的蒸气形成逆流。喷出的小液滴与热蒸气密切接触，使得气液相之间实现了良好的传热和传质。

当类似于常压塔中所用的塔板在减压精馏中使用时，减压塔直径会非常大，可达到 45ft。为了维持塔板的低压降，液封必须尽可能地小。低的持液量和相对高的液体黏度限制了塔板效率，这就导致了减压塔比常压塔的效率低得多。塔内的真空度通过抽出在进料时或因渗漏进入塔内的不凝气来实现。

通过减压蒸馏得到的馏分取决于设计工艺是生产润滑油还是减压瓦斯油。如果是前者，则馏分包括：

(1)重瓦斯油。塔顶产品，用作催化裂化的原料或适当处理后的轻质润滑油。

(2)润滑油。侧线产品(通常有三种馏分：轻质、中等和重质润滑油组分)。

(3)渣油。非挥发性产品，可直接被利用或经进一步加工生产沥青。

渣油也可以作为焦化的原料，或者与瓦斯油调和以生产重燃料油。然而，如果渣油不需用作润滑油原料，则润滑油馏分便和重瓦斯油馏分混合在一起。它们很有可能被作为一个馏分从渣油中分离出来，用作催化裂化的原料。

近年来，随着石油加工工艺、装备技术、计算机全流程模拟技术以及 DCS 先进控制技术的发展，常减压蒸馏技术获得很大发展。各种商业的流程模拟软件，如 ASPEN PLUS、SIMSCI PRO Ⅱ、HYSYS 和 DESIGN Ⅱ等在常减压装置的全流程模拟优化以及大量的工程经验的积累，使得常减压装置的流程优化发展到一个全新的阶段和水平，尤其是 Linhoff 提出的窄点(Pinch Point)换热网络优化技术的全方位应用，极大地降低了常减压蒸馏装置的加工能耗，使得目前常减压装置的技术水平达到了一个新的高度，形成了基本的常减压工艺流程，参见图 3.8。

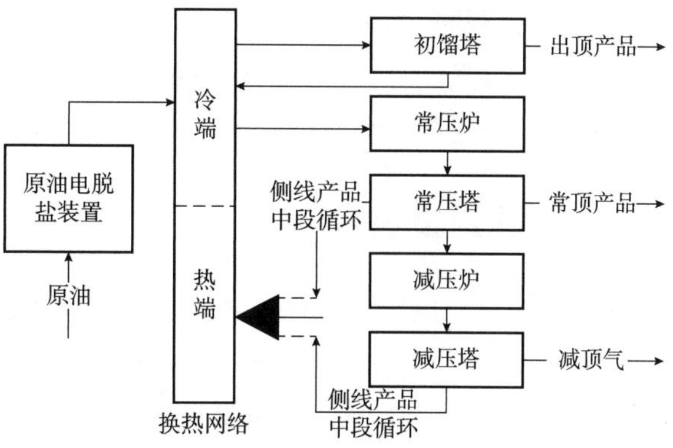

图 3.8 常减压装置的基本流程示意图

对该流程简述如下：原油经过电脱盐装置，脱盐和脱水，脱后原油进入换热网络，加热到 180～230℃，进入初馏塔。初馏塔顶生产重整料或汽油，初底油进入换热网络，进行换热，换热终温达 290～308℃，然后经常压炉加热到 350～370℃后，进入常压塔。常顶油和初顶油混合后进入重整装置和汽油调和车间，常压侧线经过换热网络后，出装置作燃料油、溶剂油和化工原料产品；中段循环进入换热网络换热后，返塔；常压重油进入减压炉加热到 380～410℃后进入减压塔。减压塔各产品经过换热网络换热后出装置，图 3.9 给出了常规常减压蒸馏工艺流程图。

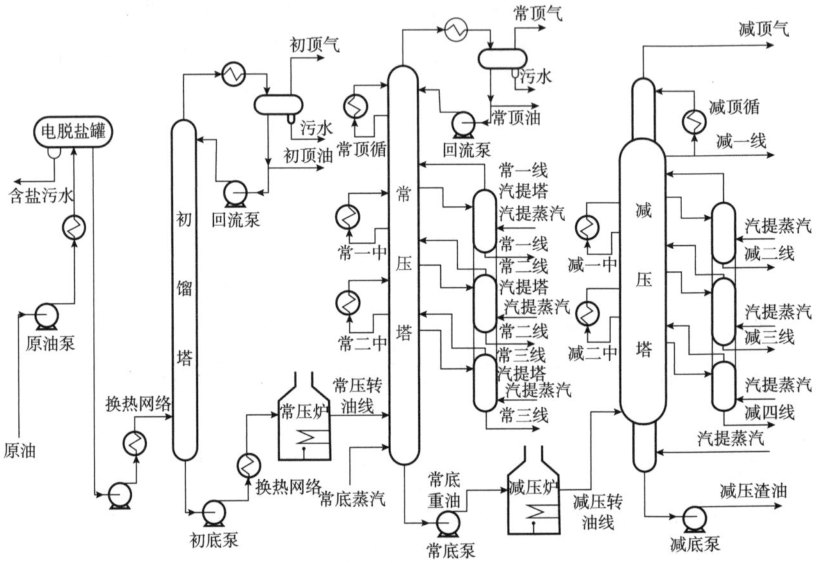

图 3.9　常规常减压蒸馏工艺流程图

常压蒸馏和减压蒸馏两者共同的优点就是可以通过灵活地调节一些参数来应对不同质量的原料和不同的产品收率范围，并且能够对一些基本的石油产品进行初步分离。但常压蒸馏仅限于分离沸点较低的馏分(沸点切割)，也就是说除非想要进行裂化蒸馏，常压下可得到的最高沸点馏分的沸程受温度(约 350℃)的限制，在这个温度下，常压渣油开始分解或裂化。若想将原料用于生产润滑油，则需进行进一步分馏而不发生裂化，这时就可以通过在减压条件下的蒸馏来实现。

常减压蒸馏虽能分离得到一些初步的石油馏分，但若想要进一步提高分离精度，可以对蒸馏过程进行强化，如共沸蒸馏、萃取蒸馏等就用到了质量分离剂的强化理念。

3.2.4　减压深拔技术

减压深拔技术就是在现有的重质馏分油切割温度的基础上，将温度进一步提高，来增加馏分油的拔出率。其核心是对减压炉管内介质流速、汽化点、油膜温度、炉管管壁温度、注汽量(包括炉管注汽和塔底吹汽)等的计算和选取，以防止炉管内结焦。

近年来，国内许多炼厂采用加工重质原油和劣质原油来降低原油加工成本，所以各炼厂采用新的减压深拔技术来提高减压装置的总拔出率，减少焦化来提高重油处理装置的加工能力，降低加工负荷，使原油重质化采购的经济效益能够得到充分发挥。

减压深拔技术容易受到油气分压和温度、雾沫夹带量、减压炉出口温度和汽化段真空度的影响。若减压塔没有减低急冷油流程，减低温度没有很好的控制手段，塔底温度上升后，容易造成减压塔底结焦、塔底泵抽空等现象。

3.2.5 初馏二段预闪蒸流程

我国镇海炼化Ⅰ套常减压蒸馏装置加工能力 250 万 t/a，为适应国内外原油市场的不断变化，降低生产成本和扩大加工能力，将其改造成规模为 500 万 t/a 能加工中东轻质含硫原油的常减压蒸馏装置。装置的原加工流程：初馏→常压蒸馏→减压蒸馏，对加工中东轻质原油存在一定的局限性。借鉴国内外加工轻质原油的经验，取消了初馏塔流程，开发了二段闪蒸流程。设计预闪蒸和再闪蒸的温度分别为 168℃和 215℃。闪蒸气直接引入常压塔。由于闪蒸气直接进入常压塔上段，消除了二中段汽液负荷偏大的瓶颈，使塔的气相负荷分布均匀，并增加了塔的操作弹性。无论对装置处理能力的扩大，还是节能都是有利的。预闪蒸流程在国外(尤其是日本)应用很普遍。

3.2.6 减压塔二次闪蒸流程

从国外发展状况来看，美国 KBC 公司发展了原油深度切割技术，使减压蒸馏切割点达到实沸点 607～621℃，说明国内减压蒸馏深拔的潜力很大。为此，天津大学化学工程研究所的郑陵提出了减压塔二次闪蒸工艺。该工艺将减压塔改造成为一个带深拔段的减压蒸馏复合塔，让侧线填料塔顶与减压塔顶相连，尽量提高汽化段的真空度而塔底吹汽不通过精馏段以大幅度减少减压塔负荷。与原工艺相比，在板式减压塔中采用二次闪蒸工艺，可提高蜡油收率(质量分数)4.4%；在填料减压塔中采用新工艺，可提高拔出率(质量分数)1.4%。总之采用二次闪蒸工艺，可以提高拔出率，达到深拔的目的。并且，采用塔底吹汽，既保留了湿式操作的优点，又克服了不足，显示出新工艺的优越性。

由于侧线馏分的次闪蒸干扰主塔馏分的分布，且工艺流程复杂很多，目前尚未见工业化装置报道。但减压塔底油通过缩径的闪蒸段，进行二次闪蒸，工艺流程简单、操作简便，国外已有工业化装置，并取得令人满意的效果。

3.2.7 共沸蒸馏

共沸蒸馏是利用第三种组分来分离两种沸点相近的组分的操作。通过第三组分与原先两种组分中的一种形成共沸物，增加沸点间的差别，从而用蒸馏来促进其分离。

所有化合物都有特定的沸点，但是将化学性质不相似的两种组分混合，有时会使其中一种或两种组分的沸点与预期的不同。例如，苯的沸点为 80℃，但将其与己烷混合后，它的馏出温度为 69℃。两种组分混合后，其沸点低于(或高于)其中一种组分，我们把这种混合物叫作共沸混合物。

共沸物主要有两种类型：一种为均相共沸物，即含有两种组分的单一液相与气相互成平衡；另一种为非均相共沸物，这种共沸物的液相分为两相，它们分别与各自上方的气相组成相同。多数分馏共沸物与相对挥发度小的混合物的方法都是要加入特定的化学剂以促进分离。5 种分离共沸混合物的方法如下所述：

(1)在液体分离剂完全互溶的情况下使用萃取蒸馏和均相共沸蒸馏。

(2)非均相共沸蒸馏。更通俗地讲，共沸蒸馏中的液体分离剂(夹带剂)能够与混合物中的其他组分形成一种或一种以上的共沸物，从而使得两种液相能够在较宽的组成范围内存在。这种不互溶性是使蒸馏能够顺序进行的关键所在。

(3)加盐进行蒸馏。盐在液体混合物中解离，使相对挥发度发生改变，从而使分离得以进行。

(4)变压蒸馏。当二元共沸物的组成在适宜的压力范围内随压力变化比较明显时，可以采用一系列在不同压力下操作的塔来实行分离。对压力变化不敏感的共沸物，也可以添加分离剂使之形成一种对压力变化敏感的共沸物而加以分离。

(5)反应精馏。其中分离剂能够优先与共沸物中的某一组分发生可逆反应，之后将反应产物从不参与反应的组分中分馏出来，然后通过逆反应以重新得到原来的组分。

对于简单蒸馏而言，多组分液相混合物在加热区中缓慢沸腾，蒸气随着本身的形成而被连续地移出。在任意时刻，气相都与蒸馏釜中剩余的液相组分互成平衡。因为气相中的易挥发组分浓度总是比液相中的高，液相组成又随时间不断变化，因此液相中的难挥发组分就会越来越多，不断被富集。简单蒸馏残余曲线能够表示液相残留物随时间的变化情况。残余曲线图是一组初始组成不同的液相的残余曲线的集合。残余曲线图和相图含有相同的信息，但是它们这种表示信息的方式更有助于理解该如何组合一个蒸馏的顺序以分离某个指定的混合物。

所有残余曲线图的起点都是某区域内轻(沸点最低)的纯组分，之后延伸至中间沸点组分，最后终止于同一区域内重(沸点最高)的纯组分。最低温度节点称为不稳定节点，因为所有轨迹线都起始于这些节点；而同一区域内的最高温度节点称为稳定节点，因为所有轨迹线最终都要到达这些节点。轨迹线从一个方向进入，而从另一个方向离开的任何一个点(总是中沸点组分的点)称为鞍点。将组成空间划分为不同蒸馏区域的残余曲线称为蒸馏边界线。

当共沸物存在时，可能会有很多不同的剩余曲线。只含有一种共沸物的三元混合物可能有 6 种残余曲线图，它们的一个不同点在于组成共沸物的二元组合不同，另一个不同点在于共沸物有最高共沸点或最低共沸点。通过确定用蒸馏能够完成的有限分离，残余曲线图还可用来分析组合包含了蒸馏和其他分离方法在内的分离顺序。

如果能找到一种夹带剂使某些组分的相对挥发度发生有效的改变，那么对一些具有相似挥发性的组分进行分离就会变得比较经济。这种夹带剂最好价格便宜、性能稳定、无毒并很容易从混合物中回收。实际上严重限制萃取和共沸蒸馏应用的很可能是最后一个标准。大多数成功的工艺是在用蒸馏直接进行回收不可行的前提下，使用夹带剂和其中一种组分经冷却后能够直接分离成为两种液相。

选择共沸夹带剂的另一个限制条件是其沸点应该比物料组分的沸点低 10～40℃。这样，虽然夹带剂比其他组分更易挥发，且从塔顶馏出，但是它在塔的精馏段依然保持着足够高的浓度。

3.2.8 萃取蒸馏

萃取蒸馏是一种有易互溶、高沸点且相对挥发度比较低的组分存在时的蒸馏过程。适用于相对挥发度较低、其值接近于 1 的混合物。这种混合物不能用普通蒸馏的方法进行分离，因为混合物中两种组分的挥发性基本相同，两种组分在几乎相同的温度下发生气化，且气化速率相近。萃取蒸馏要用到一种分离剂，这种分离剂基本不挥发，沸点较高，而且能与混合物互溶，这样就不会形成共沸物。这种分离剂与混合物中的各组分发生不同的相互作用，致使它们的相对挥发度发生改变。这便使得新形成的三元混合物可以通过普通蒸馏的方法进行分离。挥发度最大的原始组分被作为塔顶产品分离出来。塔底产物包含分离剂和另一组分的混合物。该混合物很容易被进一步分离开，这是因为分离剂和待分离组分不会形成共沸物。该塔底产物可以用任何适用的方法进行分离。

对于这类萃取蒸馏而言，选择一种合适的分离溶剂是非常重要的。这种分离溶剂必须使组分的相对挥发度发生足够大的改变，以使分离能成功进行。同时还应考虑分离溶剂的用量以及是否价廉易得。分离溶剂应该很容易地从塔底产品中分离出来；它不能与混合物或其中的组分发生化学反应，也不能导致设备腐蚀。

这种工艺的一个实例是使用丙酮-水体系作为萃取剂来分离丁烷和丁烯。丁烷作为萃取蒸馏塔的塔顶产品被取出，丙酮-水在接近塔顶部的位置被加入。作为塔底产物的丁烯和萃取剂被送入第二个塔中，丁烯作为该塔的塔顶产品取出，塔底的丙酮-水溶剂则循环回到第一个塔中。萃取蒸馏还可用于连续回收某些石油馏分中的芳烃单体，如苯、甲苯和二甲苯等。通过预分馏将芳烃馏分浓缩成沸点接近的馏分，之后为了回收苯或甲苯，采用溶剂(通常为苯酚)对该芳烃浓缩液进行分馏。混合甲酚(甲酚)可作为回收二甲苯的分离剂。

萃取蒸馏是十分有效的，因为萃取剂是专门挑选的，它能够与原始混合物中的各种组分发生不同的相互作用，改变其相对挥发度。由于这些相互作用主要发生在液相中，因此需要在萃取蒸馏塔靠近顶部的位置连续地加入萃取剂。这样才会确保下面所有塔板上的液相中都有足够多的萃取剂。待分离的混合物从塔底再靠下一些的第二个进料点加入。在萃取塔中，挥发性较高的组分不一定是沸点最低的组分，它被作为比较纯的馏分从塔顶取出，而另一个组分则和萃取剂一起从塔底取出。萃取剂在第二个蒸馏塔中与剩余组分发生分离，然后循环回到第一个塔中。

开发一个成功的(经济的)萃取蒸馏工艺最重要的步骤之一就是选取一个好的萃取剂。

一般来讲，萃取剂的选取准则如下所述：

(1)能够显著提高关键组分的相对挥发度；

(2)所需的剂油比不应过高(考虑到分馏塔和其他辅助设备的操作费用)；

(3)能够与原料组分互溶，而不会形成两相；

(4)能够容易地从塔底产物中分离出去；

(5)价廉易得；

(6)在蒸馏塔和溶剂回收塔的温度条件下保持性能稳定；

(7)不与原料混合物中的组分发生反应；

(8)具有较低的潜热；

(9)无腐蚀性、无毒性。

然而，在萃取蒸馏中，没有一种溶剂或溶剂混合物能够满足上述所有标准。以下溶剂的选择标准将有助于选择到最合适的溶剂。

(1)利用官能团或化合物族别进行筛选。

①从轻关键组分和重关键组分的高沸点同系物中选择一个候选溶剂。

②选取的溶剂能够使得待蒸馏物料中的一种关键组分对拉乌尔定律形成正偏差(或无偏差)，而另一种关键组分对拉乌尔定律形成负偏差(或无偏差)。

③选取的溶剂有可能与关键组分形成氢键而从塔底取出，或者与关键组分发生氢键断裂作为馏出物取出。氢键的形成和断裂常常分别伴随着强烈的拉乌尔定律正偏差和负偏差。

④从化合物族中选择溶剂时要选择比一种关键组分极性大或比另一种关键组分极性小的物质。

(2)确定唯一的候选溶剂。

①所选择的候选溶剂的沸点至少要比关键组分的沸点高 30℃，以确保溶剂基本不挥发，并大部分保留在液相中。基于此沸点的差别，溶剂也不能与其他组分形成共沸物。

②根据候选溶剂在无限稀释条件下的选择性将它们进行排序。

③根据添加溶剂后其相对挥发度增加的程度将候选溶剂进行排序。

残余曲线图在初步筛选阶段的作用是有限的，因为描绘曲线的可用信息不足，但是它们在溶剂选择的第二阶段是有价值的，应作为第二阶段的一部分内容而描绘并计算出来。

3.2.9 超精馏

超精馏有时被用于高效精馏塔中以分离常见的石油产品。例如，为了提高加热炉燃料油的产量，重石脑油可在塔中进行二次蒸馏，以便使石脑油和燃料油组分得到更好的分离。后者作为塔底产品可以转化为燃料油。

分馏作为炼厂中的常见操作，无法将一种石油馏分与另一种馏分完全分开。一种产品会与另一种产品发生馏分重叠，其重叠的程度取决于分馏塔的分离效率。分离效率依次取决于塔中的塔板数、采用的回流量以及蒸馏率。例如，煤油中含有少量属于石脑油馏分和少量汽油馏分中的烃类(根据它们的沸点)。作为一般应用来说，对这些物料进行完全分离是没有必要的。但是对某些特定的物料来说，比如有特定用途的溶剂(己烷、庚烷和芳烃)，就需要将其分离为纯的化合物。由于它们存在于烃类混合物中，因此必须用精馏的方法进行分离，使一种烃不能与另一种烃发生重叠。为了达到这个目的，就需要专门设计高效精馏塔，即所谓超级精馏塔。为了分离所需纯度的某单一化合物，往往需要多个在高回流比下操作并拥有 50～100 块塔板的精馏塔。

3.2.10 水蒸气蒸馏

在被分离的混合物中直接通入水蒸气后，当混合物各组分的蒸气分压和水蒸气分压之和等于操作压力时，系统便开始沸腾。水蒸气和被分离组分的蒸气一起蒸出，在塔顶产品和水几乎不互溶的情况下，馏出液经过冷凝后可以分层，把水除掉即得产品。工业上把这种操作称为水蒸气蒸馏。

水蒸气蒸馏的主要优点就是能够降低蒸馏温度。通常认为，水蒸气蒸馏有两种基本的形式：

(1)过热水蒸气蒸馏。对于三组分系统，根据相律，这时系统的自由度为 2，系统的温度和压力可以独立变化。目前对这种情况的研究和应用较多，既有用于提取的单级操作，也有用于提纯的多级操作。

(2)饱和水蒸气蒸馏。对于三组分系统，这个系统的自由度为 1，对于确定的物系，外压一定时，温度也就确定了。在一个大气压下，可以确保水蒸气蒸馏在 100℃以下进行。这种情况的降温效果比没有水相存在时要好得多，但是它目前主要用于单级操作，即简单蒸馏。

水蒸气蒸馏是基于不互溶液体的独立蒸气压原理。图 3.10 为水蒸气蒸馏的相图。待分离组分 A 的沸点为 t_f^*，当只有 A 的液相存在时，随着水蒸气量的不断增多，A 组分的分压不断减小，系统沸点不断下降。

当系统中的水相和 A 的液相同时存在时[图 3.10 中水(l)+A(l)相区]，系统的沸腾温度降至该系统压力下的最低值，即 t_f。这就是饱和水蒸气蒸馏的原理。

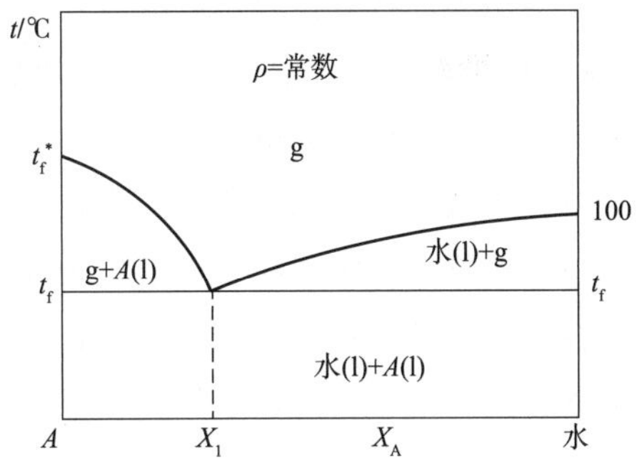

图 3.10 常压下完全不互溶系统(水－A)的温度-组成图

水蒸气蒸馏的工业方面应用广泛，但几乎在所有的应用中，水蒸气蒸馏的作用仅限于简单蒸馏，或者是过热水蒸气作为惰性气的多级载气蒸馏。简单蒸馏一般用于从植物叶茎或沉积物中提取所需物质，而多级水蒸气蒸馏一般用于提纯分离。多级水蒸气蒸馏有以下优点：

(1)蒸馏设备中存在良好的搅动和不存在局部过热，促进了传热和传质，并可防止结垢，这是水蒸气蒸馏的本质性优点；

(2)在精馏的同时，还具有降酸、除臭等功能，而且还不会对食用物质引入异味；

(3)水蒸气排掉了大气中的氧，可防止被处理物系的氧化；

(4)水的最终分离只需简单的液液分层，这是萃取所不能比拟的，而且，水蒸气精馏不会对设备和操作条件有苛刻的要求。

水蒸气精馏作为分离热敏物系的一种潜在方法，能比传统多级水蒸气蒸馏更显著地降低操作温度。除传统水蒸气蒸馏的优点外，它还具有自己独特的优势：

(1)塔板或填料结构变化所引起的压降升高，由两个液相的蒸气分别承担，不会引起釜温的显著升高。这对于热敏物系的分离是十分关键的，因为要达到较好的分离效果，就需要增加塔板数或填料层高度，这势必会引起塔釜压力的升高，从而导致塔釜泡点温度的升高，使热敏物质分解。而水蒸气精馏则很好地避免和减缓了这种影响。

(2)除去了水蒸气的产生环节，简化了工艺。由于水蒸气只需要饱和蒸气，而且很多时候蒸气温度在100℃左右。所以不需要额外的高压锅炉来提供蒸气，水蒸气可通过塔釜蒸发液态水而直接产生。

(3)可以利用工厂中利用过的低压饱和蒸气进行精馏，降低了所需能量的品位，有利于能量的综合利用和节约。考虑能量应该从两个方面，即数量和品位。相同数量的热量在不同温度下的成本相差是较大的，温度越高，能量的品位越高，而且高品位的热能能量的输送也是一个问题。水蒸气精馏对能量的品位要求较低，而且工厂中普遍用高压过热蒸气作为加热热源，加热过后的低压蒸气，可以直接通入水蒸气精馏塔中，进行水蒸气精馏，使得低品位的能量得到了充分利用，避免了浪费。

(4)实验表明，水相在填料塔内的引入会对传质产生促进作用。这也是水蒸气精馏的另一个吸引人的特点。

(5)由于全塔都有水相存在，为加盐精馏提供了可能。盐效应精馏可以看作萃取精馏的特殊方法，当选择的溶盐合适时，可用少量的盐起较大的效果。盐效应精馏改进了萃取精馏溶剂用量大、液相负荷大、塔效率低的缺点；且在气相中不夹杂溶盐，可以得到高纯度的塔顶产物。盐的回收工作虽比较麻烦，但比之恒沸带剂的回收有时还方便些，且塔的操作控制也比较容易。其主要缺点是盐的输入、加入困难，回收需消耗大量能量，可供选择的溶盐范围窄；盐易堵塞管道和设备；有些盐对管道有腐蚀性。这些缺点使盐效应精馏的工业应用受到一定的限制。但盐效应精馏和水蒸气精馏相结合是一种既发挥溶盐作用又可避免加盐产生的一些新问题的方法。盐的加入很方便，而且不会堵塞管道，蒸馏温度的降低使得很多耐腐蚀的材料被纳入考虑范围之内。

3.2.11 节能措施

原油蒸馏装置的节能措施，如窄点技术、优化换热流程和提高换热终温、干式减压蒸馏等已普遍应用。此外，还有降低原油蒸馏装置塔顶系统的能量损耗和计算机优化减压塔中段回流取热的换热网络等。近年来，节能的重大改进有以下三个方面。

3.2.11.1　过程能量组合

它是把工艺过程作为整体进行优化，甚至和全厂系统综合优化。如英国壳牌公司的斯丹麦炼油厂的第四套蒸馏装置，处理能力为 12Mt/a，1987 年应用过程能量组合方法进行了改造。改造中考虑了 12 种基本情况，如原油类型、产品方案、进料温度、油品馏出温度等。其中有 26 股热流要冷却，16 股冷流需加热，原油换热网络原有 50 台换热器。在进行了调优和迭代设计程序后提出一种能适应 2 种原料、12 种生产操作方案并且适应季节及市场需求变化和约束条件的换热网络。

3.2.11.2　液环真空泵的应用

近十几年来，国外一些减压蒸馏装置开始采用波环真空泵(LRVP)，并取得了良好的节能效果。因受密封液的蒸气压限制，一般采用混合式真空系统，即一级仍用蒸汽喷射真空泵，二级和三级采用 LRVP。美国德士古的阿瑟泄炼油厂减压蒸馏装置用了 5 台 LRVP。如在一套装置中，一级仍用蒸汽喷射泵抽真空，后接一个大型的 LRVP，再接两个平行的液环压缩机。压缩出来的气体先经疏化氢洗涤塔洗涤后，进加热炉作燃料。美国 UOP 公司加工能力为 5.1Mt/a 的洛杉矶炼油厂减压蒸馏装置用 LRVP 代替原有蒸汽喷射泵，每年可节水 20kt 左右。采用 LRVP 系统的设计条件为：分子量 31.1，吸入压力 17.1kPa，出口压力 103kPa，出口温度 51.7℃，入口流量 $16dam^3/h$。LRVP 操作条件为：吸入压力 30kPa，吸入温度 35℃，出口压力 100kPa，出口温度 49.4℃，估计消耗电力 314kW。

3.2.11.3　换热网络优化及低温余热的利用

常减压蒸馏装置的能耗在炼厂能耗中占有重要的比重，其燃料消耗约相当于加工原油量的 2%，为全厂消耗自用燃料量最大的生产装置。在原油蒸馏装置中，原油升温及部分气化所需的热量很大，如果不通过换热回收部分产品热量，则此热量最终是通过产品被冷却至出装置温度而被冷却水(或冷却空气)带走。事实上，在某些蒸馏装置中，石油换热后的终温达 310℃左右，热量的回收率达 60%。换热流程的设计对炼厂节能有很重要的意义。

由于馏出产品通过与原油换热降低了温度，减少了冷却设备和冷却水用量，不仅节约了电能，而且也减少了冷却水循环系统的负荷。由此可见，换热流程的正确设计对装置的投资、钢材消耗量和操作费用(水、电、燃料耗量)有重要的影响。

3.3　石油蒸馏技术前沿及探索

3.3.1　电脱盐技术

针对电脱盐技术的缺点，产生了许多新技术。

3.3.1.1 超声波破乳技术

目前国内外各炼油厂主要采用电化学方法来脱除原油中的盐和水。但对于复杂的混合原油，采用上述传统方法无法较好地完成原油的脱盐脱水处理。由于原油混合比例不确定，性质变化频繁，含水多，乳化严重，化学成分及油水乳化结构复杂。经常出现电脱盐装置电流超高报警、不能正常注水的情况，导致电脱盐效果较差，使得进入常减压装置的原油盐水含量严重超标，影响了其后续加工装置的正常运行。因此，引进一种低成本、高效的新型原油破乳技术，显得尤为迫切。

超声波-电脱盐技术的原理是基于超声波作用下油包水型乳化液的破坏过程，油水性质不同的流体介质产生的位移效应来实现油水分离，水粒子将不断向波腹或波节运动，聚结并发生碰撞，生成直径较大的水滴。因密度差异，水滴借助重力从油中沉降、分离，达到脱盐脱水的目的。在超声波中由于声压分布的不均匀性而导致原油中水粒子分布不均匀，从而更有利于水粒子的碰撞达到破乳的目的。超声波-电脱盐技术工艺流程如图 3.11 所示。

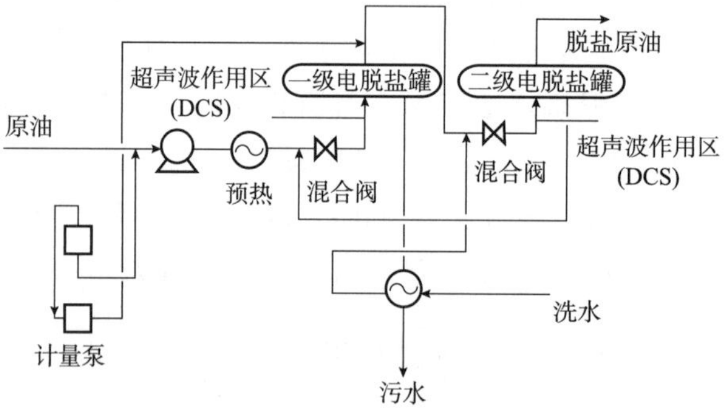

图 3.11 超声波-电脱盐技术工艺流程图

国外在 20 世纪 80 年代就有关于超声波原油破乳的研究报道。近年来，国内外学者从理论上分析了油中的水滴粒子在超声波辐射下的位移效应，提出了超声波分离油水的理论根据。超声波破乳是基于超声波作用于性质不同的流体介质产生的位移效应来实现的，由于超声波在油和水中均具有较好的传导性，并且具有能耗低和对原油无污染的特点，因此，这种方法可适用于原油破乳。截至目前，已有多家炼化企业采用，具有较好的应用效果，技术上比较成熟。超声波处理器采用模块化结构设计，发生器原理如图 3.12 所示。

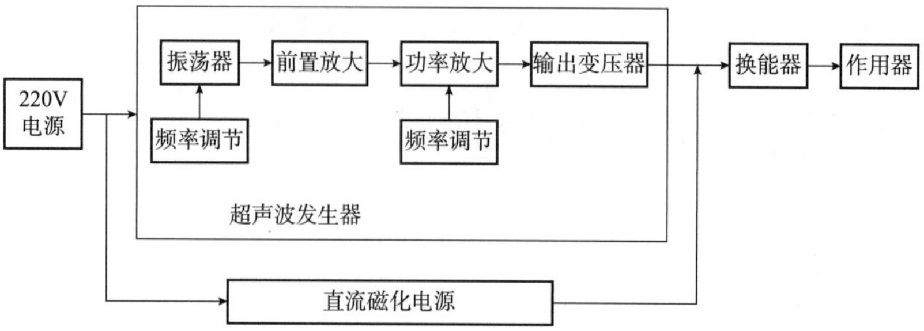

图 3.12 超声波处理器原理框架图

3.3.1.2 多级梯度电场复合电脱盐技术

基于上述分析，一方面增加原油在电脱盐罐内的沉降时间，另一方面电脱盐级数增加能够有效提高脱盐脱水效率。增大电脱盐罐尺寸，以达到增加原油在电脱盐罐停留时间的目的，增加一级电脱盐变成三级电脱盐流程，电场采用高频和智能响应多级梯度电场复合电脱盐技术，在电脱盐罐内依次布置有5个电场（见图3.13），即高频弱电场、高频强电场、智能响应控制弱电场、智能响应控制强电场和智能响应控制高强电场。

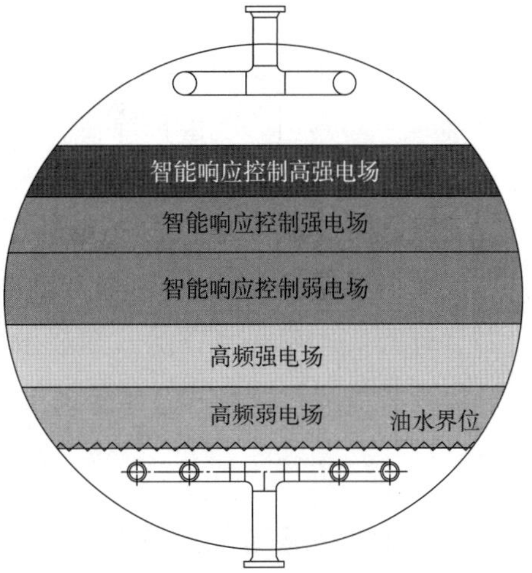

图3.13 多级梯度电场复合电脱盐技术电场结构示意图

原油和水的乳化液从电脱盐罐体底部进油分配器进入电脱盐罐后，首先流经高频弱电场和高频强电场，利用高频电场的穿透力，使水滴发生畸形变化，改变油水表面张力，对油水乳化液进行冲击和破乳，增加了水滴之间的碰撞机会，使小水滴聚积成大水滴，从原油中脱除出来，脱除大部分水滴降低了原油的导电率，为上部电场脱除细小水滴创造了好的电场条件。

经过高频电场处理，脱除了原油中大部分水，原油中尚未脱除的水滴是以细小水滴的状态存在，小水滴随着油流进入上部智能响应控制电场，通过预先编程设定的波形曲线工作，通过控制器可以动态调整输出控制曲线和控制参数，在处理不同的油品时可以在线设定及修改动态调压曲线参数，针对不同的油品选择更适合该油品的电场强度和时间，改变了单一高压输出的情况，使各种原油都达到较好的脱盐脱水效果。同时智能响应电源也可输出恒压直线，在此种工况下，类似于交直流变压器的一个固定挡位，但此种恒压是0～25kV之间任意一个点的恒压，比采取固定挡位的交直流电脱盐变压器更有优势，针对不同原油进行动态设定和调整二次电压输出控制曲线和控制参数可以在智能响应电脱盐控制器PLC上完成。

适用于削弱或避免电脱盐罐内油水界面处乳化液的形成。当加工高含水、高导电率的劣质原油时，在电脱盐罐体内往往形成难以破除的顽固乳化层。采用智能响应电脱盐电源及控制系统后，根据油水界面乳化情况改变输出到罐体内的高压电场，使变压器的高压输出与变压器的输入形成一个闭环控制，以使输出的高压更适合油水界面乳化情况，确保电脱盐设备的正常运行和提高脱盐效率。改造后电脱盐工艺流程见图3.14。

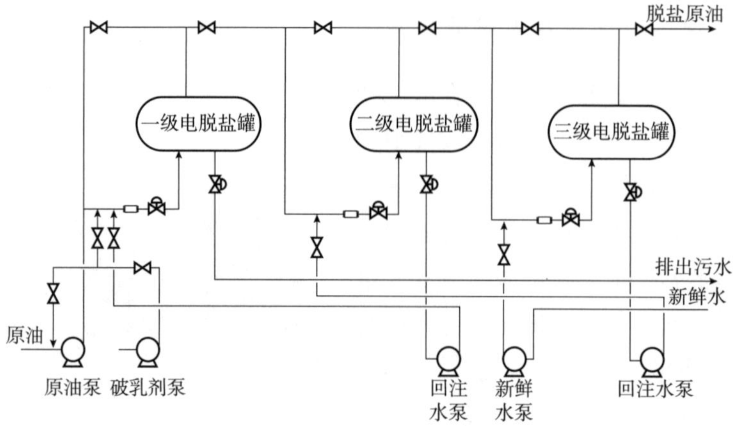

图 3.14　改造后电脱盐工艺流程图

3.3.1.3　原油高速电脱盐脱水

高速电脱盐罐体内布置三层电极板，形成两个强电场，采用优化电场设计，按罐体内水滴的分布状况合理设计电场。在电脱盐罐体内上部乳化液含水少，电导率低；下部乳化液含水多，电导率高。粒径微小的水滴受到高强电场的影响，会使其具有更大的电场力，能使微小的水滴得以聚集成大水滴，油水分离，使脱水的效果得到有效保证。根据装置加工负荷的波动、加工原油品种变化等实际情况，高速电脱盐也有较强的适应能力。高速电脱盐电场布置与进油分配方式如图 3.15 所示。

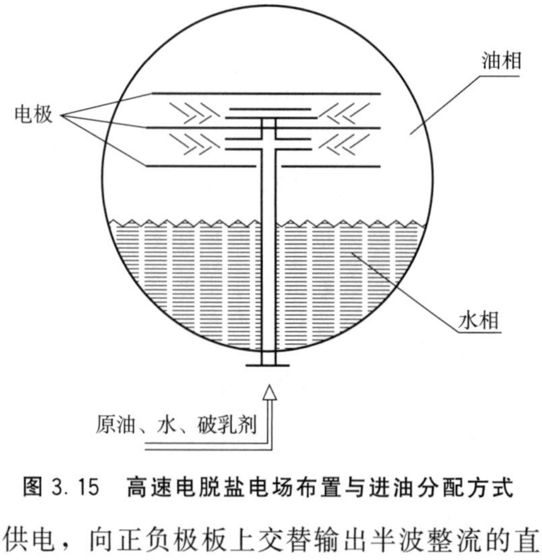

图 3.15　高速电脱盐电场布置与进油分配方式

在极板间强电场内凝结的水滴向下运动，油滴向上运动，油滴与水滴反向运动形成的“返混”大大缩短了原油在电场内的停留时间。

通过采用特殊的喷头形式的进油分配器，原油由特殊喷嘴直接进入电脱盐罐电极板之间的强电场内。采用交直流电源设备供电，向正负极板上交替输出半波整流的直流电，两块极板等效为一个电容，电容间存在着充、放电过程，即使正负极板瞬间交替带电，极板间也存在电场，又不直接构成回路，电耗会大大降低。

在高速电脱盐技术中，要求原油的注水位置得当，注水量适中，使油水得到充分混合，使原油中的盐分溶解到洗涤水中。在交直流高速电脱盐的混合系统上，采用了静态混合器与混合阀串联的方式，静态混合器改变了传统的叶片式结构，采用高效混合器与混合阀串联后，使混合压差有一个较大的自动调节范围，能够达到理想的混合效果。

3.3.1.4 新型脱盐技术——DSSMB色谱分离

在选用合适分离剂的情况下，SMB技术同样适用于脱盐。现有SMB设备和工艺主要为有机物分离体系设计，虽可用于无机盐分离，但匹配性不足，且不适用于高盐物料的提纯，以及复杂多组分混合物的脱盐及分离。对此，CNKT公司的周日尤等开发了一种新型的SMB脱盐技术(以下称为DSSMB技术)，取得了显著的应用效果。

DSSMB技术依托于色谱分离的基本原理，通过选用特定的分离剂，使物料中目标组分被强吸附，而“化学盐”被弱吸附或不被吸附，从而将盐分和目标有机物分开。DSSMB系统是在现有SMB技术的基础上改造而成，可采用4柱、6柱、8柱等形式串联；每个柱子配备专用盐/杂质出口，并根据需求配备2个及以上的出料通道；每个柱子都连接有进料阀、洗脱剂阀和循环液阀，系统采用全自动在线控制方式实现特定的程序式运行工艺，将原料中盐分脱除的同时将不同组分分离。CNKT公司研发的DSSMB脱盐系统示意见图3.16。

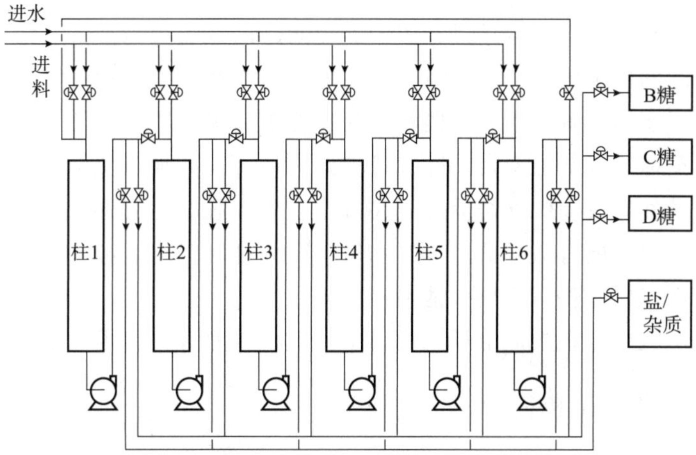

图3.16 DSSMB脱盐系统示意图

3.3.1.5 强化电场功率补偿电脱盐技术

国内电脱盐技术和装备的发展是从引进并消化国外成套电脱盐装备开始的，此后随着研究的深入，先后开发了具有自主特色的低速交流电脱盐、高效交直流电脱盐、平流卧式电脱盐、脉冲式电源、智能调压电脱盐、双进料双电场电脱盐等技术。这些技术的主要出发点一方面在于改进电脱盐的供电方式，起到提高脱水脱盐效率、节约电耗的效果；另一方面在于改进电极结构，通常是追求使电场占据更大空间以及使原油尽早进入电场，从而延长电场中的停留时间，往往会布设多层强弱不同的电场以期达到更佳的脱水脱盐效果。

然而大量高速显微观测和数值仿真研究表明，分散相水滴的极化和聚结可以在短时间内完成，因此电极板并不需要占据很大的空间。电极面积增大、层数增加不但容易造成脱盐电流增大、负荷过大，不能保证足够场强且无谓增加电耗，而且电极位置过低压缩了水相空间，不利于油水分离。

强化电场功率补偿电脱盐技术主要设计原则是尽量使所有原油平稳通过电场，保证足够高的电场强度，但无须在电场中长时间停留。具体特点包括：

(1)采取下进上出进油方式，设置二次进油分配器，保证原油平稳通过电场，使油水界位稳定；

(2)简化电场结构，只保留一层强电场，通过压缩极板间距提高电场强度，充分发挥强电场聚结效果，提高脱水效率；

(3)减小极板面积，缩短原油在强电场中的停留时间，减小无谓的电耗；同时极板安装位置上提，提高油水界位操作弹性，利于提高排水质量；

(4)电极板由格栅式改为纯钢板，电场更均匀，减小尖端放电可能性；

(5)设置"恒压限流"功率补偿电源控制系统，实现在线无级调压，并可适应原料性质波动，稳定操作，保护变压器和绝缘件等设备。

3.3.2 常减压蒸馏节能环保改进

近年来，常减压蒸馏装置应用过程中的能耗问题已经成为行业关注的重点问题，各个企业都需要从实际的情况出发，加强节能降耗的技术改造与资金投入，从能耗发生的原因着手，降低常减压蒸馏装置使用时的能耗，为企业创造更大的经济效益与社会效益。

对于常减压蒸馏装置节能而言，除优化选择原油、提高加工负荷、采用新型高效换热设备和高效分离塔件以及高效燃烧器外，在操作上对电脱盐运行参数、分馏塔操作和加热炉运行进行参数优化，能有效降低原油含水量、降低排烟温度、减少加热炉燃料消耗、提高分离精度，从而降低能耗，实现节能目标。

为解决常减压技术存在的高能耗问题，李大凯、吴旭等提出了以下几点改进措施。

3.3.2.1 提高装置加工负荷

装置加工负荷是指装置在一天当中其原油加工量与设计加工量的比值。装置负荷对于常减压蒸馏装置的能耗具有很大的影响因素，加工负荷越高，能耗越低；反之，加工负荷越低则能耗越高。在国外大型炼厂，常减压蒸馏装置加工负荷一般都在90%～105%之间。对装置的加工负荷进行合理的设定，加工负荷尽量保持在80%以上，可以降低装置能耗。

3.3.2.2 提高原油换热终温

与加工负荷相同，常减压蒸馏装置的换热终温与能耗有很大的关系，换热终温高，常压炉热负荷下降，装置能耗降低；换热终温低，常压炉热负荷升高则装置能耗升高。利用先进窄点换热技术优化换热流程，提高换热终温。同时，换热器换热效率随装置运行时间延长而逐渐下降。因此，在生产过程中对各中段回流和侧线产品的温度及流量进行优化，同时选用高效换热器能有效提高换热终温。

3.3.2.3 改进加热炉系统

采用新型高效燃烧器，强化燃烧，提高加热炉热效率。采用先进控制系统，在操作上加强加热炉管理，通过调节使各火嘴达到最优燃烧状态，炉膛温度不超标，各分支温差小。采用高效余热回收系统，降低排烟温度。

3.3.2.4　加强原油脱水

对电脱盐运行参数进行优化，合理调节注水量、破乳剂的注入浓度、电脱盐罐油水界位、原油混合强度、原油入电脱盐罐温度、电场强度等，争取脱后原油含水量<0.2%(质量分数)。

3.3.2.5　改进常减压蒸馏装置的分馏系统

在常减压蒸馏装置节能对策中，改进分馏系统也是其中一项重要的内容，我们可以通过组分回流取热百分比和蒸馏气化率两方面进行改良。数据表明，塔顶回流温度差在55℃上下时，能够更好地保持气液之间的平衡，充分利用塔内的余热，对控制能耗更加有利。将蒸馏气化率保持在合理的范围内，不仅可以提高加工效率，还能降低能源消耗。蒸馏气化率过高，能耗就会增加，过低产量就会降低。就我国目前的技术来说，炼油企业是没有能力调节蒸馏气化率的，但是我们可以通过对温度的控制，间接地调节蒸馏气化率，使之保持在一定的范围之内，实现能耗的降低。

3.3.2.6　使用先进的控制系统

由于成本利润的影响，炼油企业就必须不断优化控制系统，我国大部分的炼油厂采用的是集散控制系统，虽然该系统操作便捷、运行稳定，但其控制功能非常单一，只能完成常规的一些操作，不能对复杂化的操作过程进行有效控制。因此，炼油企业在一定条件下，可以使用先进的控制系统，增强炼油企业的生产控制能力，保证常减压蒸馏装置运行的稳定性和可靠性，实现设备节能、提质增产的目标。

丛海峰等以蒸馏过程强化与节能为背景，对塔盘、填料、分布器等塔内件进行数字化设计，提出了采用新型碳化硅泡沫材料在塔盘及填料上的应用可大幅度提升精馏效率的思路。

原油处理量逐年增加，能源问题日益严峻，蒸馏设备的大型化以及蒸馏过程强化与节能是解决此类问题的关键途径之一。塔内件技术的发展与应用是解决蒸馏设备大型化问题的关键所在，而数字化设计过程为塔内件及其他设备的设计节省了人力和物力，是以后设备设计和技术发展的重点。

虽然数字化设计技术给设备设计过程带来了很大的便利，但由于传递理论的不成熟以及计算机技术的局限，数字化设计的可信度还是不能和实践经验相提并论，因此数字化设计的结论仅能作为参考使用。

3.3.2.7　脱乙烷塔塔顶不凝气的回收利用

常减压蒸馏装置加工负荷基本维持在70%，脱乙烷塔塔顶不凝气流量约为550m^3/h，可回收利用价值高，直接用作加热炉燃料气不经济。停用脱乙烷塔对乙烯液化气球罐运行及裂解装置供料无影响，还可以降低再沸器、冷凝器的能耗，增加优质乙烯原料量。2015年，独山子石化完成了常减压蒸馏装置停用脱乙烷塔的技术改造，改造后流程如图3.17所示。

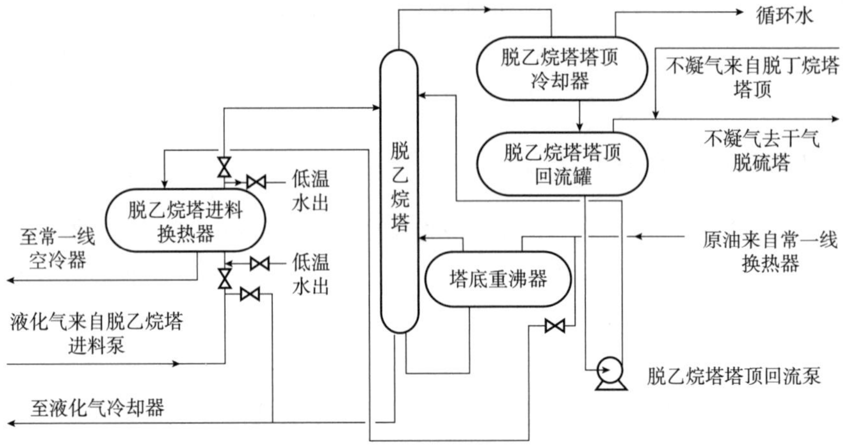

图3.17 脱乙烷塔改造后流程示意图

可见，改造后在脱乙烷塔进料线上，增加了脱乙烷塔进料换热器和脱乙烷塔之间的跨线，直接将液化气送至冷却器，常一线进入重沸器旁路，为利用常一线多余的热量，在脱乙烷塔进料换热器冷源增加低温水取热设施，并停用脱乙烷塔塔顶冷却器。

3.3.2.8 减顶瓦斯脱硫系统改造

为适应市场需求，提高汽油产量，该装置进一步加大减压深拔，提高蜡油拔出率，增加催化裂化装置原料供应。采用减压深拔技术后，减压塔进料温度升高，渣油裂解反应加剧，导致减顶瓦斯量上升，其中携带的硫化物随之增加。根据加热炉烟气监测数据统计分析结果，当减压炉出口温度大于424℃时，会导致减压炉烟气中的SO_2质量浓度超50mg/m^3。为实现瓦斯系统的安全平稳运行和清洁燃烧，原设计采用二乙醇胺(MDEA)吸收法脱除减顶瓦斯的硫化氢。MDEA和硫化氢的反应为可逆反应，根据相平衡理论，低温高压的操作条件对吸收过程较为有利，硫化氢的脱除效果较好。由于胺液脱硫塔正常操作压力低，仅为0.03MPa，MDEA吸收硫化氢效果差，脱硫后瓦斯总硫质量浓度仍高达5g/m^3，其中，硫化氢质量浓度为2g/m^3，有机硫质量浓度为3g/m^3。为解决减顶瓦斯胺液脱硫系统难以脱除硫化氢和有机硫的问题，对装置减顶瓦斯脱硫系统进行了改造。

(1)增加超重力脱硫反应器

对装置减顶瓦斯脱硫系统进行了增加超重力脱硫反应器改造，改造后工艺流程如图3.18所示。

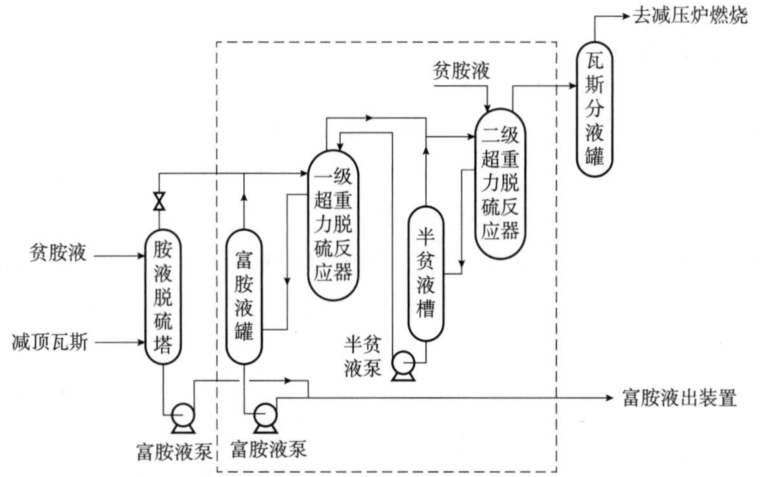

(虚线框内为新增设施)

图 3.18 减顶瓦斯脱硫系统增加超重力脱硫反应器工艺改造流程示意图

可以看出，改造后在胺液脱硫塔后增设二级超重力脱硫系统，两台超重力脱硫反应器采用串联操作模式，反应器依靠电动机带动转轴旋转，吸收剂采用 MDEA 贫胺液。

(2)改为柴油吸收脱硫

利用挥发性有机化合物治理技术中低温柴油吸收有机硫的原理，将现有胺液脱硫塔改为柴油吸收塔，利用蒸馏装置混合柴油(约 35℃)作为吸收剂，吸收减顶瓦斯中的有机硫，改造后减顶瓦斯脱硫流程如图 3.19 所示。

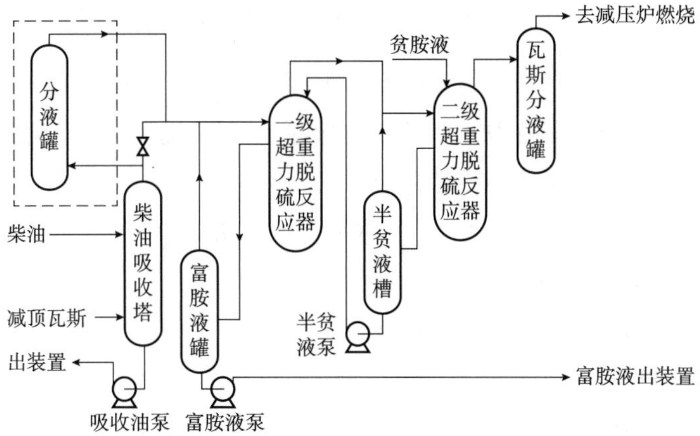

(虚线框内为新增的减顶瓦斯分液罐)

图3.19 减顶瓦斯脱硫系统增加超重力脱硫反应器工艺改造流程示意图

柴油吸收塔投用后，在减压炉出口温度为 422℃的条件下，减顶瓦斯总硫脱除率逐渐增大，吸收后柴油中硫的质量分数明显上升。柴油吸收剂的流量和温度也都会影响减顶瓦斯总硫脱除效果，在柴油温度相同的情况下，柴油流量每增加 1t/h，总硫脱除率提高约 6.6 个百分点；在柴油流量相同的情况下，柴油温度每降低 1℃，总硫脱除率提高约 2.9 个百分点。

3.3.3 分子蒸馏技术

分子蒸馏技术作为绿色温和的分离技术备受人们青睐，是蒸馏过程由宏观向微观发展的技术创新。分子蒸馏(Molecular Distillation)又叫作短程蒸馏(Short-path Distillation)，是利用不同物质的分子运动平均自由程的差异来实现分离目的，能解决常规蒸馏技术所不能解决的问题，目前已广泛地应用于国民经济的各个行业中。分子蒸馏原理见图 3.20。

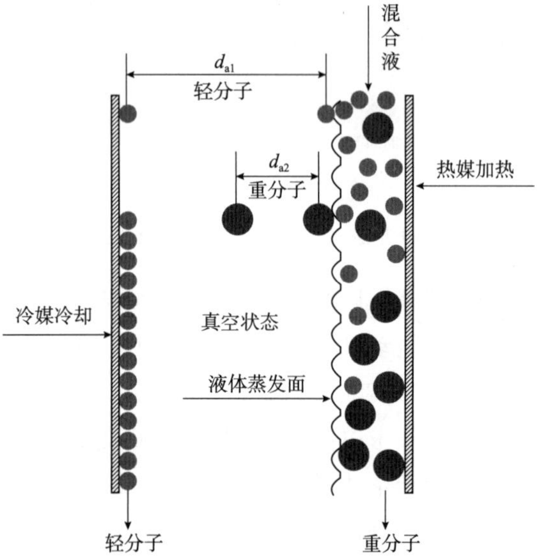

图 3.20 分子蒸馏原理图

分子蒸馏是依靠不同物质分子运动平均自由程的差异来实现物质分离的，所谓分子运动平均自由程，就是一个分子在与相邻分子两次碰撞间隔内所走路程的平均值，Langnuir 根据热力学原理推导出分子平均自由程的定义式为：

$$\bar{\lambda}=\frac{1}{\sqrt{2}\pi d^2 n}=\frac{KT}{\sqrt{2}\pi d^2 P}=\frac{RT}{\sqrt{2}\pi d^2 N_A P}$$

式中 $\bar{\lambda}$——分子平均自由程；

d——分子有效直径；

T——分子所处环境温度；

P——分子所处环境压强；

K——玻尔兹曼常数；

R——气体常数，为 8.314；

N_A——阿伏伽德罗常数，为 6.02×10^{23}。

从式中可以看出，不同的分子有着不同的分子有效直径，故它们的平均自由程也不相同。分子蒸馏技术是利用不同物质分子受热蒸发逸出液面后平均自由程大小的不同来实现分离提纯的。具体方法是在液面上方大于重分子平均自由程而小于轻分子平均自由程处设置一冷凝面，使得重分子达不到冷凝面而返回液面保持原有的平衡；而轻分子则不断地在冷凝面上冷凝，从而破坏了轻分子的动态平衡，结果是混合液中的轻分子不断从液相逸出，最终达到分离的目的。

分子蒸馏技术是一种低能耗、高纯度、无污染的分离技术，与常规蒸馏相比具有以下一些优点：

(1)蒸馏温度低。常规蒸馏是依靠物料中不同物质的沸点差进行分离的，因此料液必须加热至沸腾。而分子蒸馏只要蒸气分子由液相逸出就可实现分离，可在远低于沸点的温度下进行操作，是一个没有沸腾的蒸发过程。

(2)蒸馏压强低。常规蒸馏装置存在填料或塔板的阻力很难获得较高的真空度。分子蒸馏装置内部结构比较简单，整个体系可以获得很高的真空度(一般只有 0.133～1Pa)，物料不易氧化受损。

(3)受热时间短。分子蒸馏技术要求加热面与冷凝面间的距离小于轻分子的平均自由程，距离很小且轻分子由液面逸出后几乎未发生碰撞即射向冷凝面，受热时间极短(0.1～10s)，在很大程度上避免了物料的分解或聚合，降低热损伤。

(4)分离程度高。分子蒸馏常常用来分离常规蒸馏不易分开的物质。对用两种方法均能分离的物质而言，分子蒸馏的分离程度更高。

(5)没有沸腾、鼓泡现象。普通蒸馏有沸腾、鼓泡现象，而分子蒸馏是液层表面上的自由蒸发，液体中无溶解的空气，且蒸馏过程在较高的真空度下进行，因此过程中不能使整个液体沸腾，无鼓泡现象。

(6)不可逆性。普通蒸馏是蒸发与冷凝的可逆过程，液相与气相间形成平衡状态。而在分子蒸馏过程中，轻分子从蒸发表面逸出直接飞射到冷凝面上，中间不与其他分子发生碰撞，为不可逆过程。

(7)清洁环保。分子蒸馏技术是一种温和的绿色技术，无毒、无害、无污染、无残留，能极好地保证物料的天然品质，收率高且操作工艺简单，设备少，还可用于脱臭、脱色。

完整的分子蒸馏装置主要由脱气系统、真空系统、控制系统和分子蒸馏器组成。脱气系统是将物料中所溶解的挥发组分尽量排出，避免蒸馏过程中发生爆沸；真空系统是保证分子蒸馏过程能够进行的前提。

当其他条件恒定时，真空系统中的真空度决定了物料中不同成分分子的平均自由程。分子蒸馏必须在高真空度下进行，以保证蒸发分子的平均自由程大于等于冷热两面的间距。只要选择不同的真空度及冷热面温度，便可达到不同成分分离的目的。

分子蒸馏技术同样也有它的局限性。分子蒸馏技术是近几十年发展起来的新型技术，其相关过程的基础理论尚未完全揭示，迄今为止用以揭示分子蒸馏技术的数学模型还未完全建立。另外，分子蒸馏技术只适用于液体或适当加温即具流动性的半固体物质的分离纯化，并且物料内各组分的分子平均自由程相差应较大，同常规蒸馏相比，生产能力较小，设备投资较高，对物料的预处理要求高，生产成本高。所以，对于一些热敏感、生产量低、价值高的物料选用分子蒸馏为宜。

3.3.4 反应蒸馏技术

反应蒸馏过程是将反应与分离进行耦合，二者在一个设备中同时进行且相互影响、相互强化。利用反应物与反应产物的挥发度差异，蒸馏过程作用于反应区域中将反应产物及时分离出反应区，使得反应区内的反应物浓度分布始终有利于反应向正方向进行，打破反应平衡限制。同时，对于放热反应过程中产生的热量可用于分离过程的液相汽化，降低分离所需的能耗。

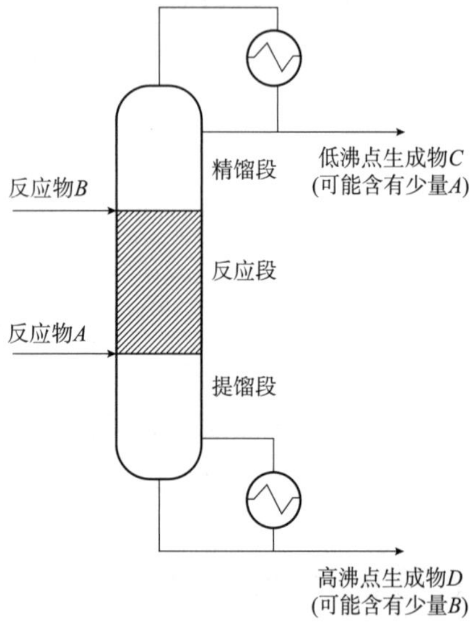

图 3.21 典型反应蒸馏流程图

反应蒸馏过程是将反应物直接加入反应蒸馏塔的反应段，通常较难挥发的反应物由反应段上部进料，较易挥发的反应物由反应段下部进料。发生反应后，反应产物在精馏段和提馏段分离，分别得到难挥发反应产物和易挥发反应产物，其过程原理如图 3.21 所示。

与传统的蒸馏过程相比，反应蒸馏将反应和分离的特点有效地结合起来，具有以下显著优点：①减少建设成本；②增大反应转化率；③增大目标产物的选择性，减少副产物生成；④在反应达到相同转化率时，反应蒸馏可以有效减少催化剂的需求量；⑤避免产生共沸物；⑥热量的有效集成。

目前反应蒸馏已应用于甲基叔丁基醚(MTBE)和乙基叔丁基醚(ETBE)的合成，目的是通过反应产物的不断被取出，使对合成不利的化学平衡发生转移。而且催化蒸馏在石油化工生产中的 C_3、C_4 和 C_5，在馏分选择性加氢方面也具有一些优势。在分馏塔中加入催化剂可以改变反应混合物沿塔的组成，从而能够促进硫醇的去除，提高催化剂的抗结垢性能以及选择性加氢性能。

反应蒸馏对于一个特定反应的适应性取决于很多因素，例如反应物和产物的挥发性、可能的反应和蒸馏温度。因此，它并不适用于每个反应。然而，探索适用于这个工艺的候选反应是个有前景的领域。此外，反应蒸馏塔无法像蒸馏塔和化学反应器那样达到最佳操作状态，这是因为反应蒸馏塔是这两者的组合。另外，在反应区内引入分离工艺，或者相反，都会导致气液相平衡、传质速率、扩散和化学动力学之间复杂的相互作用。这给这种系统的设计和合成提出了很大的挑战。对一些最佳蒸馏条件和反应条件相差较大的反应，采用侧反应器，即分馏塔给反应器供料，或者相反，则更为合适。

目前已经问世的反应蒸馏技术有以下几种：

(1)催化蒸馏醚化生产 MTBE 和 TAME(甲基叔戊基醚)。催化蒸馏技术用于异丁烯与甲醇醚化反应生产 MTBE，1981 年首次实现工业化生产。到 1996 年底已有 47 套采用 CDTech 公司 CD-MTBE 技术的装置投产，生产能力为 8.3Mt/a；还有 9 套采用 CD-TAME 技术的装置投产，生产能力为 1.5Mt/a。

(2)催化蒸馏加氢脱硫生产低硫汽油。第一套工业装置于 1999 年 3 月投产。以含烯烃 30%左右的催化汽油为原料，总脱硫率在 90%时，抗爆指数损失小于 1 个单位，低于常规加氢脱硫。

(3)催化裂化轻汽油催化蒸馏生产 C_5 烷基化原料。催化主分馏塔塔顶轻馏分分出 C_3/C_4 馏分以后，C_5 以上馏分进脱戊烷塔，采用 CDHydro 催化蒸馏技术对叔戊烯进行处理，使二烯烃选择性加氢并脱硫醇，塔顶出 C_5 烷基化原料，塔底出 C_6 以上的汽油。第一套工业装置于 1995 年 4 月投产。

(4)重整生成油催化蒸馏加氢脱苯。IFP 开发的重整生成油催化蒸馏加氢脱苯技术(Benfree)，以 C_5～C_9 重整生成油为原料，通过分馏塔使苯进行加氢生产环已烷，可以得到苯含量小于 1%的汽油，汽油收率没有损失。第一套工业装置于 2000 年一季度投产。CDTech 公司的 CDHydro 催化蒸馏技术用于轻重整生成油加氢。在 0.26MPa 压力下操作，苯转化率在 95%以上，已有 4 套工业装置投产。

(5)催化汽油萃取蒸馏脱硫降苯回收芳烃。美国 GTC 技术公司开发的催化汽油萃取蒸馏脱硫降苯技术 GT-Desulf，是用一种混合溶剂在压力 0.14～0.28MPa 下，通过萃取蒸馏抽出催化汽油中的硫化物(噻吩)和芳烃，得到富含烯烃且硫和芳烃含量符合清洁汽油规格要求的汽油组分和富含芳烃的含硫化物馏分，后者通过汽提回收溶剂返回再用，塔底馏分通过加氢脱硫以后，回收芳烃(BTX)。因为只有富含芳烃的馏分进行加氢脱硫，所以加氢装置的规模、操作费用和氢耗都大大减少。

3.3.5 催化蒸馏技术

催化蒸馏与反应蒸馏是将反应与分馏两个工艺过程融合为一体的新化工单元过程。严格地说，催化蒸馏是反应蒸馏中的一部分，但在文献资料中反应蒸馏一般是指气-液或液-液体系，而催化蒸馏是指用固体物质作催化剂的气-液-固体系。

按照以往的观点，催化蒸馏技术的适用范围比较窄，要满足以下 3 个条件：

(1)反应过程与蒸馏过程的温度、压力工艺条件相近；

(2)反应物与产物的挥发度有一定的差别，至少一种产物的挥发度小于或大于其他组分；

(3)可逆平衡反应。

总结近年来国内外所开发的若干典型催化蒸馏过程，可以看出，只有条件(1)是唯一必要条件。事实上，在满足条件(1)的前提下，只要获得催化蒸馏技术所能提供的以下优势之一，催化蒸馏工艺就有可能优于其他工艺。

①可把反应热直接用于分离过程，从而降低能耗；

②比较容易控制反应温度，没有明显的热点，也不需要冷却设备；

③转化率高，避免一种或几种原料先反应、再分离，然后再循环进行反应、分离，可以简化流程，降低能耗；

④在分离作用下，使焦体的前驱物及时离开催化反应区，或使有害物质不能进入催化剂床层，从而可以延长催化剂的操作周期；

⑤对于目的产物可以进一步反应生成副产物的过程来讲，使目的产物及时离开反应区，提高选择性。

催化蒸馏的应用主要有以下几方面：

(1)催化蒸馏在醚化过程中的应用

在酸性催化剂的作用下，异丁烯与甲醇反应生成高辛烷值含氧汽油添加剂 MTBE 的过程符合人们起初给催化蒸馏限定的 3 个条件，即：①反应与分离两个过程的温度与压力工艺条件相近；②尽管产品 MTBE 的沸点介于原料异丁烯与甲醇之间，但 C_4 与甲醇可以形成共沸物，而且剩余甲醇在剩余 C_4 中的浓度低于共沸组成中甲醇的浓度，这一特定性质使这个体系满足了有关相对挥发度差别的限制条件；③它是可逆平衡反应。正因为如此，第一套催化蒸馏装置是用来生产 MTBE 的，运行中的大多数催化蒸馏装置是用来生产 MTBE 的，关于催化蒸馏技术的应用人们研究得最多的还是 MTBE。

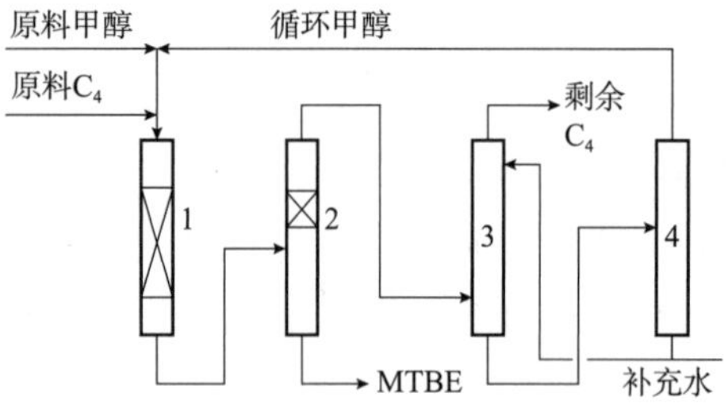

图 3.22 催化蒸馏 MTBE 生产工艺流程示意图

1—预反应器；2—催化蒸馏塔；3—水萃取塔；4—甲醇回收塔

利用催化蒸馏技术生产 MTBE 的典型工艺流程如图 3.22 所示。甲醇与 C_4 馏分先进入一个固定床反应器 1 内进行预反应，其流出物再进入催化蒸馏塔 2 内，在分离作用下，MTBE 作为重组分从塔釜排出；C_4 及其与甲醇的共沸物向塔的上部移动，进入催化反应蒸馏段边反应边分离，也就是说，MTBE 一旦生成就在分离作用下离开反应区，从而使平衡不断地被打破，反应不断地进行。反应剩余 C_4 与甲醇由催化蒸馏塔塔顶进入水萃取塔的底部，萃取后从塔顶进入下游，甲醇的水溶液进入甲醇回收塔，从塔顶得到的甲醇返回到反应单元循环使用，水则在塔与塔之间循环。

利用催化蒸馏技术生产与常规工艺相比，转化率高、工艺过程简单、能耗低、投资少，反应后 C_4 可直接作为其他化工过程的原料。

利用催化蒸馏技术生产 TAME、ETBE、TAEE(乙基叔戊基醚)等烷基叔烷基醚类的工艺原理与 MTBE 相同。催化蒸馏技术还可以用于制备二乙基醚、二异丙醚、二正丁基醚圈等二烷基醚类以及双氟代甲基醚、烯丙基乙烯基醚等。

(2)催化蒸馏在芳烃烷基化过程中的应用

在酸性催化剂(如分子筛)的作用下，苯与丙烯发生加成反应生成异丙苯，另外还有异丙苯进一步与丙烯烷基化生成二异丙苯、二异丙苯与苯之间通过烷基转移生成异丙苯，以及产生多异丙苯等重组分的副反应。

异丙苯的合成反应也是放热可逆反应，采用催化蒸馏技术生产异丙苯的工艺过程如图3.23所示。丙烯从催化蒸馏塔反应蒸馏段的下部进入，苯从回流罐补充。除了从塔顶排放不凝气(以丙烷为主)，不从塔顶出料，从塔底排出的异丙苯与多异丙苯进入异丙苯分离塔，从塔顶得到产品异丙苯，从塔底得到的多异丙苯可以返回催化蒸馏塔的回流罐进入催化蒸馏塔进行烷基转移反应；也可以再进入一个精馏塔，从塔釜脱去重质杂质，从塔顶得到的多异丙苯通过一个固定床烷基转移反应器后，再进入催化蒸馏塔的气提段。根据文献报道，后一种工艺得到的异丙苯纯度高。

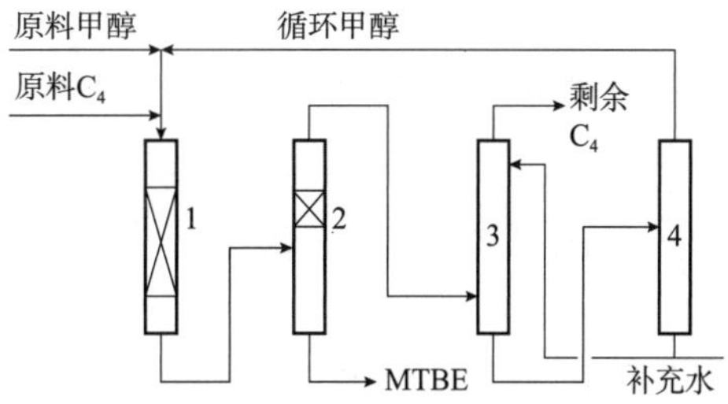

图3.23 催化蒸馏制异丙苯生产工艺流程示意图

1—催化蒸馏塔；2—烷基转移反应器；
3—异丙苯分离塔；4—重组分分离塔

固定床法合成异丙苯时丙烯一次通过的转化率一般可达到74%左右，而用催化蒸馏法时，丙烯的转化率可以达到98%，而且热利用率高，合成异丙苯的主反应为放热反应，生成1kg异丙苯可以汽化3kg的苯，固定床法的能耗一般为2800kJ/kg异丙苯，而采用催化蒸馏技术时为1868～1985kJ/kg异丙苯，能耗下降了30%。

由苯与乙烯反应制乙苯的主、副反应及工艺过程与上述异丙苯的制备过程相似。采用催化蒸馏技术与固定床技术相比，除了热利用率高，由于催化剂表面上的乙烯浓度低，催化剂不易失活，再生周期长。催化蒸馏工艺特别适用于利用炼厂干气中的稀乙烯(10%～20%)。

(3)催化蒸馏在加氢过程中的应用

在一般的加氢反应温度下，加氢反应并不是可逆反应，也不能把反应产物从反应物中有效地分离掉，但是把催化蒸馏技术应用到加氢过程中仍然是有效的。

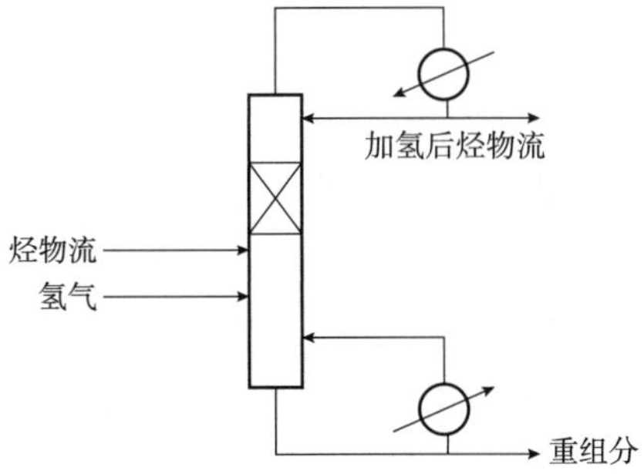

图3.24 催化蒸馏加氢工艺流程示意图

催化蒸馏加氢过程的流程如图3.24所示：烃物流从催化蒸馏塔的催化剂床层下面或其下部进入催化蒸馏塔，氢气从床层下面进入催化蒸馏塔，所需净化的物流加氢后从塔顶进入回流罐，部分回流，部分进入下游，从塔釜得到重组分。

C_3馏分中二烯烃、炔烃的催化蒸馏选择加氢与固定床工艺相比，可以在蒸馏作用下，把产生的二聚物及时移出反应区，进入提馏段，防止在催化剂表面上生成聚合物，从而使操作周期由固定床的半年左右延长至2年以上；另外还有丙烯收率高、工艺简化、能耗低等特点。

将催化蒸馏技术应用到催化裂化C_4、C_5馏分的选择加氢具有以下优点：在催化剂的作用下，硫醇、H_2S等与二烯烃发生加成反应，生成重质物从塔釜排出，不进入中上部催化剂床层，不污染催化剂，可以同时得到不含硫的C_4馏分，减少对下游装置的影响。

大部分环己烷是通过苯加氢生产的。汽油，特别是重质汽油中苯加氢可以生产低苯含量的汽油，以满足新配方汽油第二阶段的需要。采用催化蒸馏工艺与固定床工艺相比，投资可以降低30%，能耗也可以大大下降。

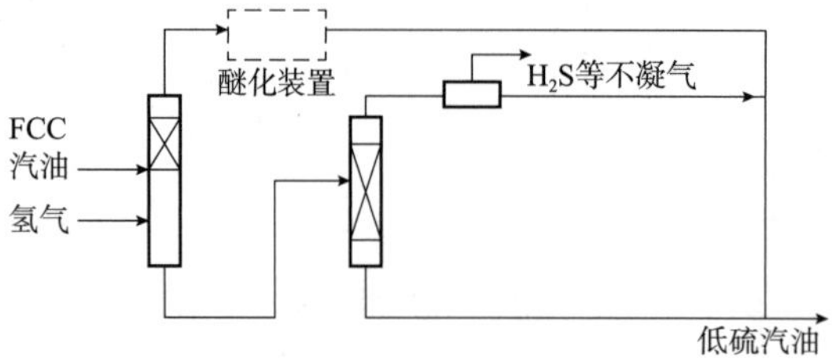

图 3.25 FCC 汽油催化蒸馏脱硫工艺流程示意图

汽油中的硫是造成大气污染的主要来源之一，降低汽油中硫含量的方法有多种，但又各有不足，如损失辛烷值、耗氢量大、投资高、收率低等。新开发的两段催化蒸馏技术可以达到目标脱硫率，同时保持高的收率和很小的辛烷值损失，其工艺过程如图3.25所示，第一个催化蒸馏塔用于脱除轻汽油中的硫醇与二烯烃，第二个催化蒸馏塔用于脱除重汽油中的硫。

(4)催化蒸馏在醋酸甲酯(MA)水解过程中的应用

在聚乙烯醇的生产过程中，先由乙酸乙烯醋聚合，然后将所得聚乙酸乙烯醋用甲醇水解，生成聚乙烯醇，并副产MA，每生产1t聚乙烯醇副产1.68tMA。由于工业应用价值不高，通常先水解、再分离，使甲醇与醋酸分别得以利用，存在的问题是平衡常数小、单程收率低、工艺流程长，通常需要一反五塔，投资与操作费用高。催化蒸馏技术将该工艺简化为三塔流程，能耗降低50%～60%。

催化蒸馏还可以用于甲基叔丁基醚、甲基叔戊基醚分解制高纯度异丁烯、异戊烯，醇与酸的醋化制备醋，醇醛缩合，烯烃水合制备醇等反应过程，可见催化蒸馏技术的应用范围已相当广泛，与一般工艺过程相比确实存在着技术和经济上的优势，国内的科研单位尽管也进行了大量的研究工作，但由于其适用条件较窄、发展仍不太成熟，实现工业化的催化蒸馏工艺只有三四种，因此应当加大开发与应用的力度。

3.3.6 膜蒸馏技术

膜在未来可以作为蒸馏的一种替代选择。膜已经进入炼厂用于氢的回收，而且它正在不断地被研发以应用于其他的分离过程。

现在的膜系统在混合蒸馏工艺中是最有效的，它能对原油进行初步分离，这种分离具有低能耗、低成本的特点，然后用蒸馏塔进行精分离。如果使用的膜具有较高的选择性，那么在很多分离工艺中都有可能用膜来取代蒸馏。例如，工业中将烯烃(乙烯、丙烯)从烷烃(乙烷、丙烷)中分离出来几乎都是采用低温蒸馏的方式，这种方式能耗很高，因此任何以较小的能耗分离烯烃和烷烃的方法都是非常有益的。如果能够应用选择性促进传递膜，那么就会节省大量的能量。如果只用膜对烯烃和烷烃进行完全的分离，则需要这种膜具备很高的选择性。

对于某些化学产品的生产而言，改进同分异构体的分离技术能够显著降低其所需的能量消耗。这类分离可采用膜分离技术实现，其中包括对二甲苯从其他甲苯中的分离。分子筛膜也可用于膜反应器结构中，用来生产对二甲苯。可以使用链烯烃和烷烃，前提是其相应的异构反应得到强化。在这种情形下，一个化学合成的实现是和膜分离装置密切结合的，而不是相互分开的。例如，可以通过将二甲苯同分异构体的混合物的平衡再分配过程与一个对产物选择性传递的膜结合起来，从而选择性地生产对二甲苯。

膜蒸馏技术的关键是如何突破实用化的技术障碍，核心之一是大幅度提高膜蒸馏装置的热效率。值得一提的是，由 DoE 公司投资进行的大量研究主要集中在不同分离过程(气/气、液/液)中所用的膜，以及研究目前炼厂中最先进和最有前景的应用。报告中推断膜技术必将在炼厂中得到应用。这还需要进一步研究开发出能承受炼厂环境的合适材料。作为某个完整工艺的一部分，膜工艺也应该被评估，从而确保该工艺的实施能够达到节省总能量的潜在目的。

膜技术在炼油工业中除了氢气提浓得到广泛应用外，目前已经问世和正在开发的还有以下几项：

(1)润滑油溶剂脱蜡滤液膜分离回收溶剂。由 Mobl 和 Grace 公司开发的 MaxWax 技术，1998 年 5 月在博芒特炼油厂的一套 0.36Mt/a 溶剂脱蜡装置上工业应用，用聚酰亚胺膜螺旋缠绕而成的膜组件分离脱蜡滤液中的甲乙酮-甲苯溶剂。其分离温度接近脱蜡温度(-18～0℃)，压力 3.0～4.5MPa，可分离出 50%的溶剂，能直接用于补充二次稀释和三次稀释。运转 14 个月的结果表明，润滑油基础油体积收率提高 25%，蜡产量提高 3%～5%，能耗不变。膜分离组件的设计最大进料量为 115m^3/d，是目前世界上最大的液-液膜分离装置，也是炼油-石油化工企业的第一套大型有机膜液-液烃类分离装置。

(2)膜分离空气制氧。用有机膜把空气中的 O_2 从 21%富集到 30%～45%的技术国内外早已开发成功，并在工业上得到广泛应用。但制得高纯氧的技术目前仍在开发中，美国空气产品化学品公司开发的一种混合传导陶瓷膜用于制高纯氧技术已经通过小试，目前正在进行中试，一旦工业应用成功，将是制氧技术上的一大突破。

(3)膜反应生产合成气。膜反应器(含催化反应和非催化反应)在炼油和石油化工企业中的应用可能有丙烷脱氢生产丙烯、单环烷烃(环己烷、甲基环己烷)脱氢生产芳烃、天然气水蒸气转化制氢、溶剂脱沥青等，这些工作的进展情况尚未见报道。但陶瓷膜空气分离氧气-天然气部分氧化生产合成气的膜反应器技术已进入中试阶段。这项技术开发成功，能够使天然气生产合成液体烃工厂中占总投资 60%的合成气生产装置的投资大幅度下降，会大大加速天然气合成液体烃技术的工业化进程。南京化工大学与合作单位在国家“863”计划的支持下，也在开展这项技术的研究工作。

3.3.7 真空膜蒸馏技术(VMD)

真空膜蒸馏是将微孔膜的一侧(称为热侧)通入加热过的预处理溶液，膜的另一侧(称为冷侧)抽真空形成负压，使膜两侧形成压差，从而为传质提供推动力(见图 3.26)。热侧液体的易挥发组分蒸发汽化，在压差的作用下穿过微孔膜进入冷侧，液相中非挥发性的离子和分子等溶质则不能透过微孔膜，从而实现溶液分离、浓缩或提纯。主要应用于石化生产中的海水咸水淡化、湿法脱硫液再生和油田生产污水处理等领域。

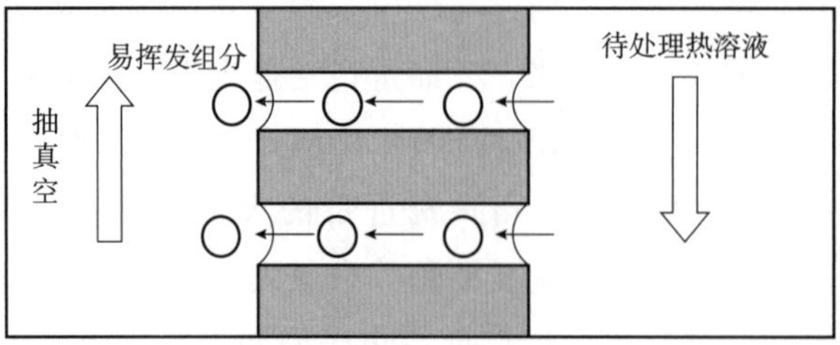

图 3.26 真空膜蒸馏技术传质过程示意图

由于 VMD 技术具有操作温度较低(40～60℃)的特点，现已将太阳能、地热能和废热等廉价能源应用于石油化工生产中的真空膜蒸馏，大大降低了生产成本和能源消耗。可以预测 VMD 技术在未来的石油化工以及其他领域都具有很高的应用价值。

真空膜蒸馏相比其他膜蒸馏方式，具有以下优点：

(1)更高的膜通量；

(2)下游边界层阻力较小，热利用率较高；

(3)理论上具有 100％截留率；

(4)更大的膜比表面积。

但是仍然有以下不足：

(1)适用于石油石化中的优质膜材料尚待开发。在石油石化生产中，温度的频繁变化导致膜的收缩，强酸或强碱的料液会腐蚀膜组件；真空条件下，较高的压差会引起膜孔的润湿。这些不利因素缩短了膜的使用寿命。

(2)石油石化生产为大规模长时间的生产活动，当 VMD 应用于石油石化生产时，膜表面积垢和堵塞会导致膜孔部分润湿或膜破坏。这些结垢可能是在膜表面上形成碳酸钙、二氧化硅颗粒或铁氧化物等沉积，阻塞膜孔，还会形成亲水通道，使得水分进入冷侧。因此渗透率会随时间的增长而不断下降，这大大限制了 VMD 在这一领域的应用。

(3)浓度和温度两种极化现象是影响真空膜蒸馏的重要因素。浓度极化会减弱传质推动力，从而降低膜通量，当膜表面的溶液浓度达到一定程度时会发生膜的润湿现象；温度极化会影响真空膜蒸馏的热效率，对膜蒸馏效率产生负面影响。

3.3.8 强化蒸馏技术

利用现代的分析手段和试验方法可以证明，原油中的一些高分子物质(沥青质、胶质、稠环芳烃等)，由于分子间的偶极相互作用、电荷转移及π-π键作用和氢键作用，能够重新取向和聚集，相互缔合，从而形成一些分子集团，即“超分子结构”。这些“超分子结构”外表面分子的过剩能量形成了一个附加的引力场，它能吸引一些分子量较小、芳构化程度较低的烃类，使其借电荷转移、氢键及酸碱等相互作用吸附或溶解在“超分子结构”的周围，从而形成以“超分子结构”为核、以吸附层为外壳的“复杂结构单元”。石油就是以“复杂结构单元”为分散相、以低分子烃类为分散介质的分散系。“复杂结构单元”中的“超分子结构”(核)与周围的溶剂化层(外壳)之间，以及“复杂结构单元”本身(分散相)与其外围的低分子烃类(分散介质)之间都处于动态平衡状态。石油分散体系随分散相和分散介质中各组分的生成条件和组成不同而不同，分散体系是均匀的溶液，还是悬浊液、乳浊液或产生分层，取决于分散相的大小，其黏度、凝点(浊点、倾点)、导热性、稳定性等性质以及加工时的传质、传热、产品产量和质量都受到了复杂结构单元大小的影响。

在外部因素(添加物、温度、机械因素、电、磁、超声波、离心场等)的作用下，通过调节分散相、分散介质和吸附溶剂化层中分子间的相互作用，改变“复杂结构单元”中“超分子结构”的核半径和溶剂化层厚度以及它们的物化性质，使石油分散体系处于活化极值状态，改善传质和传热，从而调节烃类在分散体系中的分配，并最终控制原油蒸馏过程中产品的收率和质量。原油强化蒸馏过程就是基于这种理论而提出的，是把原油看作以复杂结构单元为分散相、以低分子烃类为分散介质的分散系。通过改变一些外部因素改变分散系的分散状态，从而调整或控制烃类在分散系中的分配，最终达到控制加工时产物产量和质量的目的。

强化原油蒸馏过程，利用蒸馏强化剂提高轻质油馏出率的新技术是在“石油分散体系”的基础上发展起来的。关于蒸馏强化剂的作用机理，初步归纳为胶体结构机理、表面张力机理和阻聚机理 3 种。事实上，由于原油组成、结构的复杂性，强化剂对蒸馏过程的强化并不是单一机制在起作用，更为普遍的是几种机制协同作用的结果。所不同的是，针对特定的油品，某一种机制能够发挥较强的效果，而另一种机制不起作用或者被抑制而效果较弱。

最通用的原油强化蒸馏是通过在原油中加入少量强化剂，调节分子间的相互作用和复杂结构单元的大小，从而使蒸馏产品的收率得以提高。根据强化原油蒸馏的机理，强化剂可设计为由下列组分及其复合物组成：表面张力降低组分、胶体结构改性组分、自由基抑制组分和溶解度调节组分。强化剂的设计原则可归纳为：

(1)兼顾强化剂的表面活性和分散性；

(2)兼顾提高胶体结构界面张力和降低气泡表面张力；

(3)解决好各组分配伍效果的相克相生；

(4)不影响后续加工和最终产品的性能。

迄今为止，已应用的蒸馏强化剂主要有以下几类：

(1)芳香烃浓缩物，如润滑油基础油精制抽出物、裂解焦油、催化裂化回炼油及油浆、糠醛抽出物等富含芳烃的组分等；

(2)表面活性物质，如 C_{12}～C_{14} 和 C_{16}～C_{20} 等高级脂肪醇类，合成脂肪酸等；

(3)复合活化剂，如芳烃浓缩物中加入微量苯酚或高聚物与硅油等的混合物；

(4)合成高分子。

经过调研，就目前形势来看，研究成果可总结为以下几点：

(1)人们对原油的存在形态和石油分散体系的理论研究已有了较深刻的认识，对强化蒸馏的作用机理及活化状态的测试方法有了更深入的研究。

(2)在蒸馏强化剂的设计方面已经取得了重大成果，大大加深了人们对其强化机理的理解，所开发的强化剂种类呈现多样化趋势。

(3)蒸馏强化剂有极其广泛的应用范围。只要强化剂性能优良、应用条件控制适当，它对各种类型的原油或常压渣油的蒸馏均有强化作用。强化剂应用在常减压装置上能提高轻质油的拔出率，具有较高的应用价值；应用在催化裂化装置上能提高轻质油产率，减少焦炭的产率，提高装置的经济效益。

(4)蒸馏强化剂对轻质油品和其他产品质量影响不大，有些强化剂还可提高蒸馏产品的质量，而且还可优化后续装置的操作，提高企业的整体经济效益。

(5)现有炼油装置采用强化蒸馏技术，不需要对石油加工设备进行大的改动，工艺操作条件也基本不变，只需增加蒸馏强化剂的加入和混合装置，具有较大的可行性和技术经济性，所以该技术值得我国炼油行业进行研究、实验和推广。

尽管人们对原油强化蒸馏的研究取得了令人满意的成果，部分成果已经进行了工业化试验，取得了一定的经济效益。但对强化蒸馏机理的研究较为肤浅，迄今尚未形成一个完善的理论体系，这使得强化蒸馏的工业实践缺乏正确的理论预见和足够的理论指导，以至于人们只能通过实验筛选来确定适用于一定原油类型的强化剂，强化剂的应用条件较为苛刻，局限性大，加入量较高，成本较大，工业实践具有一定难度。另外，现有的强化蒸馏活化剂与原油组分的作用力一般较弱，在工业条件下，石油分散体系不易达到最佳活化状态，无法充分拔出原料中的轻质馏分。一些致使强化剂与原料油的混合不够均匀的原因(如物料流速、温度等装置操作条件的限制)，使石油分散体系只是部分活化或者根本没有活化等化学工程方面的问题也暴露出来。此外，强化蒸馏研究的实验室条件与工业应用条件也有较大的差别，其结果和结论难以在工业上应用，导致活化剂在工业装置中稳定性较差，强化效果不显著。并且国内的一些实验结果误差较大，其结果可靠性也值得商榷。这些都有待于进一步研究和解决。

3.3.9 石油炼制工业中的绿色蒸馏

3.3.9.1 绿色蒸馏

经过对蒸馏技术分析可知，绿色蒸馏主要通过增加单系列蒸馏设备提高蒸馏过程利用率，建立了完善的回收体系。蒸馏过程强化主要表示蒸馏设备及工艺的强化。一般可利用高效率实现蒸馏。蒸馏过程节能主要从系统节能流程上进行操作，改善了新工艺与新技术，实现了能量与流量的合理分配，进而加强了能量转换，给企业创造较大经济效益。目前蒸馏节能与强化已经成为国内外研究的核心内容，给系统发展提供了较好的发展机会。

3.2.9.2 碳化硅传质元件

碳化硅泡沫属于三位网状结构特殊多孔陶瓷。碳化硅泡沫陶瓷具有多孔陶瓷，同时还具有碳化硅的耐高温、相对密度小、能量吸收与电、磁、光等功能，而且硬度高、热导率大，碳化硅泡沫已成为具有高效率的传质元件。目前天津与中国科学院金属研究所已经进行了很多测试与工业示范。第一，碳化硅泡沫规整填料。该材料已经经过了水力学实验，金属板波纹与金属丝在不同喷射下泛点速度较大，使用填料己烷-正庚烷物系进行填料传质测试发现，碳化硅泡沫具有传质效率高与板高低等特点，其理论板数相当于金属网波纹的两倍。第二，碳化硅泡沫固定阀塔盘。碳化硅泡沫固定阀塔盘可利用多孔碳化硅泡沫支撑圆形或矩形阀传质元件，取代了矩形孔。经过研究发现，在开孔率相同的基础上，碳化硅泡沫固定阀塔盘具有较高的轻度，实际操作弹性较大，进而降低了雾沫量，实际传质效率较高。碳化硅属于新型功能材料，可以应用到蒸馏中，提高了气-液界面强度，进而改善了低气/液比体系传质效果，促进了蒸馏的进展。第三，碳化硅泡沫整体塔盘。碳化硅泡沫整体塔盘为筛板塔盘中的一种微分塔盘，并实现了气相流动微分化，提高了气-液界面强度，属于整体性能较高的蒸馏塔板。

3.4 石油蒸馏技术发展方向

由上一部分可知，强化蒸馏技术是一种提高轻质油收率方便且经济的办法。而就强化蒸馏技术存在的问题来说，其未来的发展方向可归纳为以下几点：

(1)采用强化剂强化原油蒸馏已成为各炼油企业的共识，各研究单位今后应继续深化对强化蒸馏机理的研究，建立一个完善的理论体系，同时，加强对工业化过程中出现的化学工程方面问题的研究和探讨，加快添加强化剂强化原油蒸馏工业化的进程。

(2)应该把实验室中研究并已经取得了重大阶段性成果的强化蒸馏技术扩大到工业化应用上来，对蒸馏强化剂的研究开发也应从较为盲目的实验室筛选阶段过渡到凭借强化蒸馏机理开发新型强化剂的阶段。

(3)由于强化蒸馏对常减压及其后续加工过程都有积极影响，因而强化蒸馏技术将由仅对常减压进行强化向同时强化常减压、催化裂化、延迟焦化等过程的一体化技术方向发展。

(4)选择更有效的实验仪器设备和方法。利用优秀的计算机模拟软件对加剂前后装置的运行状况进行模拟，加强对原油中轻质油潜含量的预测和评价，进一步明确强化蒸馏的应用潜能，提高对其强化作用评价的准确性，为工业化应用提供可靠的指导。

(5)研制出加入量少、适用性广、成本低、性能优越、工业化易于实施的新型强化剂，特别是注重那些与原油组分作用力较强、活性高、稳定性好的强化剂，同时还要注意从产品质量角度考虑，未来强化剂的功能须具有多样化，不仅能够提高产品收率，而且可以提高产品质量，以期达到双向增效的目的。

同时将数字化设计模拟及自动化控制应用到原油蒸馏中也是发展方向之一。将原油蒸馏装置和汽油、煤油、柴油调和分成几个优化控制模块，编程自动控制，通过多个局部优化实现装置的平稳操作。例如中国石化集团公司组织开发的国产 APC 软件，这些软件为：

(1)先进控制层软件，主要包括实时数据平台、常减压工艺计算包、模型辨识器、多变量预估控制器、鲁棒PID控制器(包括液位控制、加热炉支路平衡控制)。使用实时数据平台：能够长周期稳定运行；系统响应速度快；视图编程接口能满足各种编程需要；可在微机上以多种不同的格式显示、修改实时数据平台中的各种数据，界面实用，它将广泛作为用户进行数据监控的有力工具。常减压工艺计算软件包在现场投用，它提供产品质量实时数据，完全可满足控制要求。模型辨识器利用现场阶跃测试数据辨识控制对象，得出产品质量与操纵变量之间的关系，效果也很好。

(2)装置优化层软件，主要包括数据校正及协调、在线优化控制。常减压装置在线优化控制作为先进控制的上一层，可在考虑装置设备能力约束的条件下，为常压和减压多变量控制提供受控变量和操纵变量的优化值、优化的操纵变量调节范围，使装置在最优工况下运行，从而取得更大的经济效益。这种标准化的工程实施方法，现场应用表明，可长周期使用，并且控制情况良好，同时可增加DCS系统单回路的控制率，降低操作人员的劳动强度，提高装置的操作水平，它将成为企业充分利用现有设备和工艺条件、提高原油蒸馏控制水平的重要手段之一。

随着原油蒸馏技术的发展，未来发展的关键技术是生产过程机理动态数学模型的应用，使生产过程的控制与优化真正建立在科学的基础上，同工艺、流程和设备一样，先进过程控制和优化系统也可在设计中提供，实现过程控制和设计的一体化，进一步提高经济效益，全面促进原油蒸馏各项技术和生产管理水平的提高。

此外，原油处理量逐年增加，能源问题日益严峻，蒸馏设备的大型化以及蒸馏过程强化与节能是解决此类问题的关键途径之一。塔内件技术的发展与应用是解决蒸馏设备大型化问题的关键所在；而数字化设计过程为塔内件及其他设备的设计节省了人力和物力，是以后设备设计技术发展的重点。

绿色蒸馏过程概念基本形成，提高单系列蒸馏效率、健全能量科学利用及全方位回收体系是实现绿色蒸馏过程的基本途径。其中，新型碳化硅泡沫填料与塔盘的开发与利用为蒸馏过程的强化提供了新的方向，而低温余热发电技术的应用为蒸馏过程的节能提供了新的契机。

以节能减排、绿色环保为目的，以提高单系列分离效率、健全能量多级利用及全方位回收体系为手段，以绿色蒸馏过程概念作为指导蒸馏技术革新的理论依据，需要突破传统认知的框架，不再局限于原有蒸馏理论和实践经验，寻找类似于碳化硅泡沫这种新型材料及形式扩充塔内传质空间，改善气、液流动，以达到对蒸馏过程强化的目的。运用低温余热发电、高温热泵技术等能量转化技术，实现对于蒸馏系统低品位热能进行回收利用，研究热耦合、热泵、低温余热发电技术与蒸馏过程配合使用时的最优使用范围，创建蒸馏系统能量集成及回收理论，将能耗降至最低，从而形成绿色环保的蒸馏过程，是未来蒸馏技术发展的方向。

通过对炼油技术发展历程进行回望，总结发展规律，可以看出炼油技术进步的根本驱动力是在满足市场需求、适应油价变化、顺应环境约束的前提下，实现炼厂盈利最大化。在炼油行业惯性发展状态下，基于“过去—现在—未来”连续性原理，将当前发展趋势进行延续。因此未来炼油技术的发展趋势是适应原料多元化，炼制过程绿色化、低碳化、灵活化、精准化、高效化。面对原油日益重质化、劣质化，原料多元化对未来炼厂提出了更高的技术要求。并且环境保护要求和产品质量法规不断升级，清洁油品生产既要达到由劣质、重质原油生产优质、清洁、轻质石油产品的技术要求，同时还需保证石油产品满足使用性能和环保质量。并且随着《巴黎协定》的正式生效，炼厂即将面临温室气体强制减排的严峻挑战，低碳化是未来炼厂发展的必然趋势。实现产品绿色化、生产低碳化的同时，面临未来产品结构变化，炼厂进一步挖掘能力，提高原油利用率，更趋向于生产高价值产品，并且适应灵活多产清洁油品和石油化工原料的需要，达到生产过程的灵活化和精准化，还应尽可能避免非计划停工所导致的产量下降，保证设备的高效运转。

参考文献

[1]申力生．中国石油工业发展史[M]．北京：石油工业出版社，1984.

[2]李大凯．常减压蒸馏装置节能对策探究[J]．石化技术，2021，28(3)：2.

[3]吴旭．常减压蒸馏装置的节能对策探究[J]．世界有色金属，2020(2)：2.

[4]吴莉莉，顾海成．常减压蒸馏装置减压深拔技术初探[J]．中国科技信息，2009，22：127－128.

[5]曹媛，李瑛，贾红程，等．传统脱盐方法及新型 DSSMB 脱盐技术[J]．精细石油化工进展，2020，21(6)：28－32.

[6]韩磊，王德辉，柴永新．强化电场功率补偿电脱盐技术对于原油脱钠的作用[J]．安全、健康和环境，2020，20(11)：39－41＋47.

[7]卢嫦凤．强化蒸馏的研究进展[J]．云南化工，2020，47(4)：32－33.

[8]朱宝璋，刘松，冯志豪．分子蒸馏技术在石油化工中的应用[C]//．中国化工学会 2009 年年会暨第三届全国石油和化工行业节能节水减排技术论坛会议论文集(上)，2009：49－52.

[9]杨剑，杨安，石唯光．分子蒸馏技术在石油化工中的应用[J]．科技展望，2016，26(32)：138.

[10]丛海峰，李洪，高鑫，等．蒸馏技术在石油炼制工业中的发展与展望[J]．石油学报(石油化工)，2015，31(2)：315－324.

[11]王滔，姚金凤．膜蒸馏技术现状及发展[J]．山西建筑，2012，38(4)：144－146.

[12]杜凤．分子蒸馏技术在石油化工中的应用[J]．化工管理，2017(4)：195.

[13]唐智亮，王红．分子蒸馏的应用及发展[J]．现代化工，2014，34(10)：44－48.

[14]徐婷，韩伟．分子蒸馏的原理及其应用进展[J]．机电信息，2015(8)：1－8.

[15]罗资琴．论原油蒸馏技术的发展方向[J]．兰州石化职业技术学院学报，2003(1)：1－3.

[16]余国琮，袁希钢．我国蒸馏技术的现状与发展[J]．现代化工，1996(10)：3－9.

第 4 章　热加工

4.1　石油热裂化技术的发展历程

4.1.1　热裂化的产生

石油热裂化是石油炼制过程之一，是指在热的作用下(不用催化剂)使重质油发生裂化反应，转变为裂化气、汽油、柴油的过程。热裂化原料通常为原油蒸馏过程得到的重质馏分油或渣油，或其他石油炼制过程副产的重质油。

在 19 世纪之前，煤油是原油的主要产品，汽油是炼制煤油的副产物，仅用来燃烧而已。1886 年汽油机作为汽车动力运行成功，由此，汽油的重要性与日俱增。但是汽油的采收率成了一个大问题，现在已经不需要如此多的煤油，反而汽油成了需求的重点，所以如何提高汽油比例就成了非常重要的问题。

这个问题的第一个突破是热裂化，其发明者是威廉・M. 伯顿。他在惠廷炼油厂的实验室主持了提高汽油收率的研究和实验，证实了在较高温度和压力下，碳氢化合物大分子可以裂解为较小的分子，从而从原油中提炼出更多的轻质馏分——汽油、柴油等，他的主要合作者是罗伯特・哈姆福瑞斯，他们设定反应的温度要达到 454℃，当时没有焊接技术，钢板制造圆筒只能铆接，没有足够的强度，因此该发明迟迟没有实现工业应用。

1911 年，美国标准石油公司解决了汽油收率低的问题，采用威廉・M. 伯顿和罗伯特・哈姆福瑞斯发明的热裂化工艺，将重质的瓦斯油加热裂化为轻质的汽油等馏分，从而整体提高了汽油收率。1912 年热裂化已被证实具有工业化价值。1913 年，美国印第安纳标准油公司将威廉・M. 伯顿热裂化法实现工业化。

4.1.2　原理及工艺特点

热裂化是石油裂化的一种方法，是在不使用催化剂的情况下加热到一定的温度使重质油发生裂解反应，通过自由基机理使其裂解成很小分子量的分子或者几个自由基结合形成其他分子。在 400～600℃，大分子烷烃分裂为小分子的烷烃和烯烃；环烷烃分裂为小分子或脱氢转化成芳烃，其侧链较易断裂；芳烃的环很难分裂，主要发生侧链断裂。热裂化气体的特点是甲烷、乙烷、乙烯组分较多。

4.1.2.1 热裂化反应机理

Rice自由基反应机理。Rice提出烃类热裂化反应最初可以生成两个或多个自由基，即甲基、乙基、丙基或C_3^+自由基，产生的自由基将发生自由基β断裂和氢转移反应。在研究C_2H_6、C_3H_8、i-C_4H_{10}、C_4H_{10}、C_5H_{12}和i-C_5H_{12}的热裂化反应产物以及理论计算的基础上，Rice对热裂化反应机理进行最初的论述：

(1)烃分子一次热分解为两个自由基，其中C—C键比C—H键更容易断裂；

(2)产生的两个自由基碰撞概率较低，它们将继续分解或与周围烃分子反应，如甲基自由基可以与周围烃分子反应生成CH_4，乙基自由基可以与周围烃分子反应生成C_2H_6，或继续分解生成C_2H_4和H_2，C_2^+自由基则继续分解生成C_2H_4和H_2或新自由基；

(3)烷烃的热裂化以链反应形式进行，即氢原子或小自由基夺取周围烃分子中的氢原子，烃分子产生新自由基；烃分子自由基再分解产生的氢原子或小自由基，它们与烃分子再次反应；

(4)链反应可以进行多次，热裂化产物分布取决于链反应进行的程度，与初始反应没有多大关系。

1933年Rice明确提出烃类热裂化反应遵循自由基链反应机理，对以上论述做了以下补充：甲基、乙基自由基是唯一稳定的自由基，C_3^+自由基分解可以产生一个或多个烯烃和氢原子、甲基或乙基自由基，伯位、仲位和叔位氢原子参与反应的速率比为1∶2∶10，可以由此机理计算热裂化反应产物的分布。1943年Kossiakoff和Rice对自由基稳定性进行研究，发现伯位自由基最不稳定，叔位自由基最稳定，解释和重新确定伯位、仲位和叔位氢原子参与反应的速率比为1∶3.2∶10.3。重新计算C_2H_6、C_3H_8、i-C_4H_{10}、C_4H_{10}、C_5H_{12}、i-C_5H_{12}和$(CH_3)_3CCH_3$热裂化反应产物，发现i-C_4H_{10}、C_5H_{12}、i-C_5H_{12}和$(CH_3)_3CCH_3$计算结果与实验数据一致；与此同时，Kossiakoff和Rice还发现长链烷烃的自由基发生分子内的异构化反应，对n-C_6H_{14}、n-C_7H_{16}和n-C_8H_{18}热裂化产物分布进行计算，必须考虑自由基异构化反应，否则计算结果的准确度将大为降低。此时，Rice自由基链反应机理被称为RK机理。

4.1.2.2 初始反应

热裂化的初始反应为烃类分子C—C键的均裂产生两个自由基，C—C键均裂速率决定于自身键能，即反应的活化能。由于烃分子各C—C键反应活化能的不同，所以均裂产生的自由基也不一样。对于直链烷烃，其C—C键越靠近烷烃分子中心，其键能越低。正己烷均裂为两个丙基自由基的活化能为318kJ/mol，而均裂为乙基和丁基自由基时，其活化能为322kJ/mol；正戊烷均裂为乙基和丙基自由基的活化能比均裂为甲基和丁基自由基的能量低8kJ/mol。C—C键的均裂能量不同，由此导致反应速率的差别在1.5～2.5倍左右，因此，直链烷烃热裂化的初始反应须考虑各种均裂方式。

异构烷烃和烯烃在热裂化反应过程中有其反应特殊性。异构烷烃叔碳和季碳的C—C

键能依次降低，这导致了异构烷烃初始热裂化反应优先在季碳和叔碳 C—C 键或 C—H 键上，这与 Kossiakoff 和 Rice 自由基稳定性的研究是一致的，即伯位、仲位和叔位氢原子参与反应的速率比为 1∶3.2∶10.3。短链烯烃的初始反应可以发生在双键位 C—H 键上，这取决于其相对较小键能，并且均裂时产生烯丙基自由基，烯丙基为烯烃热裂化特有的自由基。此外，烯丙基还可以由以下两种途径产生，即烯烃 C—C 均裂及自由基和烯烃的加成反应。Serge 对烯丙基做过进一步的论述：丙烯、异丁烯等位 C—H 均裂产生烯丙基是一种惰性自由基，可以中止链增长反应，中断部分链反应；正丁烯和 C_5^+ 烯丙基可以发生断裂产生二烯烃。

4.1.2.3 自由基反应

Semenov 自由基主要发生以下三类反应：

(1)异构化反应，C_5^+ 以上的自由基可以发生分子内的异构化反应；

(2)位断裂反应和其逆反应，即烯烃和自由基的加成反应，加成反应是一个放热反应，位断裂反应则需要吸热，因此低温有利于加成反应进行，而高温对位断裂反应有利；

(3)氢转移反应，自由基夺取周围烃分子的氢原子，原自由基生成烷烃，原烃分子生成了大的自由基，促进自由基链反应的继续进行。

4.1.2.4 热裂化反应产物及预测

RK 理论对烃类热裂化反应解释是最成功的。Greensfelder 和 Voge Good 对长链烷烃(n-C_{160} 和 i-C_{120})的热裂化反应进行实验研究，结果表明：RK 自由基反应机理预测结果与实验数据基本一致；分子直接重排学说不能解释本实验结果，其预测结果与热裂化产物相差较大，C_2 以上的烃类偏少，而 C_1 则相反。

RK 理论也适用于烃类热裂解反应解释。1972 年 Kunzru 对 n-C_{80} 和 n-C_{120} 进行热裂解实验，在实验条件下，乙烯为主要裂解产物，H_2、C_1～C_3 裂解随转化率提高而增加，C_5^+ 则减少。n-C_{80} 和 n-C_{90} 混合物热裂解实验结果与上述纯单体烷烃热裂解相似，而 2-C_5 和 n-C_{10} 混合物的热裂解实验结果却明显不同，其产物分布表现出烯烃反应物的热裂解特点。1977 年 Volkan 对丙烷的热裂解进行全面综述，丙烷热裂解主要产物为 H_2、CH_4、C_2H_4、C_2H_6 和 C_3H_6、C_4、C_5^+ 等，丙烷高温热裂解有以下反应规律：当丙烷转化率增加时，CH_4、C_2H_4 选择性增加，而 C_3H_6 选择性减少，H_2 选择性基本不变。异丙基自由基容易产生丙烯，正丙基自由基则容易产生乙烯；氢原子可以与丙烯结合产生正丙基自由基而生成更多的乙烯。1978 年 Sundaram 对简单烷烃高温热裂解反应机理进行实验研究，结果发现：C_{20}、C_{30}、C_{40} 热裂解主要产物为 H_2、CH_4、C_2H_4、C_2H_6 和 C_3H_6，在高转化率下有少量的乙炔、1-丁烯、丁二烯和 C_5^+ 等物产生，异丁烷裂解产物则 C_4 产物较多，尤其异构 C_4 居多。

利用 RK 理论，Serge 详细叙述了异戊烷热裂化反应途径，其总反应为：

$$115i-C_5H_{12}=18H_2+85CH_4+18C_2H_4+12C_2H_6+$$

$$30C_2H_6+15n-C_4H_8+50i-C_4H_8+202-C_4H_8$$

可以发现 CH_4 明显大于 H_2 和 C_2H_4。1976 年 Poutsma 对 n-C_{60} 及其异构物的热裂化反应进行详细的对比实验，并且对其自由基反应途径进行详尽分析和计算，热裂化反应产物分布和计算结果均表明甲烷选择性明显大于乙烯，并且异构物的 H_2 选择性也明显大于 n-C_{60} 的 H_2 选择性。

1973 年 Kunzru 和 Shah 对 2 -戊烯的热裂解进行实验研究，主要产物为 H_2、CH_4、C_2H_4、C_3H_6、2-C_4H_8 和丁二烯，C_2H_6、C_3H_8 和 C_5^+ 等物少量产生，其中二烯烃的产生使他们认为自由基反应机理不能用来预测烯烃的热裂解产物分布。1978 年 Sundaram 对简单乙烯、丙烯高温热裂解反应机理进行研究，结果发现：热裂解主要产物为 H_2、CH_4、C_2H_4、C_2H_6 和 C_3H_6，在高转化率下也有少量的乙炔、1 -丁烯、丁二烯和 C_5^+ 等物产生。为了解释烯烃热裂解反应产物，Sundaram 引入了烯丙基自由基，烯烃可以与自由基发生氢转移反应，即加成反应而产生烯丙基自由基、H_2 或烷烃；烯丙基自由基进一步反应可以产生乙炔、二烯烃或 C_5^+ 等物。

4.1.3 热裂化的改进

4.1.3.1 克拉克管式炉-间歇式热裂化

在第一批伯顿热裂化釜建设的时候，一些人已经在想办法加以改进了。这里面最重要的是克拉克管式炉的发明。

克拉克从卧式蒸汽锅炉想到可以把热裂化釜做成管式的。1914 年 12 月 1 日，这项发明获得了专利权。伯顿把它纳入了热裂化的设计。1914 年，在伍德河炼油厂建立了第一套热裂化管式裂解炉，处理量几乎可以增加一倍，而且更加安全。但是，它仍然是间歇式的操作。

4.1.3.2 连续式热裂化

连续式热裂化工艺的创始人是杰西·达布斯(Jesse A. Dubbs)。他的大部分工艺试验和研究经费是宇宙产品公司提供的。1921 年，在壳牌石油公司伍德河三区的罗克萨纳炼油厂里，建成了第一座商业化的达布斯连续热裂化装置。得克萨斯公司开发的是霍尔姆斯·曼利(Holmes Manley)连续热裂化工艺。

4.2 现代石油热裂化技术

4.2.1 双炉热裂化

所谓双炉，是指在流程中设置两台炉子以分别加热反应塔的轻重进料，操作时原料油直接进入分馏塔下部，与塔进料油气换热蒸出原料中所含少量轻质油和反应产物中的汽油、柴油后，在塔中部抽出轻循环油。塔底为重循环油。两者分别送往轻油、重油加热炉(为避免在炉管中结焦，故将轻、重循环油分别在两炉中加热到不同温度)，然后进入反应塔进行热裂化反应。反应温度为 485～500℃，压力 1.8～2.0MPa；反应产物经闪蒸塔分出裂化渣油后，进入分馏塔分馏。汽油和柴油总产率为 60%～65%。所得柴油凝点 -30℃至-20℃、十六烷值约 60(比催化裂化柴油高约 20 个单位)；汽油辛烷值较低(马达法辛烷值 55～60)且安定性差，热裂化渣油是生产针状焦的良好原料。双炉热裂化的能耗约 1900MJ/t 原料(为催化裂化的 65%～70%)。其原则流程如图 4.1 所示。

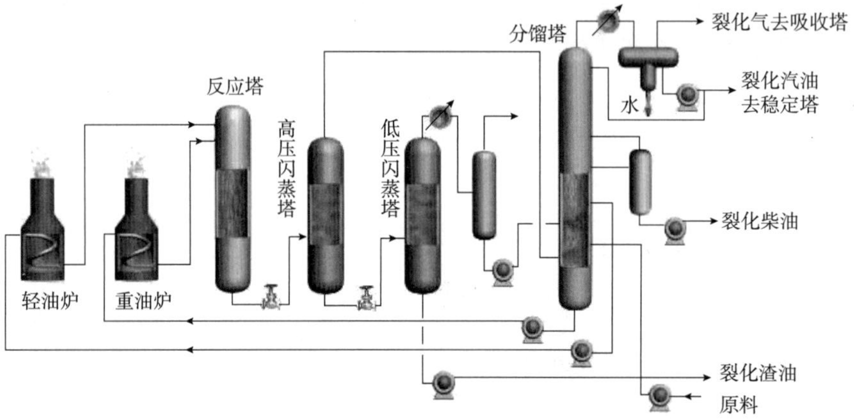

图 4.1　双炉热裂化原则流程图

双炉热裂化优点：原料转化率(轻质油收率)较高，大于 45%，可以从各种重质油制取汽油、柴油。

缺点：双炉热裂化汽油的辛烷值和安定性不如催化裂化汽油，目前已不发展。

4.2.2　减黏裂化

减黏裂化是一种较为缓和的热裂化形式，开发于 20 世纪 30 年代末期。早期的介绍称减黏裂化是一种浅度热裂化技术，其生产目的在于降低渣油黏度，以满足燃料油的指标要求。另外，减黏裂化残渣油可以与轻质油品调和生产黏度达标的燃料油。通过降低渣油的黏度，减黏裂化减少了需要调和以达到燃料油标准的轻质燃料油的用量。除了生成主要产物燃料油外，减黏裂化还生成了瓦斯油和汽油馏程之间的产物。瓦斯油可以作为催化裂化的原料或用作民用燃料油。

采用缓和的裂化条件有利于得到高收率的石脑油，同时降低气体和焦炭的收率。由于每一个循环的转化率有限，高沸点残渣油必须循环使用。然而，循环油每经过一次热裂化就变得越来越难裂化。如果不把这类残渣油当作燃料油储备，可以将其进行焦化来增加汽油收率或通过加氢过程进行加工。

减黏裂化是一种投资较低且苛刻度较低的方法，它能够改善渣油的黏度特性并且转化率较低。虽然添加剂可以抑制炉管生焦，但为了防止焦炭的产生，仍要求短停留时间。通过降低不易挥发组分的黏度，减黏裂化降低了掺混以满足燃料油指标要求所需的具有较高价值的民用燃料油的用量。这一加工过程也可用于降低含蜡渣油的倾点。

在较短的停留时间条件下，减黏裂化的操作条件如下：反应温度为455～510℃，加热炉管出口压力为50～300psi。正是由于停留时间短，使得减黏裂化成为一种缓和热反应，而与之形成对照的是延迟焦化，它的停留时间相对较长，且其中的热反应一直进行完全。减黏裂化采用急冷技术来终止热裂化反应。低苛刻度条件下的液相裂化反应生成石脑油以及煤油和瓦斯油馏程范围内的物质，这些瓦斯油可以作为催化裂化的原料或民用燃料油。

在减黏裂化过程中，原料(通常是渣油或油砂)在加热炉中加热至480℃后流出，加热炉的出口压力为100psi。加热炉中炉管的排布是为了提供一个热密度较低的裂化反应段，使得油在其中停留直到减黏裂化反应完成。此时，裂化产物进入闪蒸塔，塔顶物料经分馏以生产石脑油和轻瓦斯油。闪蒸塔中的液体产物经急冷瓦斯油冷凝之后，进入分馏塔，便得到了重瓦斯油馏分和减黏渣油。当渣油转化为石脑油的转化率为5%～10%时，黏度约降为原来的1/5，同时伴随着倾点的降低。另一个选择方案为采用低温长停留时间，这可以通过在加热炉和分馏塔之间增设裂化反应塔来实现，这一方法的缺点是需要对裂化反应塔进行除焦。减黏裂化流程见图4.2。

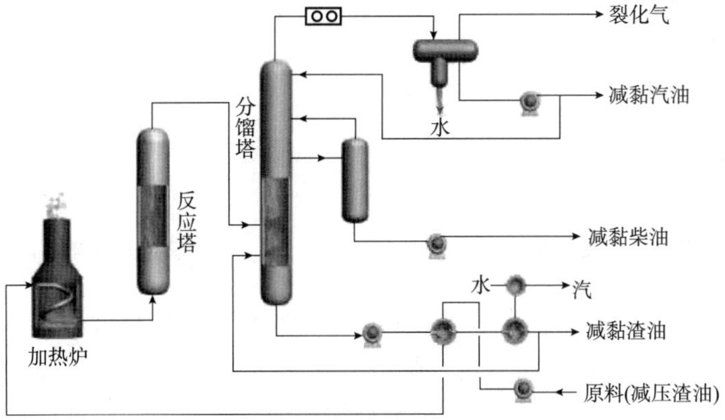

图4.2 减黏裂化流程图

反应塔式减黏裂化工艺，即低温长停留时间工艺。该工艺中渣油在加热炉中的转化较少，大多数的转化发生在反应器(反应塔)中，在反应器中，两相流出物在预定的停留时间下升温至一定温度，使其在急冷之前发生裂化反应。随后，产物进入分馏塔。反应塔式减黏裂化比炉管式减黏裂化采用的反应温度低，为了达到预期的效果则需要延长裂化反应时间。塔式减黏裂化装置见图4.3。

这两种不同工艺的产品质量和收率在特定的苛刻度下是相同的，而与减黏裂化塔的结构无关。只要提供达到预期效果的停留时间，反应塔式裂化反应的设计就能使加热炉在较低出口温度的条件下操作，从而可以节省燃料，但也确实存在一些缺点。

反应塔式减黏裂化工艺的主要缺点是需要对加热炉和裂化反应塔进行除焦。虽然除焦的频率不及炉管式减黏裂化高，但反应塔式减黏裂化工艺需要更多的装备来除焦和正常运行。通常除焦的方法是采用高压水冲刷，因此，会产生大量的除焦污水。这些污水在循环利用之前需要进行处理和过滤。

炉管式减黏裂化工艺，即高温短停留时间工艺。它与反应塔式减黏裂化工艺的不同之处在于其在加热炉的炉管内通过高温进行裂化。所得反应产物经急冷以终止裂化反应。急冷过程通常采用与新鲜原料或循环冷油(一般是瓦斯油)热交换来实现。裂化反应的深度是通过原料进入加热炉管的速率来控制的。然后，急冷后的产物进入分馏塔，在分馏塔中，可分离回收得到气体、液化石油气、汽油、蜡油和焦油等产物。炉管式减黏裂化工艺流程图见图 4.4。

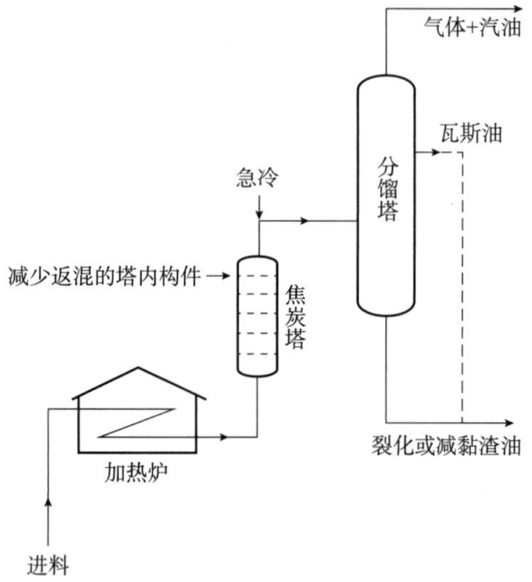

图 4.3　塔式减黏裂化装置

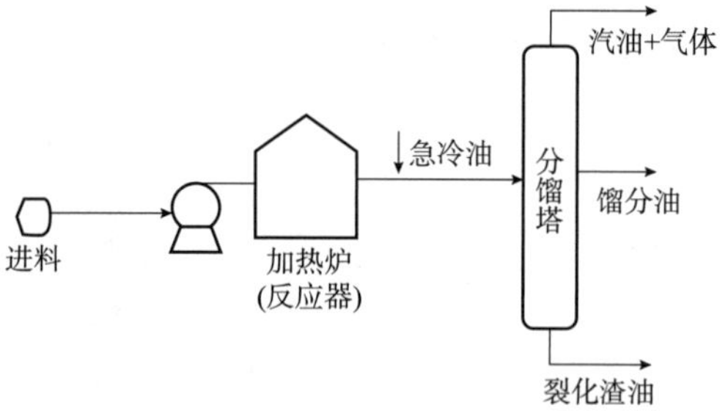

图 4.4　炉管式减黏裂化工艺流程图

炉管式设计的优点在于两段火焰加热器可以更好地控制加热的物流。而且，可以更为方便地采用蒸汽-空气除焦法对炉管进行除焦。

两种工艺的结构非常相似，主要差异为反应温度和停留时间。这些差异表明，对于相同的减黏裂化苛刻度，反应塔式减黏裂化能耗更低。

加热炉出口温度较高是炉管式减黏裂化工艺的优点之一，这说明重质减黏裂化瓦斯油的产量更高。而反应塔式减黏裂化工艺在不增加真空闪蒸塔的前提下达不到这种效果。

对于产率，这两种方法没有太大区别，但它们在特定的情况下各有优点。例如，焦炭是裂化反应的副产物。在炉管式减黏裂化中，焦炭会沉积在加热炉的炉管上，并将最终造成结垢和堵塞。结垢是指在炼制过程中积累形成的沉积物，它阻碍了热传递并导致产量降低，且是造成炼厂效率和产率下降的主要原因。由于效率下降而引起的能量损失必须通过燃烧额外的燃料或减少进料来予以弥补。大多数的结垢是由原油中的重质芳烃所造成的，而一小部分未确定的结垢与腐蚀和积垢过程有关，这一小部分要么形成松散的腐蚀产物参与结垢，要么作为烃类物质沉积的基底垢层。

虽然反应塔式减黏裂化反应器中温度低、沉积速率慢，但其中也会发生结垢。炉管式减黏裂化相比塔式减黏裂化而言，除焦更为频繁，但后者若要除焦，则需要停工。

反应塔式减黏裂化采用的反应温度较低，这就意味着装置所需燃料较少。若炼厂是通过购买燃料来支持各种加工过程，那么燃料方面的节约将会非常具有价值。在这种情况下，反应塔式减黏裂化可能会更具优势。壳牌的反应塔式减黏裂化工艺适用于在最大限度生产馏分油的情况下降低渣油(常压渣油、减压渣油或溶剂脱沥青塔底油)黏度来生产燃料油。这一工艺的主要结构包括加热炉、裂化反应塔、分馏塔以及最近出现的用于提高馏分油收率的减压闪蒸塔。减压闪蒸塔中出来的重瓦斯油的切割点大约为520℃。这一过程中，原料经预热后进入减黏裂化加热炉中，并在加热炉中升温至指定裂化温度。从加热炉流出的物料被送入裂化反应塔，大多数的热裂化以及减黏过程都发生在这里。反应塔顶流出物料在分馏塔中闪蒸后并急冷，闪蒸蒸气可分馏成气体、石脑油、瓦斯油和减黏残渣油。减黏残渣油在分馏塔底经汽提后泵入冷却循环系统以进一步加工处理。减黏瓦斯油作为一种侧线产物被回收，经汽提、冷却后输出以进一步加工处理。

正如人们所认为的，产品收率取决于原料类型和产品要求。减黏重瓦斯油可用作热裂化或催化裂化的原料以生产低沸点馏分。

由于需要精确调整温度和停留时间，反应塔式减黏裂化工艺更难适应原料质量的变化。近年来减黏裂化技术的发展和炉管式减黏裂化工艺新设计特性的出现，为炉管式减黏裂化工艺提供了比传统反应塔式减黏裂化工艺更具竞争力的优势。加热炉运转周期的限制已经不再是问题，加热炉设计方面的发展也实现了单通道或多通道的隔离除焦，这样对加热炉进行除焦时也无须停工了。

塔式减黏热裂化也称上流式减黏热裂化，除了上述的两种减黏热裂化外，还有一种减黏热裂化就是下流式减黏裂化，其工艺流程如图 4.5 所示。

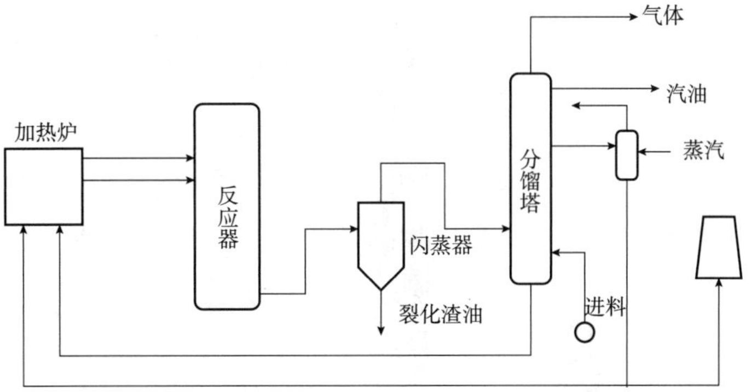

图 4.5 下流式减黏裂化工艺流程图

该工艺属于减黏裂化早期混相反应工艺，有较多的不完备之处，例如反应温度高、停留时间长和开工周期短等。

总之，减黏裂化的主要缺点，也是所有热裂化过程的缺点，即产物中存在不饱和化合物而导致产物不稳定。例如，低压热裂化会生成烯烃和二烯烃，特别是在石脑油组分中更是如此。这些组分容易发生二次反应形成胶质和难处理、不易挥发的焦油。

虽然产物总黏度会持续降低，但减黏残渣油黏度的降低程度会随转化率的变化达到一个极限值。如果沉积物开始形成，未转化渣油的最小黏度可能会出现在所允许的转化率范围之外。当需要采用管输时，则可以通过添加稀释剂(如凝析油)来进一步降低黏度。

尽管有上述缺陷，但是减黏裂化也有许多潜力。事实上，在世界上许多地区，减黏裂化仍是一种重要的和相对廉价的渣油加工工艺。

4.2.3 焦化工艺

焦化是一种将重质、劣质原油连续转化为轻质产品的热裂化工艺。与减黏裂化不同，焦化将原料完全转化成可挥发的产品和焦炭。它的原料通常是渣油，产物是干气、石脑油、燃料油、瓦斯油和焦炭。

瓦斯油可能是焦化工艺的主要产品并可以作为催化裂化的主要原料。焦炭可作为燃料，也可通过特殊加工后用于制作电极、化学品和冶金焦，从而提高焦炭的附加值。焦炭用于制作电极、化学品和冶金焦时需进行脱硫脱金属的处理。煅烧石油焦可以用作铝电极的阳极以及各种炭、石墨产品，如电子设备的电刷。

焦化的反应时间要比减黏裂化长，反应进行得更加完全。为达到这一效果，需要采用反应塔，并且需要用一对反应塔以保证在除焦时不中断这一过程的半连续性。

4.2.3.1 延迟焦化

延迟焦化是一种半连续工艺(见图 4.6)，其中，原料经加热后转移到大型焦炭塔中，这为裂化反应进行完全提供了足够长的停留时间。

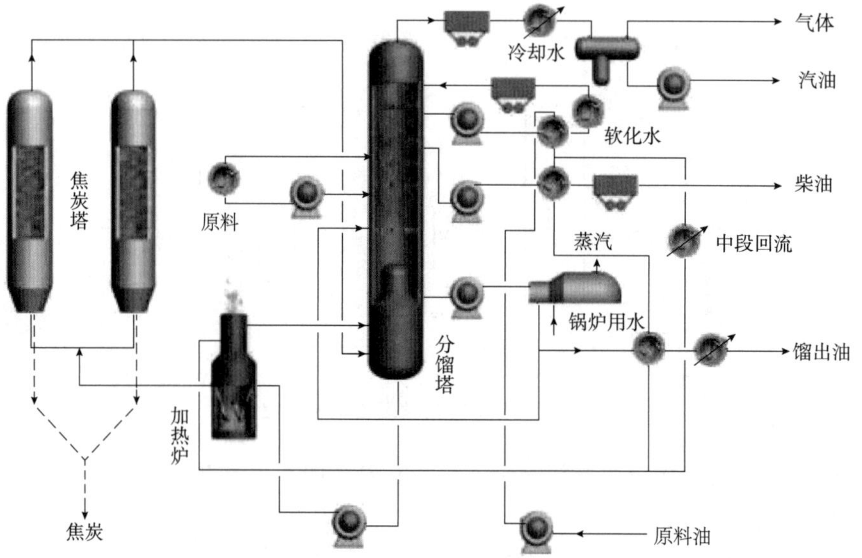

图 4.6 常规延迟焦化工艺流程图

延迟焦化可用于加工渣油，它采用长反应时间在液相中将渣油转化为干气、馏分油和焦炭。焦炭是一种高芳香度的产物，并含有原料中大部分的硫、氮和金属。

在延迟焦化工艺中，原料被送入分馏塔加热，轻组分作为侧线抽出。塔底产物，包括重组分的回流，在加热炉中加热(出口温度480～515℃)。加热后的原料进入其中一个焦炭塔内继续完成裂化反应。裂化产物从塔顶离开，焦炭塔内表面形成积炭。为实现连续操作，采用两个焦炭塔，一个进料时，另一个可以进行清焦。焦炭塔中的温度为415～450℃，压力为15～90psi。焦炭塔的典型操作周期为48h。一个焦炭塔在充满焦炭之前通常可以连续运行24h，在充满焦炭时可采用如下过程除焦：

(1)采用水冷却焦炭；

(2)取下其中一个焦炭塔的顶部，沿着焦炭的中心钻孔；

(3)采用水力切割装置通过多种高压水射流射入钻孔中把湿焦炭从塔中除去。

分馏塔将塔顶产物分离成燃料气(相对分子质量低于乙烷的气体，包括乙烷)、丙烷和丙烯、丁烷和丁烯、石脑油、轻瓦斯油和重瓦斯油。由于进料范围广，产物收率和质量变化范围也较大。随着原料沥青质含量的增加，塔顶产物收率有所降低。

在过去，大多延迟焦化装置设计用于将常压渣油完全转化为石脑油、煤油以及其他低沸点产物。然而，最近设计的焦炭塔是为了使焦炭产率最小化，并生产可用催化裂化处理的重质焦化瓦斯油。延迟焦化装置的产率可以通过操作参数的选择来改变，从而达到炼厂的目的。

对于现代一体化炼厂而言，延迟焦化作为一种可以处理重质渣油的工艺有着越来越重要的地位。它的灵活性很强，能够允许炼厂加工多种原油，包括重质的、硫含量高的渣油。

低压焦化是一种单程、低压的工艺。这一工艺与延迟焦化相似，但通常没有循环操作，并且焦炭塔的操作条件为温度435℃、压力25psi。过度焦化反应可以通过向原料中添加水来进行抑制(加水可以急冷并阻碍中间产物的进一步反应)。

高温焦化是一种将渣油转化为瓦斯油和焦炭的半连续过程。在这一过程中，原料被送入加热炉(370℃、30psi)，最终进入焦炭塔，焦炭塔中温度可能高达980～1050℃。将挥发性物质分馏，在一个循环之后，收集焦炭并脱硫后即可储存。

延迟焦化由于工艺简单、操作方便、装置的灵活性大、开工率高及开工周期长等特点，发展较快。延迟焦化技术因其设备投资少，工艺简单，技术成熟，可加工各类高含沥青质、硫和金属的重质渣油，最大量地生产馏分油产品，已经成为世界各国重质油轻质化的重要手段，并得到了迅速发展，将在渣油深度加工方面发挥越来越重要的作用。近年来，世界各国学者针对延迟焦化工艺技术进行研究和改进的方向主要集中在提高液收和减少焦炭及气体产率、优化操作和提高质量等方面。为取得更大经济效益，应充分利用现有装置重视组合工艺的开发和利用。

4.2.3.2 流化焦化

流化焦化是一种发展于20世纪50年代中期的连续操作工艺，它采用固体流态化技术将常压渣油、减压渣油和裂化渣油转化成价值更高的产品。通过减少裂化蒸汽的停留时间可以提高流化焦化的馏分油收率。

在流化焦化过程中，热原料被喷入细小热焦粒的流化床内，这使得焦化反应可以在比延迟焦化更高温度和更短停留时间的条件下进行。这些条件使得焦炭收率降低，而液收提高。

这一过程用到两个设备——一个反应器和一个燃烧器，反应器内有流化的细小焦粒，蒸汽从反应器底部通入使其流化。来自减压塔底部的温度为260～370℃的原料直接注入反应器。焦化反应器内温度范围为480～565℃。压力接近常压，因此原料部分气化，部分附着在流化的焦粒上。然后，原料开始裂化并气化，剩下的残渣干燥后形成焦炭。蒸气产物通过旋风分离器除去大部分携带的焦炭颗粒。流化焦化工艺流程见图4.7。

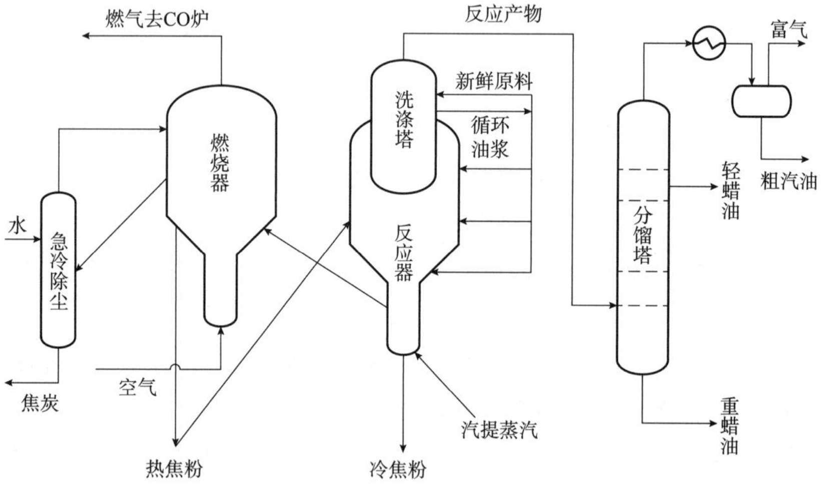

图4.7 流化焦化工艺流程图

蒸汽被排到洗涤塔底部，冷凝生成含有焦粉的重质焦油。这部分焦油经循环进入焦化反应器。洗涤塔上半部分是分馏区域，焦化瓦斯油从中抽出并被送入催化裂化单元，石脑油和气体则由塔顶进入冷凝器。

在反应器中，焦炭颗粒通过反应器下流至底部汽提段。蒸汽置换掉颗粒之间的气体产物，接着焦炭进入提升管输送到燃烧器。然后将蒸汽通入提升管来减少固体负荷并向上引流。

燃烧器内典型的床层温度为590～650℃，需要向其中加入空气燃烧部分焦炭来维持体系温度。燃烧器的压力范围为5～25psi。燃烧器床层中出来的烟道气通过旋风分离器后排入烟囱。床层中的热焦炭则通过第二只提升管回到反应器。

焦炭是这一过程的产物之一，必须将其从体系中除去以防止固体含量增加。利用水急冷洗提塔可以除去燃烧器中的焦炭，然后将冷却的焦炭回收储存。

产物的产率是由原料性质、流化床温度和原料在床层中的停留时间决定的。与延迟焦化相比，流化焦化减少了气相产物的停留时间。这就减少了裂化反应，从而降低了焦炭产率并提高了瓦斯油和烯烃的产率。流化床反应器操作温度升高5℃会使干气产率增加1%

（质量分数）、石脑油产率大约增加 1%（质量分数）。

采用烧焦的方式为体系提供热量的缺点在于焦炭中的含硫化合物会释放 SO_2。烧焦炉中排出的气体含有大量的 CO、CO_2 以及 N_2。烧焦的另一种方式是采用焦炭气化炉将焦转化为 CO、CO_2 以及 H_2 的混合物。

4.3 石油热裂化技术前沿及探索

4.3.1 灵活焦化

埃克森美孚开发的灵活焦化技术，把传统的流化焦化工艺与焦炭气化工艺相结合，可直接将大部分的焦炭气化成低热值燃料气供工厂使用，从而成功地解决了传统流化焦化工艺伴随的含硫石油焦问题。世界上第一套流化焦化装置于 1954 年在美国投入运行，至今已有 70 年的历史，第一套灵活焦化装置于 1976 年在日本投入运行，目前已有 40 多年历史。目前平稳运行的灵活焦化装置仅有 7 套。除日本的 TOA Oil 外，埃克森美孚公司两套，分别位于荷兰及美国得克萨斯，加工量均为 193 万 t/a；壳牌公司 1 套，位于美国加利福尼亚，加工量 100 万 t/a；委内瑞拉国家石油公司 1 套，加工量 300 万 t/a；希腊石油公司 1 套，加工量 95 万 t/a；秘鲁石油公司 1 套，加工量 100 万 t/a。

灵活焦化技术具有较广泛的应用，装置可以平稳运行 3～4a，是一种技术成熟、运行可靠的重质油加工技术。该技术通过气化将焦炭改质为清洁的灵活气，有效地解决了高硫焦的出路问题，且全过程封闭，减少了粉尘及污染物的排放，是一种环境友好的技术。灵活焦化技术利用灵活气替代工厂的燃料气，在天然气价格高的地区具有明显的经济效益。

4.3.1.1 工艺描述

灵活焦化装置包括反应气化、分馏吸收稳定、干气液化气精制、灵活气净化、焦炭处理及公用工程。流程见图 4.8。

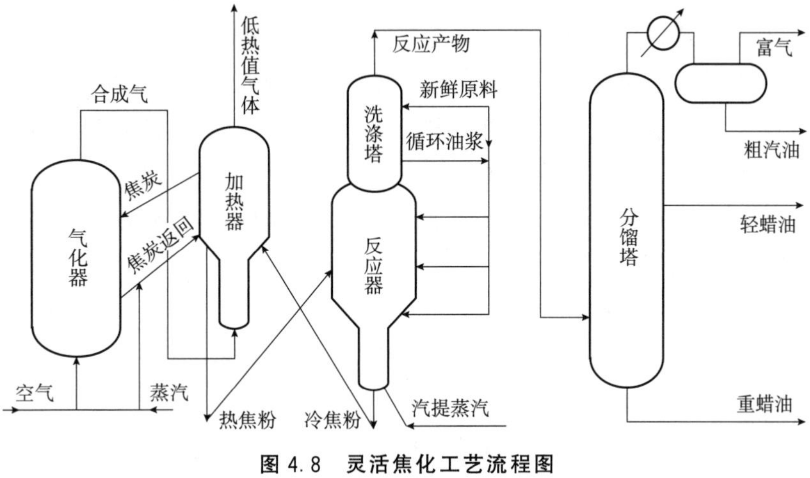

图 4.8 灵活焦化工艺流程图

(1)反应气化部分

来自原料预处理装置的减压渣油(外购渣油)与分馏塔中段循环油换热后进入原料油加热炉加热至300℃，作为反应进料进入反应-气化系统：重油发生热裂解反应，反应油气由反应器顶部进入油气洗涤塔，经过原料油以及循环油浆的充分洗涤，去除掉反应油气中夹带的焦粉颗粒，同时使反应油气达到饱和状态进入下个单元；反应生焦气化产生的灵活气，经余热回收后送至灵活气净化部分继续处理。

(2)分馏吸收稳定部分

经过反应油气洗涤塔洗涤的反应油气从洗涤塔顶出来后进入分馏塔。

分馏后的油气在塔顶被进一步冷却至大约40℃，然后进入后续的油气分离罐，使气相从油气分离罐顶、油相从分离罐底、水相从分离罐的脱水斗排出。分离出的粗石脑油从分离罐底部经过机泵升压进入吸收塔，分离出富气从分离罐顶部进入气压机入口，含有硫化物的水相从分离罐的脱水斗底部由富气水洗泵抽出，注入气压机出口管线的特定位置。

由分馏塔中部抽出的轻柴油馏分一路经过机泵升压送至再吸收塔作再吸收剂，另一路作为原料直接送至加氢裂化装置继续加工。

分馏塔底部抽出的轻蜡油馏分分为三路：一路作为塔底循环冲洗油返塔，洗涤反应来的油气；一路产汽后返塔，控制分馏塔抽出的温度；一路经汽提、余热回收后作为原料送至加氢裂化装置继续加工。

分馏塔底的重蜡油由塔底泵抽出后分为两路：一路返回上层塔盘作塔底回流，继续洗涤油气；一路返回至反应油气洗涤塔上部，作为回流，控制洗涤塔上部温度。

从分馏塔顶油气分离罐分离出来的富气经气压机机组进行两级升压后送入吸收塔，油气分离器泵送来的粗石脑油与稳定塔来的石脑油在吸收塔内吸收富气。

经过吸收塔吸收后的富气称为贫气，贫气自压至再吸收塔进一步吸收，其中吸收剂是轻柴油馏分，经过再吸收塔吸收后的贫气送至干气液化气精制部分进行脱硫处理。

气压机出口油气分离器底部的凝缩油由解吸塔进料泵抽出后，按照设计要求分成两路，对其中一路进行换热加热，然后根据温位高低，分别进入解吸塔的相应塔盘。两台塔底重沸器为解吸塔底提供热源，解吸出塔底油中$\leqslant C_2$组分。解吸后的油称为脱乙烷汽油，由塔底抽出，经稳定塔进料泵升压后，泵送至稳定塔进行进一步精馏。液化石油气从塔顶分离出来，冷却后进入稳定塔顶回流罐，然后经稳定塔顶回流油泵抽出，一部分作为回流重新打入塔顶，控制塔顶温度；另一部分作为液化石油气产品。稳定石脑油由塔底抽出，一部分加压送至吸收塔；另一部分作为原料送至连续重整装置继续加工。

气压机出口油气分离器脱水斗分离出来的含有硫化物的水，靠自身压力送至酸性水汽提部分进行进一步的处理。

(3)干气液化气精制部分

干气液化气精制由干气、液化气脱硫和液化气脱硫醇组成。

①干气及液化气脱硫系统

自稳定塔来的液化气送入液化气脱硫抽提塔，用来自硫回收装置浓度为25%的复合甲基二乙醇胺(MDEA)溶液进行抽提，塔顶脱硫后的液化气自压至液化气脱硫醇系统。

自吸收稳定部分来的干气，经干气分液罐分离凝缩油后进入干气脱硫塔，与MDEA溶液在塔盘上逆流接触，干气中所含的H_2S和部分CO_2被MDEA溶剂吸收，脱出硫化氢后的干气补充至工厂燃料气系统。

干气脱硫化氢塔和液化气脱硫化氢抽提塔的富液共同进入硫黄回收装置溶剂再生部分进行再生。

②液化气脱硫醇系统

脱硫后的液化气经过滤除去固体杂质，然后依次进入一级、二级硫醇抽提反应器，与碱液反应，脱除液化气中的硫醇。反应产物和碱液在沉降罐中沉降分离，碱渣间断排放至碱渣罐。

经过二级脱硫醇后，液化气进入水洗纤维液膜反应器进行水洗沉降，净化液化气自压送至气体分馏装置。

(4)灵活气净化部分

自反应-气化部分来的灵活气先经三级旋风分离器分离焦粉，之后先后经文丘里洗涤及洗涤塔喷淋洗涤，进一步除去夹带的焦粉，然后进入COS转化器，在催化剂的作用下使低热值合成气中的COS转化为H_2S。最后，采用FLEXSORB SE胺处理系统除去硫化氢，提供H_2S含量＜10ppm、总硫＜20ppm的灵活气，可作为清洁的低热值燃料在全厂使用。

(5)焦炭处理部分

该装置共有三处外排焦炭，分别为反应-气化系统抽出的床层焦，灵活气三旋排出的干焦粉，文丘里洗涤器及灵活气洗涤塔排出的浆液经汽提、浓缩和压滤后产生的湿焦粉(滤饼)。

床层焦和干焦粉分别由气力输送至床层焦料仓和干焦粉料仓，再由槽车密闭运送出装置。

湿焦粉以滤饼状态存于滤饼储存池中，再用卡车运出装置。

4.3.1.2 条件选择

灵活焦化是由裂化反应和焦炭氧化还原反应两大过程组成。根据原料性质和对产品的不同要求，通过控制气化器温度、蒸汽速率及汽化器和加热器之间的热焦循环量等参数来达到。

裂化反应主要发生两个过程：一是烃类被部分裂化，产生较轻的低分子产品；二是不饱和的及饱和的烃与沥青质、树脂一起进行聚合、缩合、脱氢和脱烷基等反应，生成焦炭和炭青质，并不断积聚。裂化反应是吸热反应，聚合和缩合反应是放热反应，但总的是吸热反应。为保证在较短停留时间内达到一定的反应温度，就必须有很高的热传导速率。灵活焦化是直接传热、不受热传递的控制，它主要受到反应动力学的制约。对于等温过程：

$$\ln\eta = A \cdot e^{-ERT} \cdot \tau$$

式中 η——转化率；

T——反应温度；

τ——反应时间；

E——活化能；

A、R——常数。

上式说明随反应温度和反应时间的增加，转化率升高，使产品中气体收率提高，其中乙烯、丙烯、甲烷的含量增加，而乙烯增加的速率比丙烯快。液体产品中石脑油、轻柴油馏分也将增加。但烯烃和芳烃含量的增加，使稳定性和裂化性降低，应考虑加氢精制。

通过选择不同馏分的循环回炼量，可以满足不同原料、不同气化率和炼厂燃料平衡所提出的要求。第一种选择是把沸点大于523℃的馏分全部回炼，则裂解的气体、石脑油等轻质产品收率较大，产生的焦炭和煤气量也较大。第二种选择是灵活焦化与常压蒸馏的结合，把沸点大于343℃的常压渣油直接送入洗涤器，无须减压蒸馏。顶部产生沸点小于510℃的直馏加裂化产品，液体收率和煤气、焦炭的产量比第一种选择高，液体产品中汽油、柴油收率自然会更高些，质量好一些。第三种选择是灵活焦化与减压蒸馏的联合，沸点大于343℃常压渣油送入洗涤器，顶部产生沸点小于496℃产品和气体，而沸点大于496℃馏分经过减压蒸馏回收沸点496～566℃的减压柴油，只有沸点大于566℃的油品才回炼，这种选择总液体收率比第二种高，投资省些，焦炭和煤气量少。第四种选择是一次通过，沸点大于523℃馏分直接抽出，液体收率最高，焦炭及煤气量最少。但为了进一步转化沸点大于523℃的产品，必须除去其中1%～2%的焦粉。

4.3.1.3 同类技术的比较

与热加工技术的代表延迟焦化相比，灵活焦化技术的优点如下所述：

(1)原料适应性

灵活焦化技术是以热焦粉作为载体提供热源，相对于延迟焦化技术，灵活焦化技术能处理的原料范围更加广泛(密度范围：API 0°～20°，康氏残炭范围：5%～40%)，而且单位加工费用与原料中杂质含量(如重金属含量、硫含量、氮含量等)的影响关系很小，面对重质原料及加工量较大的情况优势更加明显。

(2)连续性

流化焦化技术是连续生产的加工过程，进料连续进入反应系统进行反应，有效防止了延迟焦化技术中切换循环操作带来的处理量周期性波动的问题，提高了操作的安全性，在人员配置上不需除焦班，减少装置定员，降低操作费用的同时减轻了工人的劳动强度。

(3)可靠性高

灵活焦化装置机械设备较少，设备运行故障率较低，同时设备操作的压力均较低，无特殊的设备材质，大部分运行装置开工系数可以达到90%，少数可以达到95%，装置连续运行时间基本在3a以上。

(4)液收高

灵活焦化技术反应温度较高，反应压力较低，这种操作条件使液体产品收率略高于延迟焦化，气体及焦炭收率低于延迟焦化装置。

(5)解决高硫焦的出路问题

灵活焦化技术最大可以将95%的石油焦气化成低热值合成气，经过脱硫处理后可作为清洁燃料气使用，很好地解决了劣质石油焦的出路问题，剩余的5%石油焦粉中富含重金属，可作为金属资源进行回收或者卖给水泥厂做水泥原料，装置内没有焦炭储存、运输等问题，不产生销路不好的高硫焦。

(6)环境友好

灵活焦化技术全部加工过程封闭，有别于延迟焦化装置中储焦池及冷切焦系统的设置，有效减少了装置在开工及生产运行期间所造成的粉尘飞扬及空气污染，环境污染控制方面较延迟焦化装置具有很大优势。

4.3.2 重油加工工艺

对与重油和油砂沥青性质相似的渣油进行改质，首先要对其进行脱硫。近些年，在重油转化过程中，10%～30%的操作都涉及脱硫，旨在通过增加操作条件苛刻度来脱硫并获得低沸点的组分。在炼厂的发展过程中，出现了多种重油裂化工艺(包括一些使用催化剂的工艺)。这些工艺的裂化方法各不相同，裂化产物的形式与性质也不同。

4.3.2.1 Aquaconversion 工艺

Aquaconversion 工艺是一种新型的临氢减黏技术。它采用催化剂将水中的活性氢转移给原料，在此过程中，生焦反应受到了抑制，且没有分离出含沥青质的产物。这一技术最重要的部分在于它既不产生任何固体副产物(如焦炭)，也不需要氢气和高压设备。另外，Aquaconversion 工艺可以用于原油开采区域，这样就不再需要外部稀释剂和长距离的运输。

4.3.2.2 阿斯科特(ASCOT)沥青焦化技术工艺

阿斯科特技术是一种整合了延迟焦化工艺和深度溶剂脱沥青工艺(低能脱沥青，LEDA)的渣油改质工艺。在进行延迟焦化之前除去脱沥青油有两点好处：

(1)在延迟焦化过程中，脱沥青油会经热裂化反应衰减，降低了这部分作为催化裂化的原料；

(2)脱沥青油的热裂化反应会生成大量的焦。

在此工艺过程中，减压渣油升温到指定的萃取温度，然后送至萃取塔中，在塔中溶剂(直馏石脑油、焦化石脑油)向上流动并从向下流动的物料中萃取可溶物。溶剂脱沥青相离开萃取塔的顶部，流向溶剂回收系统，溶剂从脱沥青油里面分离出来，并循环到萃取塔中。脱沥青油则进入延迟焦化装置中，与来自焦化分馏塔的重质焦化瓦斯油混合，然后送至重质焦化瓦斯油汽提塔中。在汽提塔中，低沸点烃类经汽提后返回分馏塔。汽提过的、脱掉沥青的油/重质焦化瓦斯油的混合物从汽提塔底部移出。这部分在被送回界区作裂化原料之前，常用来给石脑油稳定器——再沸器提供热量。含有沥青和一些溶剂的萃余相在一定速率下从萃取塔底部流出后直接进入焦化段。

沥青和脱沥青油中所含的溶剂在分馏塔顶部的冷凝器中冷凝下来，回收之后可以作为丙烷/丁烷在吸收器中回收用的解吸油，以减少将解吸油再从石脑油稳定器中循环出来的需求。与常规延迟焦化单元相比，加入焦化加热炉和焦炭塔处的溶剂可导致沥青原料分压的显著降低。在焦化反应中，沥青处于低分压可降低生焦率并提高液收率。

无论与溶剂脱沥青还是延迟焦化相比，ASCOT 过程可显著降低副产物燃料的生成，同时该工艺还能进行调整以处理一定数量或者特定质量的裂化原料。

4.3.2.3 彻里-普(Cherry-P)工艺

这是一个将重质原油或者渣油转化为馏分油和裂化渣油的工艺过程。此工艺的主要目标是在常规减黏裂化和延迟焦化操作条件之间对重质石油渣油进行改质。虽然原料中添加了煤，但是它不作为共处理的原料，而是作为清除剂来防止反应器壁上的焦炭累积。

在混合器中将煤粉与原料混合(没有催化剂或者氢气)。经加热炉加热之后，进入反应器。在反应器中，原料发生热裂化反应，反应温度高达 400～450℃，压力为 70～290psi，停留时间为 1～5h。然后，反应器中的气体和馏分油进入分馏塔中。为了调整软化点，采用闪蒸罐和减压闪蒸罐将裂化残渣油的轻组分蒸出，并将残渣油从反应器中抽出。馏分油收率约占总进料的 44%。此收率是在使用无烟煤的情况下得到的，由煤转化成馏分油的比例可能很低，由于酚类和其他极性物质的存在，可能会在下游反应器中引起不相容反应。

4.3.2.4 脱碳工艺

热脱碳工艺的目的是降低焦炭和汽油产率，同时使柴油产率达到最大化。这部分所说的脱碳不要与本质上是溶剂脱沥青过程的丙烷脱碳相混淆。这个工艺实际上和延迟焦化是一致的，但采用的反应压力和温度更低，例如加热炉出口温度约为 485℃，焦炭塔温度约为 415℃，压力范围为 10～25psi。

4.3.2.5 ET-Ⅱ渣油热裂化工艺

ET-Ⅱ工艺是一种用来生产馏分油和裂化残渣油的热裂化过程，其中裂化残渣油可用于生产冶金用焦。该工艺适用于多种原料，例如重油、常压渣油和减压渣油。所产的馏分油(裂化油)可用作加氢裂化和流化催化裂化的原料。ET-Ⅱ工艺的基础源自尤里卡(Eureka)工艺。

在这个过程中，原料经预热器加热至 350℃后，进入分馏塔底部，与循环油和裂化油的高沸点馏分混合。循环油和原料的质量比为 0.1%～0.3%。然后，用泵将混合物输送至裂化加热炉，加热炉温度为 490～495℃。经加热的流出物进入搅拌反应器，进行深度热裂化。裂化和缩合反应都在此反应器中进行。

馏分油和气体产物与反应器顶部蒸汽一起进入分馏塔中。在分馏塔中，混合物分离成裂化轻油和减压瓦斯油、沥青两个部分。

4.3.2.6 尤里卡工艺

尤里卡工艺是利用重质渣油生产馏分油和芳香性残渣油的热裂化过程。在此工艺中，原料一般为减压渣油。原料先经预热器预热之后，进入分馏塔底部，与循环油进行混合。混合后的混合物再进入反应系统，该反应系统包括一对能够交替使用的反应器。在反应器中，通入过热蒸汽开始反应。过热蒸汽除了将裂化产物带出反应器外，还可为裂化反应提供一部分热量。反应结束后，将底部产物进行急冷。馏分油和气体产物(包括蒸汽)从反应器顶部流出，然后进入分馏塔的下端，通过清洗操作带走少量夹带的产物。上层部分是一个普通的分馏器，馏分油中的重组分作为侧线物流抽出。塔底油(沥青)可用作锅炉燃料，或用于生产氢气和一氧化碳的部分氧化原料，还可用于生产冶金用焦的黏合沥青。

通过向反应器注入蒸汽使整个过程在较低的馏分油分压下进行反应，并保持石油沥青处于均液相状态。与常规的延迟焦化不同，此过程的馏分油收率较高。该过程的原料范围广，例如常压和减压渣油、各种裂化残渣油、溶剂脱沥青的沥青产物和天然沥青。经加氢处理之后，馏分油可作为流化催化裂化或加氢裂化的原料。

最初的尤里卡工艺采用两个间歇反应器，而较新的 ET-Ⅱ工艺和 HSC 工艺都采用了连续式反应器。

4.3.2.7 流化热裂化工艺(FTC)

FTC 工艺是一种重油和渣油改质过程，在此过程中，原料经裂化后生成馏分油和焦。

原料与来自分馏塔的循环油经混合之后，注入裂化器中，然后被毛细管力迅速吸入颗粒孔道中并发生热裂化反应。由于非催化颗粒表面可保持干燥，同时具备良好的流动性，因此，能得到高产率和良好选择性的中间馏分油。分馏塔的含氢气体可用于裂化器的流化。同时，氢气的存在也抑制了颗粒表面因金属聚积而引起的结焦。裂化器中，覆盖有积碳的颗粒被送至气化炉。焦炭与蒸汽和空气在气化炉中发生反应生成一氧化碳、氢气、二氧化碳和硫化氢。经再生的热颗粒又返回至裂化器中。

4.3.2.8 高转化率反应塔式热裂化(HSC)工艺

HSC 工艺是一个具有中等转化率水平的裂化工艺，其转化率比减黏裂化高，而比焦化低。与其他热裂化工艺相比，该工艺具有较低的气体产率和较高的馏分油收率。该工艺原料适应性强，可加工高硫及高金属含量的原料，如重油、油砂沥青、渣油和减黏渣油。

在此过程中，原料经预热后进入分馏塔底部，与循环油混合。混合后的原料经加热炉进入裂化反应塔(反应塔内约为常压，塔顶和塔底注入蒸汽)。在裂化反应塔中，混合原料停留足够长的时间来完成裂化反应。另外，原料和部分产物经塔板筛孔向下流动，而蒸汽与裂化气和馏分油蒸气一起逆流经过塔板。

裂化反应塔中生成的可挥发组分进入分馏塔，在分馏塔中，馏分油经分馏得到包括重瓦斯油在内的指定产品物流。裂化气经脱硫、压缩后用作炼厂燃料气。馏分油经加氢处理后，可用作流化催化裂化或加氢裂化的原料。残渣油可用作锅炉燃料、道路沥青、焦化工业黏合剂或者部分氧化的原料。

4.3.2.9 混相裂化工艺

混相裂化(也叫液相裂化)是一种连续热裂解工艺，该工艺主要把重质原料转化为汽油馏分。在该工艺过程中，原料(煤油、瓦斯油、常压渣油甚至是原油)经快速加热后，进入反应器，然后进入分离器冷却蒸气。闪蒸塔塔顶物料经分馏形成汽油组分和循环油，闪蒸塔塔底物料作为重质燃料油。在该工艺的操作温度 400～480℃下，原料可能会大量生焦，但当压力超过 350psi 时生焦可以达到最少。

4.3.2.10 选择裂化工艺

选择裂化是一种根据不同原料组成而采用不同操作条件的热转化过程。例如，某种重油可能是在 494～515℃(920～960℉)和 300～500psi 条件下裂化；而轻瓦斯油可能是在 510～530℃和 500～700psi 条件下裂化。

每种原料都具有自身独特的性质，因此，需要选择最优化的温度和压力条件以使产品收率达到最大化。难裂化的原料需要长裂化反应时间或高裂化反应温度，而容易裂化的原料在低温条件下就可以发生裂化反应。在选择裂化反应器的组合时需要考虑这些因素。

该工艺过程减少了低沸点稳定组分在循环油中的累积量，而且降低了高沸点组分在高温裂化时的生焦量。最终的结果是，该工艺能够获得高的汽油、中间馏分油和烯烃气体收率。

4.3.2.11 壳牌(Shell)热裂化工艺

壳牌热裂化工艺是一种将高沸点原料转化为低沸点产物的热烈化工艺。在一定的反应压力和反应温度下，重油在加热炉中发生液相裂化反应，产物为渣油和馏分油产品。

该工艺过程中，原料(例如常压蒸馏装置生产的重瓦斯油或者减压蒸馏装置生产的减压瓦斯油)先进入储液罐，然后经泵送至加热炉，加热炉的典型操作条件为：温度约 490℃，压力约 290psi。在此条件下，加热炉中会发生液相热裂化反应。

4.3.2.12 特范儿-T(Tervahl-T)工艺

特范儿-T 工艺能够适应不同原料以及生产不同的目标产品。在此工艺过程中，原料经管式加热炉加热到指定温度，然后在裂化反应塔中停留一定的时间。裂化反应塔中的流出物经急冷后进入常规的稳定塔或者分馏塔，从中分离得到不同的目标产物。该过程中产生的气体可用作燃料。

与特范儿-T 工艺相比，相关的特范儿-H 工艺是一个加氢过程。该工艺过程中，利用热回收技术和火焰加热器将原料与富氢物流加热，然后该混合物流在类似特范儿-T 工艺中的裂化反应塔中进行反应。从裂化反应塔流出的油气中混有循环氢，经热分离器分离，气体冷却，然后再经下一个分离器分离，最后循环回加热炉和裂化反应塔的流出物中。从热分离器和冷分离器出来的液体进入稳定塔，分离得到净化气和合成原油。净化气可用作燃料，合成原油可进行运输或储存。

4.3.3 改进减黏裂化

4.3.3.1 延迟减黏裂化

延迟减黏裂化(Delayed Visbreaking)就是减压渣油原料在延迟减黏罐中停留一定的时间而达到黏度下降目的的一种浅度热裂化工艺技术。其工艺特点是没有加热炉，只有串联的几个上流式反应罐，反应温度低(370℃以上)，反应时间长(约 3h)。

原料油加热到 120℃左右，由原料泵抽出后进入重油加热炉加热，控制加热炉的出口温度，然后高温油气经转油线从延迟减黏塔的塔底进入塔内进行减黏(浅度热裂化)。该过程控制延迟减黏塔的塔顶出口温度和塔顶压力，其生成油气经大油气管线进入油气闪蒸分离罐进行气、液分离，来自油气闪蒸分离罐顶部的油气经冷却后进入轻油接收罐进行气、油的分离。不凝气体计量放空，并接收轻油，而来自油气闪蒸分离罐底部的闪蒸重油经调节阀排到重油接收罐中。其工艺流程如图 4.9 所示。

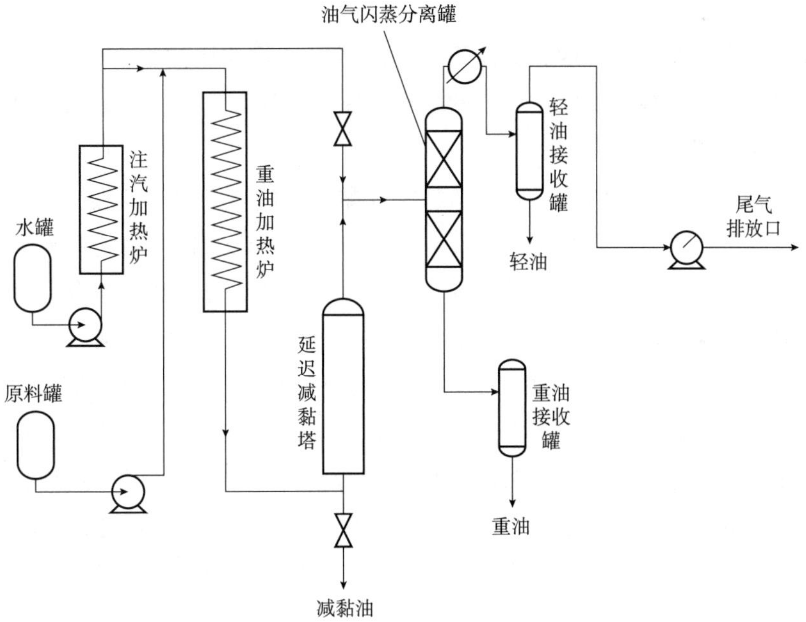

图 4.9 延迟减黏热裂化流程图

4.3.3.2 供氢减黏裂化

供氢的概念最初由 Exxon 公司于 20 世纪 70 年代提出，主要目的是克服常规煤液化时大分子芳香性自由基相互缩合导致转化率过低的问题。在渣油中加入一定量的具有供氢效果的化合物，不仅能起到与氢气存在时的同样效果，而且还可以避免氢气带来的许多不利因素。这些化合物能在热反应过程中提供活性氢自由基，从而有效地抑制自由基的缩合，提高裂化反应的苛刻度，增加中间馏分油的产量。供氢剂减黏裂化工艺就是在常规减黏裂化工艺基础上加入具有供氢效果的试剂，使反应过程中液体供氢剂释放出的活性氢与渣油热裂化反应中产生的自由基结合而生成稳定的分子，从而抑制了自由基的缩合反应。

供氢剂在供氢减黏裂化中有至关重要的作用，主要体现在三个方面：一是物理稀释，供氢减黏过程处理的物料一般都是较重馏分，而供氢剂比之密度较小，因此供氢剂的加入对原料有一定的稀释作用；二是供氢剂的加入能延长过程的生焦诱导期，提高反应苛刻度；三是供氢剂的加入能够提高生成油的稳定性。

一般常用氢化芳烃类化合物作为供氢剂对重油体系进行供氢，如四氢萘、二氢蒽、二氢菲、十氢蒽等。工业应用方面，鲁奇公司用 200～500℃ 馏分油、加拿大海湾公司用 FCC 轻馏分油、洛阳石油化工工程公司用 350～550℃ 的石油馏分分别进行了有关临氢减黏、精制沥青以及抑制加热炉结焦的研究，都取得了很好的效果。

4.3.3.3 临氢减黏裂化

临氢减黏工艺即在一定温度、氢压下对原料进行的热改质过程。由于氢气处于气态，无法与液相原料充分接触，因此，一般的临氢减黏过程都会加入一定的催化剂，使得反应更加充分有效地进行。

日本 Chiyoda 公司开发的沥青质渣油临氢减黏裂化(Vis ABC)工艺技术，是一种典型的重油临氢减黏裂化工艺，它可以在不形成干渣的情况下最大幅度地增产液体馏分油。氢气的参与可以与烃自由基结合，与供氢剂类似，阻止大分子自由基的缩合，抑制干渣的形成，从而加深裂化深度，增产中间馏分油。该工艺的缺点是受氢源限制。

Ming-Gang Yang 等人采用非酸性 NiMo 催化剂在加氢-热裂解组合工艺中对减压蜡油馏分反应过程进行了研究，发现和常规纯热裂解过程相比，新组合工艺可以抑制石脑油馏分生成和减压蜡油馏分的转化，同时增加中间馏分油的产率，该过程的中间馏分油/石脑油比也是单纯加氢过程的两倍之多。在该组合过程中，热裂解产生的芳烃自由基被加氢催化剂上形成的氢原子所加氢，生成稳定的芳烃分子，从而抑制了过裂解反应的发生。

4.3.3.4 催化减黏裂化

催化减黏裂化工艺可以分为临氢催化减黏和非临氢催化减黏两种。上述的临氢减黏工艺实际上就是临氢催化减黏过程，催化剂所起的作用就是降低氢气从气相向液相转移的难度，促进气态氢的溶解，使氢活化度更高、更易加氢，整个减黏过程效果也更好。而非临氢催化工艺是在非氢气气氛下向渣油体系加入催化剂进行减黏的过程，催化剂主要通过重新分配渣油中氢的分布来实现渣油轻质化的目的。

Mobil公司开发了一种以惰性担体为载体、以二氧化硒为催化剂的非临氢催化减黏过程，它可以将反应过程中氢的浓度大大增加，抑制生焦的效果也很明显，在相同的开工周期内大幅提高加工深度。这类可以将渣油自身氢释放出来的工艺与临氢催化减黏过程结合，效果提升明显，如IFP公司的TerrahlH工艺、美国UOP开发的Aquaconversion工艺和日本开发的HSC工艺都可以提高渣油转化率，改善产物的安定性。Phillips石油公司以钼和多酚类作分散性催化剂开发了加氢催化减黏工艺，反应产物的生焦率大幅降低，产品质量提升明显。

4.3.4 高液收延迟焦化工艺(ADCP)技术

ADCP工艺把焦化反应过程分为两个阶段：第1阶段把重油加热到370～430℃，先行发生浅度的热裂化反应，使键能较弱的大分子从链的中间断裂，以增加中间馏分油的产率，同时降低重油的黏度；第2阶段再把减黏重油加热到480～510℃进行深度的热裂化反应，因给重油的热反应多提供了约7%的热量，故提高了重油的反应深度，从而降低了干气和焦炭产率，提高了液体产品尤其是柴油馏分的产率。

经实验表明，在相同的焦化工艺条件下加工重油，ADCP工艺与常规焦化工艺相比，低附加值的气体和焦炭产率降低，而高附加值的液体产品产率提高了1.60～2.30个百分点；液体产品产率的增加主要表现在柴油馏分产率的增加上，提高了2.00个百分点以上，其趋势与茂名和安庆的减黏裂化-延迟焦化联合装置加工重油的结果相一致，但工业联合装置的效果更为明显，焦炭产率降低了2.0个百分点以上，液收提高近3.0个百分点。

4.3.5 超声波对渣油热裂化反应过程的影响

随着世界范围内原油不断趋于重质化和劣质化，重油的高效加工利用成为关注的焦点，国内外学者研究表明，超声空化作用可以有效促进渣油的裂解。超声波作为一种物理手段和工具，其波长短、能量集中，能够在化学反应介质中产生一系列接近于极端的条件，改变渣油的基本性质。Lin等人研究了在室温和常压下用超声对沥青改质后获得的较轻的沥青质产物的转化率。据了解，渣油通过超声改质的自由基机理类似于渣油的热裂解。

赵德智等人为进一步搞清超声作用对渣油物化学性质的影响以及沥青质裂化获得的焦炭形貌，在反应时间为2h，反应温度为400～440℃，超声波的功率为2000W、频率为20kHz的条件下，对比研究了常压渣油在超声波热裂化与传统热裂化条件下反应得到的气体产物组成、液体收率、反应生焦率和焦炭的形貌分析结果。

结果表明：(1)加载超声波对于热裂化反应气体产物分布基本没有影响，但超声波的作用能够加速烷烃侧链断裂、环烷烃开环反应和稠环芳烃的裂解等，宏观表现为超声波作用下渣油热裂化生成的液体轻油收率明显升高。

(2)使用超声波代替搅拌釜中的搅拌杆，可以显著减少反应釜内壁及搅拌杆上的结焦，对于减少器壁结焦有一定的促进作用。

(3)相比于传统热裂化反应，超声波辅助热裂化反应生成的焦炭颗粒变小，由块状变为互相粘连的小球状，其表面光滑，且吸附物较少。超声波作用下的热裂化反应生成的焦炭层片排列更规则，分散性更好。

4.3.6 超临界流体在重质油改质中的应用

全球对于石油资源的需要持续上涨，大量轻质油被开采利用，导致了重质油的相对产量在上升。这意味着，要想满足日益增长的轻质油需求，必须对性质低劣的重质油进行改质。而热加工改质则是目前对于重质油分子结构调控的一种高效、简易的方式。但是，因传统热加工受制于扩散对反应动力学的约束，仍存在着较大的缺陷，保证不了产品的质量和生产效率。比如，延迟焦化会造成原料油的大量浪费，造成液相产物收率低的同时还会产生大量焦。

水作为一种常见的溶剂，因其能够较好溶解多种有机物和无机盐，并且有对环境友好、廉价、资源丰富的优势，被广泛应用于各种类型化学反应中。而且值得注意的是，调节温度和压力后的水可以展现出与常态水截然不同的理化性质。当水热体系的温度和压力均超过临界点($T_c=647.3K$，$P_c=22.1MPa$，$\rho_c=320kg/m^3$)时，常态水将转变为超临界水(Supercritical Water，SCW)。当水处于超临界状态后，其与传统意义上的常态水或蒸汽有显著差异。SCW为介于气体和液体之间的一种具有特殊理化性质的中间态，不仅有着与常态水相接近的溶解能力，而且其扩散性能和黏度与气体相仿。例如，CO_2、H_2和阶等气体以及小分子有机物可以和SCW互溶。

SCW由于其出色的溶解性和扩散能力，越来越受到众多研究领域的关注。技术涉及超临界水气化、超临界水氧化、超临界水生物质等领域。

如图4.10所示。包括常减压渣油、超重原油在内的典型重油为目前热加工处理的主要原料油。这类重油的平均分子结构中多含有规模较大且复杂的稠环芳烃结构，芳环链接大量烷基、杂环侧链，最终导致其油品黏度较高且扩散性能极差，整体品质非常恶劣。一般需要将重质油升温至400℃以上，才能使得油品具有较好的流动性。其高黏度和低扩散系数带来的弊端非常明显，管道运输过程中不能直接进行油品输送，后续的热化加工处理中易造成孔道结焦现象。

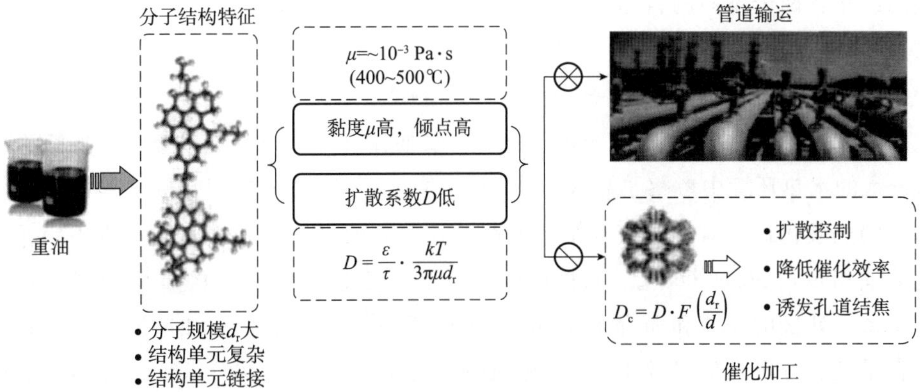

图 4.10　重质油结构特征对运输和加工的影响

4.3.6.1　超临界水重质油减黏

重质油的高黏度特性，导致其对于运输和后续加工带来严重的不便。传统重油减黏工艺的缺陷在于其液相产率低、结焦量大，会产生较大的经济损失。众多学者对重质油减黏裂化展开了研究。Liu 等通过调节水油比、水密度和反应温度对 SCW 重油减黏展开了研究。根据研究结果发现，虽然和传统 N_2 存在介质上的差异，但对于重质油裂化来说仍遵循一致的反应机理：稠环芳烃的缩合和脱烷基反应。SCW 介入重油减黏裂化后，原处于油相中的反应被转移到扩散性能良好的 SCW 相中。扩散改善后，SCW 中的反应速率得到了极大提升，稠环芳烃的缩合效应因反应时间的缩短而被抑制，最终保证了减黏裂化产物的稳定性。

4.3.6.2　超临界水介入重质油热裂化脱残炭

重质油改质中引入 SCW，通过调节水热条件可以使得整个反应体系处于不同的相态结构里，从传质扩散方面对裂化产生影响。Kishita 等研究表明，SCW 介入后通过调节水油比并不能对重油裂化产物产生明显区别。Chen 等通过红外光谱表征发现，水不直接作为氢源参与反应，而是缩合脱氢反应产生氢。众多学者认为 SCW 介入重油热裂化主要是作为惰性溶剂。由此看出，与常规裂化反应相比，超临界水重油裂化仍遵从自由基反应机理。

大致过程如下：

链的引发：一般情况下烃类中都是由所含的 C—C 键或 C—H 键的断裂而形成自由基。其过程如下：

$$R_1—R_2 \longrightarrow R_1\cdot + R_2\cdot$$

链的增长：断裂形成的自由基进攻其他新生成的自由基，然后将碳链增长。其过程如下：

$$R_1—R_3—H \longrightarrow R_1—H + R_3\cdot$$

链的终止：两个不同的自由基相互碰撞发生反应使得自由基淬灭生成一个稳定的大分子。其过程如下：

$$R_2\cdot + R_3\cdot \longrightarrow R_3—R_2$$

华东理工大学濮劲草在反应温度390℃、水油比2：1～4：1(质量)和水密度0.15～0.25g/cm^{3}的水热环境中考察了超临界水(SCW)介入的重质油热裂化脱残炭行为，并与超临界苯中的热裂化进行对比。实验结果表明，在较高的水油比和水密度条件下，重质油的热裂化从油相转入SCW相中。与油相中的热裂化相比，SCW中的重质油裂化被显著加速。由于富含残炭的胶质和沥青质在SCW中的类焦结构自组装及加速缩合结焦，从而得到残炭含量低、分子量低以及H/C比相对较高的裂化液相产物。尽管超临界苯的介入能够从扩散改善角度加速重质油的热裂化，但是重油组分缩合的加速并没有选择性。在超临界苯介质中的液相裂化产物残炭含量有所下降，但脱残炭效率不如SCW环境中的反应。为了定量残炭值与裂化产品内在性质的关系，作者运用多元回归建立了残炭值与H/C比、沥青质、四组分的定量关联。计算结果表明沥青质对于残炭的贡献最大，其次为胶质。根据随后的分子动力学模拟发现，不同结构稠环芳烃存在差异化的热裂解行为并且对残炭有不同的贡献。

4.3.6.3 超临界苯中的重质油脱残炭

相比于超临界水环境，超临界苯介入重质油热裂化使得反应体系达到均相结构，整体反应速率较大地提升。超临界苯体系可以更好地促进稠环芳烃烧基侧链断裂成小分子有机物和气态烃。但同时稠环芳烃的缩合反应也得到了加强，造成残炭组分并没有有效地降低。

综上所述，石油热裂化技术目前是以发展减黏裂化为主的，减黏裂化有着其他重油加工工艺不可替代的优点，对我国来说，与国外减黏裂化工艺应用相比，国内减黏裂化工艺应用和发展有以下不足：

(1)国内原油减压拔出率低，渣油收率约占原油的40%(质量分数)，渣油收率高，而国外渣油收率约占原油的20%。国内减黏裂化装置规模小，减黏裂化深度浅，因此有必要扩大规模，提高减黏裂化深度。

(2)国内原油大部分为含蜡原油、含蜡重油，占原油的60%～70%，它具有含氢量高而杂质少、重金属含量低、沥青质少的特点，是减黏裂化的好原料，可以大大降低馏分油品倾点和渣油黏度。

图4.11为临氢热裂化工艺、供氢热裂化工艺、临氢与供氢相结合的工艺以及临氢/供氢热裂化与其他重油加工技术的组合工艺4种类型的工艺技术方案与7个方面技术效果的功效矩阵图，通过该图可以了解近几年热裂化工艺发展的方向与该方向的工艺方案，其中增产轻质油、脱硫脱氮、抑制结焦等是热裂化发展的主要方向，而对应的工艺：临氢减黏裂化、临氢/供氢热裂化与其他重油加工技术的组合工艺等也将是重点开发的技术工艺。

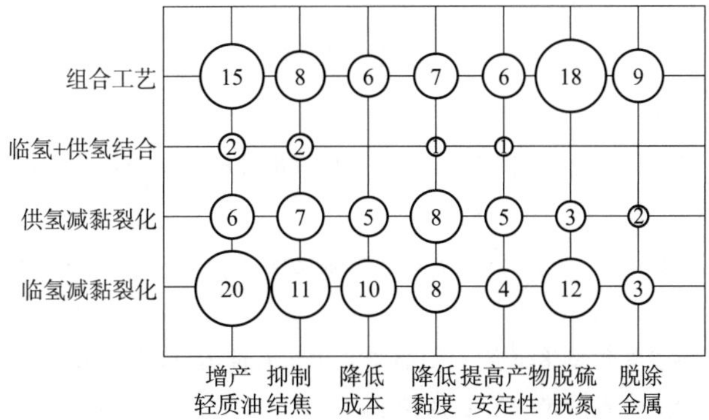

图 4.11 中国临氢/供氢热裂化专利功效矩阵图

在未来，流化焦化装置也许会发生变化，但这些变化可能很细微且更多的是关注装置内部的操作以及与其他装置之间的耦合。流化焦化工艺十分重要，因为随着重质原油需求量的快速增长，这项工艺被广泛证明其净利润与延迟焦化相当，甚至更好(液收、焦化馏分油质量和产物价值影响经济效益)。

而从炼油工业兴起以来，对炼制更多、更重原料油装置的需求已经成为一个趋势，可获得原油的密度和含硫量也会逐年缓慢上升。目前，全球石油市场会进一步确保渣油处理技术在炼厂平衡原油质量和市场需求的努力中占有重要地位。然而，悲观的市场前景和炼油前景也许还需要处理大量重质高含硫原油，以及对于运输燃料油的狂热需求。

大量可行的热技术可用于加工这些劣质原油。而其中主要的改质工艺包括延迟焦化、流化焦化以及灵活焦化。在特定的领域要采用何种技术取决于对原油的选择、市场表现以及环保要求和技术投资的经济效益等因素。

从环保角度来看，高硫焦的需求不断降低意味着采用气化的方法将这类焦转化为炼厂可用的燃料和合成气是未来炼厂唯一经济环保的工艺选择，并且灵活焦化会成为一种更普遍的选择。此外，当焦炭残渣(质量较差的焦炭)和生物原料成为气化装置的主要原料时，灵活焦化的应用率很有可能大幅度上升。

气化是一种热处理工艺，在此过程中，原料经转化(通过部分氧化)生成含碳气体，并最终生成合成气(主要成分是氢气和一氧化碳)。由多种化石燃料和生物原料制得的合成气可以用来生产氢气、产生蒸汽或发电等，并且，它将会成为生产运输燃料(通过费托合成过程)和石油化工产品的基础原料。

总而言之，渣油转化的工艺(如减黏裂化和焦化技术)仍需要改善。在重油和沥青的开采现场或附近降低原油黏度也是未来热转化技术发展的一部分。这种方式提高了原油质量以便于运输，并打开了原油的销售市场。减黏裂化也可被看作一种转化过程而不仅仅是生产合格燃料油工艺。焦化工艺可以通过减少焦化气体及焦形成来获得改善。如果可以生产高附加值的产品，这两种工艺都是有价值的。

参考文献

[1]迟春红，张道光，严易明．浅析减粘裂化工艺应用与技术发展[J]．石油化工设计，2010，27(2)：25-27+5.

[2]陈远庆，王泽爱，黄小珠，等．减压渣油延迟减黏裂化中试研究[J]．炼油技术与工程，2022，52(2)：33-35+40.

[3]郭磊．劣质渣油临氢供氢减黏裂化研究[D]．青岛：中国石油大学(华东)，2014.

[4]杜鹃．减粘裂化技术的改进和应用[J]．石油化工应用，2007(2)：32-36.

[5]牛承祥，宋彬，徐典宏．重油临氢/供氢热裂化技术中国专利总览[J]．现代化工，2021，41(9)：11-16.

[6]刘庆坤．重质油在超临界水中的热裂化行为及动力学研究[D]．上海：华东理工大学，2017.

[7]沐俊，沐利彬．劣质重质稠油改质工艺技术进展[J]．炼油与化工，2015，26(5)：1-5.

[8]李培元，韩克江，倪泽南，等．重油减黏热裂化工艺研究进展[J]．化学与粘合，2015，37(3)：218-221.

[9]吉顺峰．重油中氢气溶解规律及临氢热改质机制研究[D]．青岛：中国石油大学(华东)，2015.

[10]景晓东．"热裂化——过热水蒸汽直接加热裂解"两步法回收废聚烯烃的研究[D]．北京：中国科学院大学，2015.

[11]王齐．劣质超重油供氢热转化基础研究[D]．青岛：中国石油大学(华东)，2014.

[12]杨永佳．重油临氢热裂化过程中沥青质转化规律初步研究[D]．石油化工科学研究院，2013.

[13]汪强强．延迟焦化在炼油工业中的技术优势及进展[J]．科技资讯，2020，18(10)：1+3.

[14]李雪静，乔明，魏寿祥，等．劣质重油加工技术进展与发展趋势[J]．石化技术与应用，2019，37(1)：1-8.

[15]李振芳．油砂沥青供氢减黏裂化改质研究[D]．青岛：中国石油大学(华东)，2017.

[16]韩海波，王洪彬，宋业恒，等．高液收延迟焦化工艺(ADCP)技术开发[J]．石化技术，2018，25(4)：241-245.

[17]王宗贤，劣质超重油供氢热裂化技术[D]．北京：中国石油大学(北京)，2011：12-15.

[18]亓玉台，谢传欣，李会鹏，等．减粘裂化工艺技术及其进展[J]．炼油设计，2000(10)：1-6.

[19]张建忠．重油加工技术的新进展及发展趋势[J]．国际石油经济，2005(12)：44-48+67.

[20]赵加民，袁迎，梁朝林，等．高温煤焦油深度热裂化研究[J]．广东石油化工学院学报，2016，26(1)：1-3.

[21]李永存．流化热裂化工艺[J]．石油炼制与化工，1993(1)：66-67.

[22]佟姝晖，李勃．渣油热裂化工艺的开发[J]．石油炼制与化工，1990(7)：29-34.

[23]孔振伟．高温煤焦油临氢催化热裂化反应性能研究[D]．青岛：中国石油大学(华东)，2017.

[24]叶宗君．催化裂化和热裂化反应特征产物及其生成途径的探索研究[D]．石油化工科学研究院，2006.

[25]王亚新，祁军，张龙．我国流态化焦化技术研究进展[J]．当代化工，2012，41(5)：512-515.

[26]吴琼，申云生，马海燕，等．一种重质油灵活焦化加工技术[J]．当代化工，2018，47(8)：1729-1731.

[27]晁可绳．一种重油加工新方法——灵活焦化[J]．石油炼制与化工，1980(8)：33-38+65.

[28]宋海朋．大港减渣梯级分离耦合流化热转化工艺基础研究[D]. 北京：中国石油大学(北京)，2018.
[29]王翀，赵德智，宋官龙，等．超声波作用下渣油临氢热裂化反应机理[J]. 辽宁石油化工大学学报，2018，38(2)：9－12.
[30]张婷婷，陈学峰，申海平，等．超临界水在重油加工中的研究进展[J]. 化工进展，2019，38(S1)：77－85.
[31]杨天华，张轩，常方圆．饱和分对渣油临氢热裂化反应结焦的影响[J]. 石油化工，2020，49(5)：447－452.
[32]Liu J，Xing Y，Chen Y X，et al. Visbreaking of Heavy Oil under Supercritical Water Environment [J]. Industrial & engineering chemistry process design and development，2018.
[33]None. Upgrading of bitumen by hydrothermalvisbreaking in supercritical water with alkali：Kishita，A. et al. [J]. Journal of the Japan Petroleum Institute，2003，46，(4)，215－221.
[34]Cheng Z M，Yong D，Zhao L Q，et al. Effects of Supercritical Water in Vacuum Residue Upgrading [J]. Energy & Fuels，2009，23(3)：3178－3183.
[35]濮劲草．超临界水介入重质油热裂化脱残炭[D]. 上海：华东理工大学，2020.
[36]赵德智，张志伟，刘美，等．超声波作用对于渣油热裂化反应过程中产物性能的影响[J]. 石油学报(石油加工)，2017，33(3)：7.
[37]Lin J R，Yen T F. An upgrading process through cavitation and surfactant[J]. Energy & Fuels，2002，7(1).
[38]万武洋．日本渣油流化热裂化新技术简介[J]. 石油炼制，1991(3)：3.
[39]周莹．油砂沥青供氢热裂化降黏改质研究[D]. 青岛：中国石油大学(华东)，2015.
[40]冯娜，刘芳．重油热裂化及气化工艺研究[C]//第十三届全国粉体工程及矿产资源高效开发利用研讨会论文专辑，2007：186－188＋27.
[41]谢传欣，亓玉台，孙大勇，等．减粘裂化工艺技术及进展(Ⅰ)——减粘裂化反应器及工艺[J]. 抚顺石油学院学报，2000(1)：2－7＋21.
[42]谢传欣，亓玉台，孙大勇，等．减粘裂化工艺技术及进展(Ⅱ)——减粘裂化工艺进展及发展趋势[J]. 抚顺石油学院学报，2000(2)：3－8.
[43]James G. Speight. 未来炼厂[M]. 北京：石油工业出版社，2016.

第 5 章　催化裂化

5.1　流化床的发展历程及当前应用场景

5.1.1　流化床介绍

将固体颗粒均匀地堆在有开孔底的容器内，形成一床层，若流体自上而下通过，颗粒并不运动，此种床层成为固体床；若流体自上而下通过床层，低流速时，情况与固体床无异，流速加大则颗粒便活动使床层膨胀，流速进一步加大时，颗粒会彼此离开而在流体中活动，流速愈大，则活动愈剧烈，并在床层内各处各方向运动。最后一种情况称为固体流化态，流化态后颗粒床层称为流化床。将其运用到实际生产生活中的技术就是流化床技术。

在床层内的流体和颗粒两相运动中，由于流速、流体与颗粒的密度差、颗粒粒径及床层尺寸的不同，可呈现出不同的流化状态，但主要分为散式流化态与聚式流化态两类。

(1)散式流化态

颗粒均匀地分布在整个流化床内且随着流速增加床层均匀膨胀，床内孔隙率均匀增加，床层上界面平稳，压降稳定、波动很小。因此，散式流化态是较理想的流化状态。一般流-固两相密度差较小的体系呈现散式流态化特征，如液-固流化床。

(2)聚式流化态

颗粒在床层的分布不均匀，床层呈现两相结构：一相是颗粒浓度与空隙率分布较为均匀且接近初始流态化状态的连续相，称为乳化相；另一相则是以气泡形式夹带少量颗粒穿过床层向上运动的不连续的气泡相，因此又称为鼓泡流态化。

聚式流态化出现在流-固密度差较大的体系，如气-固流化床。在聚式流态化中，超过初始流化所需的大量气体聚并成气泡上升，在床面上破裂而将颗粒向床面以上空间抛送。这不仅造成床层界面的较大起伏、压降的波动；更大的不利是以气泡的形式快速通过床层的气体与颗粒接触甚少，而乳化相中的气体因流速低，与颗粒接触时间太长，由此造成了气-固接触不均匀。

①鼓泡床：在流化床中床面以下的部分称密相床，床面以上的部分称稀相床，密相床中形如水沸，故称作鼓泡床。

②湍流床：随着气速的加大，流化床中的湍动程度也跟着加剧，故叫湍流床。

③快速床：气速一旦超过了颗粒的带出速度，粒子就会被气流所带走，故称为快速床。

流化床工艺目前主要有三种类型：顶喷、底喷、旋转切线喷(见图 5.1)。由于设备构造不同，物料流化状态也不相同。采用不同工艺，包衣质量和制剂释放特性可能有所区别。

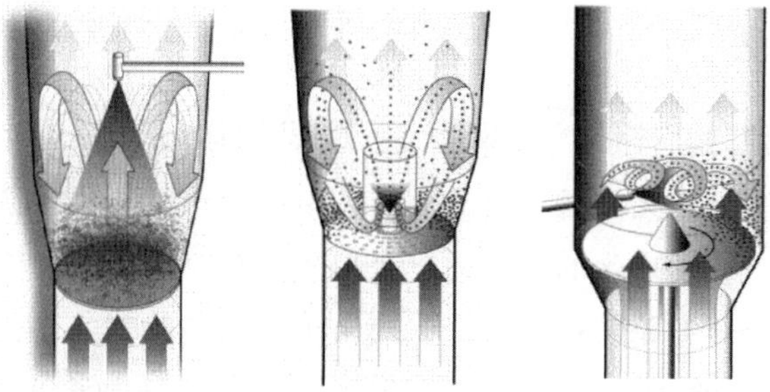

图 5.1　三种流化床类型示意图

原则上为了使衣膜均匀连续，每种工艺都应尽量减少包衣液滴的行程，即液滴从喷枪出口到底物表面的距离，以减少热空气对液滴产生的喷雾干燥作用，使包衣液到达底物表面时，基本保持其原有的特性，浓度和黏度没有明显增加，以保证在底物表面理想地铺展成膜特性，形成均匀、连续的衣膜。

5.1.1.1　底喷工艺

又称为 Wurster 系统，是流化床包衣的主要应用形式，已广泛应用于微丸、颗粒，甚至粒径小于 50μm 粉末的包衣。

底喷装置的物料槽中央有一个隔圈，底部有一块开有很多圆形小孔的空气分配盘，由于隔圈内/外对应部分的底盘开孔率不同，因此形成隔圈内/外的不同进风气流强度，使颗粒形成在隔圈内外有规则的循环运动。喷枪安装在隔圈内部，喷液方向与物料的运动方向相同，因此隔圈内是主要包衣区域，隔圈外则是主要干燥区域。颗粒每隔几秒钟通过一次包衣区域，完成一次包衣—干燥循环。所有颗粒经过包衣区域的概率相似，因此形成的衣膜均匀致密。

实验和中试型设备(空气分配底盘直径大至 18in)使用一个隔圈和喷枪，形成一个包衣区域。大生产设备(空气分配底盘直径大至 46in)增加隔圈和喷枪数量，扩大包衣区域以提高生产效率。

Wurster HS 是底喷工艺的一项新技术，对传统 Wurster 喷枪系统进行了一些改进，使颗粒避免接触到喷嘴局部还未充分雾化的包衣液滴，和喷嘴局部由于雾化压力产生的负压区域，因此颗粒产生黏结的概率大大降低。

与传统 Wurster 系统相比，Wurster HS 系统中：

(1)喷液速率提高 3～4 倍，每个喷枪可达 500～600g/min，因而充分利用了流化床的干燥效率，缩短生产周期；

(2)喷枪可以使用较高的雾化压力，以形成非常小的雾化液滴，满足对小于 100μm 颗粒的包衣需求；

(3)颗粒避免接触喷嘴局部的压缩空气高速区域，减少包衣初期的表面磨损，有利于保持恒定的比表面积。

5.1.1.2 切线喷工艺

切线喷装置物料槽为圆柱形，底部带有一个可调速的转盘。转盘和槽壁之间有一间隙，可通过进风气流。间隙大小通过转盘高度调节，以改变进风气流线速度。颗粒由于受到三个力的作用：转盘转动产生的离心力、进风气流推动力、颗粒自身重力，因而呈螺旋状离心运动状态。喷枪装在物料槽侧壁上，喷液方向沿着物料运动的切线方向。

实验型设备(转盘直径大至 0.5m)一般用单喷枪，中试和大生产设备(转盘直径大至 2m)一般采用 2～6 个喷枪。

切线喷技术与底喷技术具有可比性，有三个相同的物理特点：

(1)同向喷液，喷枪包埋在物料内，包衣液滴的行程短；

(2)颗粒经过包衣区域的概率均等；

(3)包衣区域内颗粒高度密集，喷液损失小。

由于这些特性，切线喷形成的衣膜质量较好，与底喷形成的衣膜质量相当，可适用于水性或有机溶剂包衣工艺。

5.1.1.3 顶喷工艺

顶喷工艺用于制粒已有 50 多年历史，近 30 年在包衣上应用也很广泛，主要用于水性的胃溶或肠溶包衣，一般不用于缓控释。

顶喷装置中颗粒受进风气流推动，从物料槽中加速运动经过包衣区域，喷枪喷液方向与颗粒运动方向相反。经过包衣区域后颗粒进入扩展室，扩展室直径比物料槽直径大，因此气流线速度减弱，颗粒受重力作用又回落到物料槽内。

与底喷和切线喷相比，顶喷的包衣效果相对较差，原因是：颗粒流化运动状态相对不规则，因此少量的颗粒黏结常常不可避免，特别是对于粒径小的颗粒。

逆向喷液方式，包衣喷液与颗粒运动方向相反，因此包衣液从喷枪出口到颗粒表面的距离相对增加，进风热空气对液滴介质产生挥发作用，可能影响液滴黏度和铺展成膜特性，工艺控制不好甚至会造成包衣液的大量喷雾干燥现象，因此应尽量不采用顶喷工艺用于有机溶液包衣。

但顶喷工艺极适用于热熔融包衣，该工艺采用蜡类或酯类材料在熔融状态下进行包衣，不使用溶剂，特点是生产周期非常短，很适合包衣量比较大的品种和工艺。

热熔融包衣要形成高质量的衣膜，包衣过程必须保持物料温度接近于包衣液的凝固点。包衣液管道和雾化压缩空气必须采取加热保温措施，以防止包衣液遇冷凝结。有报道采用熔点为69～74℃的Compritol 888包衣制备控释8h的茶碱微丸，亦有报道采用熔点为61～65℃的白色蜂蜡包衣制备氯化钾缓释颗粒。

5.1.2 流化床的发展历程

流态化(Fluidization)是指固体颗粒被上升的气体或液体所悬浮时，固体颗粒被赋予流体特性的一种物理现象，也称为流化。流态化作为一门具有科学内涵的学科，始于20世纪中期，以Wilhelm和Kwauk(郭慕孙)于1948年在*Chemical Engineering Progress*上发表的题为“Fluidization of solid particles”的文章为代表，随后于1950年才初次出现于Brown编写的化工教科书中。但是在尚无流态化命题的情况下，应用流态化技术的生活活动(如淘米)和生产活动(如扬谷)早已存在，且无法追溯其创始人或创始时代。西方学者经常引用1556年德国学者Agricolae的专著*De Re Metallica Libri*(见图5.2)中的一张手工淘汰选矿图(见图5.3)，作为最早应用流态化技术的证据。

图5.2 *De Re Metallica Libri* 拉丁文的封面

图5.3 手工淘汰选矿图

在我国，明代的宋应星把科技生产作为自己著作的主要内容，于1637年写成了我国传世名著《天工开物》。他在该名著的第四卷描述了农民用风力将谷秕、麦秕和稻秕吹走，留下小米粒、麦粒和稻粒的流态化分选过程，称为“扬簸”(见图5.4)，在第十四卷描述了工人用水淘洗铁砂，将较轻的脉石洗掉，留下精铁矿的流态化分选过程，称为“淘洗”(见图5.5)，这是我国最早应用流态化技术的证据。

图 5.4 《天工开物》第四卷“粹精”中谷物除秕的流态化风选法

图 5.5 《天工开物》第十四卷“五金”中从铁砂中精选铁矿的流态化淘洗法

近代以来，Wilhelm 和 Kwauk 首次提出散式和聚式两种不同类型的流态化现象。早期的流态化理论以研究散式流态化为主，Richardson 和 Zaki 提出了著名的散式流态化床层膨胀的公式，随后 Kwauk 将该公式中的气体速度(简称气速)用气固相对滑移速度取代，使其适用于颗粒有进有出的散式流态化体系，从而形成“广义流态化理论”。由于气泡的存在，气固接触效率差，降低了传质、传热及反应速率。西方学者将重点放在研究气泡的形成与长大规律上，建立了各种鼓泡流化床(简称鼓泡床)数学模型，并根据不同粒度与密度的颗粒所表现出来的不同流态化行为，将颗粒划分为 A、B、C、D 四类，即著名的 Geldart 分类。我国 Kwauk 则着重寻求无气泡的流型，在稀相流态化、快速流态化、浅床流态化三种条件下实现了无气泡气固接触，提出了著名的 Li-Kwauk 快速流化床(简称快速床)模型。然而，快速流化床中虽无气泡，但仍有大量颗粒絮团存在，鼓泡流化床中的气泡依然存在。后来，人们发现在鼓泡流态化与快速流态化之间还存在一个过渡状态，称为湍动流态化。湍动流态化处于相转移的状态，此时颗粒絮团即将形成，气泡即将消失，絮团和气泡的尺寸都较小，是一种较理想的气固两相接触状态。在流态化学科的发展史上，出现了许多有影响力的著作，如在理论方面有 Davidson 和 Harrison 的 *Fluidization*、Kwauk 的 *Flu-idization*：*Idealized and Bubbleless*，*with Applications*，在工程应用方面有 Kunii 和 Levenspiel 的 *Fluidization Engineering*、Jin 等的 *Fluidization Engineering Principles*。

将流态化技术引进现代过程工业，以煤的气化和石油的催化裂化最具代表性。最早的粉煤流态化气化炉由德国 Winkler 于 20 世纪 20 年代初期发明。第一台试生产炉于 1925 年由德国 Ludwigshafen 的 BASF 公司建造，其内径 2m，高 13m，产气约 2000m^3/h。在第二次世界大战时期，德国用 Winkler 炉气化活性高的劣质褐煤(Braunkohle)，用所产的合成气制造液体燃料。1944 年，这种"人造油"年产 500 万 t。Nowacki 统计了自其出现到 20 世纪 80 年代初，共有 63 台。Winkler 气化炉建于世界各国的 22 个工厂中。80 年代，美国研究出煤的灰熔聚(U-GAS)流态化气化炉工艺后，90 年代，我国上海焦化厂进口了 8 台U-GAS气化炉，但操作一直不正常。中国科学院山西煤炭化学研究所长期从事煤的气化研究，所采用的方案类似 U-GAS；80 年代我国山东引进了喷入水煤浆并在高压高温下部分氧化煤的 Texaco 工艺，作为合成氨的气头。

与鼓泡液态化比较，快速流态化具有以下优点：由于气速高，设备的断面积小，占地少；由于气速高又无气泡，气固接触良好，适用于化学反应快、传质控制为主的工艺；由于快速流态化要求不断从下部与气体一起加入固体以达到提高床内固体浓度的目的，一般需要一个外循环系统，称为循环流态化系统。

流化床燃烧技术由于可以燃用各种燃料尤其是劣质燃料，加上其低污染物排放特性，20 世纪 60 年代以来得到了迅速的发展。根据《2009～2010 颗粒学学科发展报告》，进入 21 世纪以来，我国研究人员在流化床燃烧与气化领域进行了积极的探索，使流化床技术在这一领域的应用取得了重大的进展。

流化床燃烧设备一般由布风装置、燃烧室、飞灰分离收集装置和返回装置组成，部分循环流化床锅炉外部还带有热交换器。在流化床锅炉运行过程中，大颗粒在燃烧室的下部，小颗粒在燃烧室的上部。根据流化床的发展历程，流化床燃烧技术可分为鼓泡流化床和循环流化床。在燃料的适应性、燃烧效率等方面，循环流化床燃烧技术比鼓泡流化床向前推进一步，在钙硫比为 2 左右时可达到 85％～90％的脱硫效率，对环境保护极为有利。以电站用循环流化床直流锅炉为例简述其基本的工作过程，燃料煤由煤场经运煤系统进入燃料储存仓，由燃料储存仓进入磨煤机，煤被磨煤机加工成粒度小于 6mm 的煤粒后被风吹入炉膛。为保护环境，减少硫化物的排放，需同时将石灰石加入炉膛(一般为保证脱硫效果将炉内的温度控制在 850℃左右)。进入煤粒燃烧反应过程，燃烧过程中，大量颗粒因气流的作用离开炉膛进入旋风分离器，燃烧不完全的燃料颗粒和大颗粒在分离器的作用下被分离出来，重新送回到锅炉炉膛或经外置式换热器再重新进入炉膛。经旋风分离器分离出来的烟气沿烟管进入尾部烟道与布置在尾部烟道的过热器、省煤器、空气预热器中的工质进行充分的换热，再经过除尘装置除尘(烟气达到国家规定的控制标准)，在引风机的作用下排入大气环境中。

21 世纪初，循环流化床(简称循环床)锅炉技术快速地往大型化和高参数方向发展。我国大容量循环流化床锅炉的自主研发也得到快速发展，东方锅炉股份有限公司自主研发的 300MW 燃煤循环流化床锅炉率先于 2008 年底在广东梅州市梅县区荷树园电厂投入运行，而哈尔滨锅炉厂有限责任公司与西安热工研究院有限公司合作开发的 330MW 循环流化床锅炉也于 2009 年在江西分宜发电厂投入运行。

超临界循环流化床锅炉将是循环流化床燃烧技术的下一步发展方向。超临界循环流化床锅炉结合超临界锅炉和循环流化床锅炉两者的技术优势，具有运行效率高、煤耗低、污染物排放少等优点。结合我国以煤为主的能源结构和复杂多变的煤质特性，超临界循环流化床锅炉在我国将有较大的应用前景。Foster Wheeler 公司在波兰 Lagisza 电厂建设的当时世界上容量最大的 460MW 超临界循环流化床锅炉于 2009 年投入商业运行。浙江大学在 2002 年就率先开展了 600MW 超临界循环流化床锅炉的方案研究。我国的研究机构和锅炉厂家在科技部和国家发展改革委的组织下合作进行了 600MW 超临界循环流化床锅炉的研究与开发。

5.1.3 流化床的应用

5.1.3.1 流化床在催化裂化中的应用

流体处于完全返混状态，更有利于传质传热。由于催化剂与反应物一起运动，可以使反应物与催化剂更充分地接触，获得转化率更高、品质更稳定的产物。但是由于催化剂与反应物一起运动，反应后需要将催化剂分离，一般采用旋风分离机，所以催化剂不可避免会有所损失，也会造成粉尘污染。而且催化剂与流体一起运动，会不断发生碰撞，会造成催化剂的磨损。由于催化剂处于悬浮状态，所以催化剂的粒径要合适。总体上来讲，流化床的设计难度较大。

流态化在石油催化裂化中的应用主要基于美国石油公司的科技开发工作。陈俊武和曹汉昌、Jahnig 等、Squires 等对其历史发展都有论述。原油蒸馏能回收的汽油不到原油的 20%。20 世纪初，法国工程师 Houdry 从多种催化剂中选出酸性白土用于石油的催化裂化，并用空气烧掉催化反应时在催化剂上沉积的焦炭，使之再生，重复使用，并于 1936 年在 Paulsboro 建造了工厂。1938 年，八家公司(Jersey、Kellogg、I. G. Farben、Standard of Indiana、Anglo-Iranian、Texas、UOP 和 Dutch/Shell)联合组建了 CRA(Catalytic Research Associates)公司，会集了近千名专业人员，进行粉料流化催化裂化(Fluid Catalytic Cracking，FCC)工艺的实验研究。第一个流化催化裂化装置(SODI 型)建于 Baton Rouge，其气速并不高，在 0.4m/s 左右，因此该装置为鼓泡床操作。该装置于 1942 年投产，产量为 13000 桶/d。随后又有改进的 SOD Ⅱ型、SOD Ⅲ型和 SOD Ⅳ型。这些改进在很大程度上基于降低高度、简化催化剂输送的原则，均属于鼓泡流态化。我国于 20 世纪 60 年代初在抚顺建立了第一套流化催化裂化装置，随后发展迅速，特别是再生器设计。流化催化裂化是巨型流态化工艺和工程的标志，许多采用流态化技术的其他工艺在很大程度上参考了石油的催化裂化。

20 世纪 60 年代末、70 年代初，催化剂改用活性高很多的沸石，Kellogg 公司首先将再生后催化剂的提升管用作催化裂化反应器，将石油引入其下端，实现了提升和反应的一体化。提升管中的气固流动属不具气泡的快速流态化。这种提升管催化裂化设计一直沿用至今，而且催化剂的再生也逐步采用了快速流态化。我国的洛阳石化公司在这方面开发了多种设计。

根据《2009～2010 颗粒学学科发展报告》，由于催化裂化原料的不断重质化和劣质化，再加上日益严格的环保要求，这就要求催化裂化装置以更差的原料生产出更加清洁的轻质油品。催化裂化的另一个发展方向是走炼油与化工一体化路线，生产以低碳烯烃为主的石油化工原料。这些新的发展方向对催化裂化技术提出了新的挑战，不仅要求开发出与之相适应的新型催化剂和工艺技术，而且需要开发出配套的流态化工程技术。围绕上述发展方向，我国广大科研人员努力创新，以流态化技术为基础，在催化裂化工艺技术和装备技术两方面取得了重大进展，形成了一系列具有自主知识产权的新技术，如两段提升管催化裂化(Two-Stage-Riser FCC，TSRFCC)技术、辅助反应器汽油改质降烯烃技术、多产异构烷烃的催化裂化工艺(Maximizing Iso-Paraffins，MIP)技术、灵活多效催化裂化(Flexible Double FCC，FDFCC)技术等。另外，下行床炼油技术也于 2003 年在国际上第一次成功通过了年生产能力 15 万 t 原油的工业示范。

5.1.3.2 流化床在制药过程中的应用

流化床反应器技术可以在药物制造过程中发挥巨大作用。流化床技术可以应用于浸膏干燥、制粒、包衣等。流化床喷雾包衣设备，国内外已有许多厂家生产，如德国、瑞士等。应用流化床喷雾包衣装置可以制作缓释微丸等。中药的提取过程是一个典型的流化床工艺过程。无论是传统的多功能提取过程还是现代提取新技术过程，为了强化和完善这些过程的技术及装置，需要从流态化和传递角度，运用相关的理论进行分析和研究。例如，对于液-固冷浸工艺，为了加快提取速度，缩短提取时间，可以通过适当减小中药饮片的粒度，或者使颗粒与提取溶媒之间形成相对运动，强化液-固提取传质过程，使在饮片中的有效成分快速溶出等。

许多中药制剂过程涉及流化床反应器技术科学问题。在中药和天然药物的细胞、组织等培养过程中，应用的生物反应器，多是液-固两相或气-液-固三相流化床装置。药物制造过程产生的“三废”治理和资源化过程，例如，制药废水处理过程，同样会涉及颗粒流态化技术及理论。药物的超微粉碎过程以及其他各种和颗粒有关的制剂过程，都有可能涉及颗粒流态化问题。图 5.6 是一个流化床喷雾制粒工艺的装置流程图。

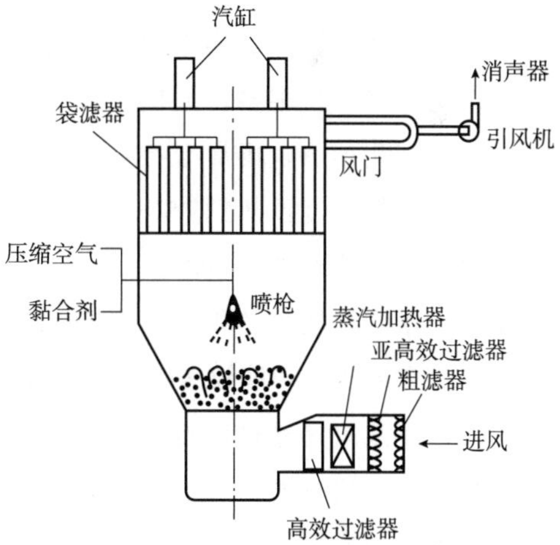

图 5.6 流化床喷雾制粒工艺的装置流程图

5.1.3.3 流化床在固相加工过程中的应用

德国的 Reh 先后开发了将氢氧化铝煅烧成氧化铝的循环流态化工艺、煅烧水泥上游的循环床预分解工艺、加热融盐工艺中的循环流态化燃烧、电解铝工艺中的循环流态化除氟等。我国 Kwauk 成功将流态化技术应用于贫铁矿的磁化焙烧，在流态化焙烧炉中将三氧化二铁焙烧成磁性的四氧化三铁，进一步经磁选技术将贫铁矿富集。我国 Wang(王尊孝)也成功将流态化技术应用于萘氧化制苯酐。他提出“三高(高气速、高床层、高萘氧比)一挡(多层横向挡板)两循环(颗粒的内循环和外循环)”的流化床设计与操作理念，大大强化了流化床反应器的操作，生产能力大幅提高。

5.1.3.4 流化床在金属热加工过程中的应用

流动粒子炉是近几十年发展起来的一种金属加热新技术，是流化床技术在金属加热与冷却过程中的具体应用，特别是近年来受到广泛的重视。流动粒子炉在美国、日本、英国、德国、法国、苏联等工业发达国家有较快的发展，在机械行业有较多的研究和应用。我国流动粒子热处理炉的研究工作开始于 20 世纪 60 年代初，鼎盛于 70 年代，也成功地研制了一些石墨粒子流动粒子电炉、代替盐浴炉等，但应用不十分广泛。总之，我国的流动粒子炉研究偏重于理论，应用却很少。

在金属制品行业也有用于钢丝等温淬火流动粒子炉的研制，但在实际应用中遇到很多问题而不幸夭折。随着国外流动粒子炉迅速发展，金属制品行业也有越来越多的粒子炉炉型用于钢丝的退火、淬火以及热扩散。目前，国内不少厂家引进国外明火加热炉、流动粒子炉等热处理设备，其中，流动粒子炉多为淬火、退火及热扩散流化床，实际应用效果也不错。

流动粒子炉在性能上比明火炉还要优越。由于砂子的均匀沸腾和剧烈传热，钢丝加热速度比明火炉还要快，加热均匀化程度更高，钢丝奥氏体化晶粒细小，通条性好。从投资上比进口明火炉要少很多，大概是其 1/3 到 1/4。流动粒子炉由于传热快，炉膛温度无须设定很高来强化加热，再加上特殊的结构设计使得出炉烟气温度也只有 700～800℃，经过换热器后将空气温度预热到 350～500℃，再进入炉内参与燃烧和沸腾，从而提高了炉子热效率，达到了节能降耗的目的。

控制技术的发展也使得粒子炉的应用有了更为可靠的保证。控制系统主要是由计算机、PLC、变频器、智能仪表、手操器、PT 模块、传感器、伺服放大器以及执行单元等组成的。控制系统是通过串行通信的集散系统，其设计主要是完成数据采集、数据显示、炉温控制、与上位机通信、数据库管理、各种事故检测与报警等功能。上位机可以采用触摸式计算机，组态软件也是先进的企业版，它具有动态流程画面、实时曲线、历史曲线、历史报警记录、生产报表管理、历史数据备份等功能任意组态。通过控制参数的调整，避免了炉子的滞后和惯性，控制精度较高，保证了产品热处理工艺要求。

流动粒子低温炉的应用更是前景广阔。随着我国环境保护法的出台，钢丝的铅浴处理设备由于铅的污染以及钢丝淬火处理时，铅锅入口段温度过热区等问题，寻求其他解决途径越来越引起企业的重视。

由于粒子材料属于无毒、无味、无害的材料，不会造成环境污染，对人体也不会产生损害；粒子利用自身风冷或水冷以及燃料燃烧产生热量控制流化场的温度，其温度可控范围较宽，同时通过分区采用不同的控制方法，将钢丝带入的热量产生的“过热区”彻底消除，加快钢丝奥氏体化的冷却速度；同时也不用考虑钢丝挂铅问题，经过粒子炉处理的钢丝表面相对洁净，更适合后续镀层等的生产。我国金属制品行业热处理设备简陋、能耗高，这几年随着产品质量的不断提高，对热处理设备的要求也越来越高。目前，我国自行研制的技术含量高的炉型还不太多，引进炉型大多是配套生产线的，其造价较高。国内一些企业自行开发研制一些具有先进工艺、先进技术的热处理设备进行升级换代，流化床技术势将得到越来越多的应用。

5.1.3.5 流化床在废气处理中的应用

流化床作为一种良好的反应器类型，可实现光对催化剂颗粒的连续照射，通过调节床层的膨胀率即可提高光的透射率。流化床具有传热、传质效率高和易实现连续化大规模操作等优点，已引起人们的注意。Alexander 等使用固定床和振动流化床对丙酮进行光催化降解研究，发现流化床可提高光催化剂的活性，而且降解效率高于固定床。流态化光催化技术也可用于处理含 NO_x 的废气，处理效果也较为理想。Tak Hyoung Lim 等进行纳米 TiO_2 流态化光催化 NO_x 的研究，结果表明，NO_x 的去除率与催化剂的比表面积成比例，催化剂的粒径越小，NO_x 的去除率越高。图 5.7 是一个气、固流化床光催化降解甲苯工艺流程图。

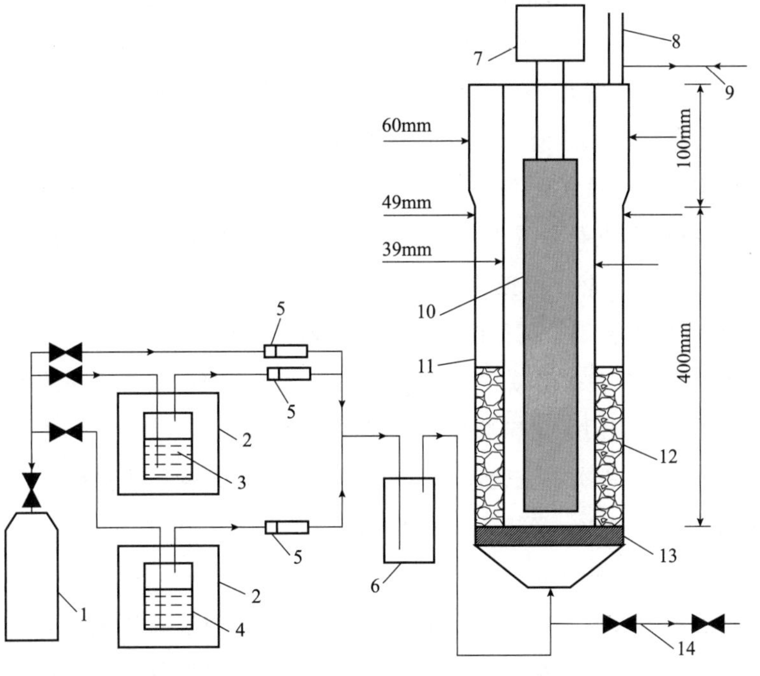

图 5.7 气、固流化床光催化降解甲苯工艺流程图

1—干燥空气；2—恒温槽；3—甲苯；4—水；5—转子流量计；6—缓冲瓶；7—电源；8—反应器出口；9—出口取样口；10—紫外灯；11—流化床光反应器；12—TiO_2/硅胶光催化剂；13—气体分布板；14—进口取样口

流化床吸附可实施连续操作，气流速度比固定床快，床层温度均匀，用活性炭吸附剂时避免了活性炭着火现象，吸附剂出入解吸区很方便。同时，流化床操作可用较高的解吸温度，能分离高沸点气体。1959 年，英国 Courtaulds 公司的粘胶纤维厂进行了流化床吸附剂脱除废气中 CS_2 的工业实践。目前商业化流化床吸附系统有 American Purification 公司的 Polyad T M 等工艺。流化床吸附也是处理 VOCs 的重要手段，可将气流中的污染物含量降至很低的浓度。流态化湿法脱硫是目前较为成熟的烟气脱硫工艺，具有脱硫效率高、钙利用率高等优势，使用最常见的石灰或石灰石作吸收剂。环流化床脱硫技术，烟气循环流化床脱硫工艺已达到工业化应用的有循环流化床脱硫工艺(CFB)、回流式循环流化床脱硫工艺(RCFB)和气体悬浮吸收烟气脱硫工艺(GSA)。

5.1.3.6　流化床在石化工业中的应用

流化床首次大规模地在工业上的重要应用是由温克勒用于粉煤气化，此方法在 1922 年获得专利。当时建成的第一台煤气发生炉，高 13m，截面积 $12m^2$，在 1926 年开始顺利投入使用。此后在德国和日本建成了一些类似的装置，主要用以提供合成化学工业用的原料气。典型的温克勒煤气发生炉的应用是石脑油气相重整用的流化临氢重整过程，处理重油的流化焦化过程，以及热解石油原料的砂子炉裂解过程。

1944 年 Dorr-Oliver Company 得到了将埃索的流态化技术用于石油工业以外领域的权力，他们集中进行了非催化的气同反应的研究，不久实现了用同体流化系统实现硫化物矿的焙烧。第一套这样的装置在 1947 年建于加拿大的安大略，进行砷黄铁矿的焙烧，并同时得到适合用氰化法炼金的熔渣。1952 年在柏林、新汉普希尔，多尔-奥列弗公司把这种形式的焙烧炉引用于由硫铁矿制备二氧化硫的工业生产中。在 1945 年德国的巴登苯胺纯碱工厂(BASF)根据由温克勒煤气发生所得到的经验，开始独立地发展流化床焙烧炉。与此同时，日本住友化学工业公司独立地发展了一个与固体流化系统相似的焙烧炉，早在 1952 年就发表了生产高浓度二氧化硫的数据，并在新居滨厂建成他们的第一套这种形式的装置。从使用这种特殊的焙烧炉时起，硫酸工业和制备冶金工业所需的各种各样固体物料中，逐渐代替了当时所用固定床焙烧炉和旋转窑的工艺。

多尔-奥列弗公司还首次将流化床反应器应用于粉末物料干燥和石灰石煅烧这两个重要的领域。1948 年在新英格兰石灰公司的加拿安工厂，第一个用于对小于 4 目的白云石颗粒进行干燥和分选的固体流化装置(内径 1.7m)，处理量 50t/d，投入运转。次年他们建成一个煅烧粉末石灰石的大型多段装置．从而降低了此过程中过高的燃料消耗。这些初始的成功引起研究人员对流态化的很大兴趣，并在文献和专利中报道了许多新过程因为流态化对某些主要工业可能有潜在的影响，如生产水泥熟料的贝塞尔法。从 20 世纪 40 年代中期开始，美国和加拿大等国家和地区出现了流态化焙烧装置，用于黄铁矿、石灰石等物料的焙烧或煅烧。这可以视为流化床燃烧技术的开始。

同时，在化工这一领域，清华大学做出了卓有成效的工作，提出了分区流态化控制返混的概念，利用流化床分布器结构、分布器层数及多级内构件等手段分区调控流化床反应器内的返混，使流化床内气体轴向返混得到抑制，而径向传热、传质能力得到增强，并可实现段间的气固级间逆流、并流、顺流接触及级间变温、变压操作，从而使反应器的效率大大提高；提出并进行工业化或工业中试的反应器技术20余项，如10万t/a湍动构件流化床苯胺合成反应器技术、10万t/a流化床氯乙烯反应器技术、7万t/a丙烯腈流化床反应器技术、3万t/a流化床甲醇制丙烯(FMTP)工业实验装置技术、30kg/h纳米聚团流化床碳纳米管生产装置技术等。

5.1.3.7 流化床在矿物加工过程中的应用

攀枝花-西昌(简称攀西)地区的近百亿t钒钛磁铁矿因钙镁含量高而无法采用先进的氯化工艺生产钛白和金属钛，中国科学院过程工程研究所与攀钢集团有限公司(简称攀钢)合作，建立了富钛料双流化床焙烧中试装置，对攀西钒钛磁铁矿进行高效氧化/还原焙烧，继以盐酸浸除钙镁、回收铁，制备出氯化工艺所需的高品质富态料，突破攀西钒钛磁铁矿利用的重大瓶颈，为攀钢正在建设的10万t/a氯化钛白及未来攀西钒钛磁铁矿利用提供了科学基础及技术支撑。中国科学院过程工程研究所还研究了难选贫铁矿的磁化焙烧，发现通过强化传递，可在500～550℃的低温条件下实现难选铁矿的快速还原，据此选择鼓泡-快速复合流化床进行磁化焙烧。中国科学院过程工程研究所还与云南曲靖越钢集团有限公司合作建成了10万t/a难选铁矿鼓泡-快速复合流化床磁化焙烧-磁选成套示范装置，整个系统于2008年4月全部安装完毕，进入冷、热态调试阶段，经过半年多的调试，实现了该示范工程的全流程联动运行，并转入试生产，至2015年已处理6000多t难选铁矿，生产结果表明，通过本示范工程焙烧-磁选，可从品位为33%～38%的原矿得到品位为52%～57%的精铁矿，铁回收率为82%～88%，达到了设计的指标。值得一提的是，本示范工程的实际粉矿处理能力达到了30t/h(24万t/a)，即具备20万t/a以上的处理能力。

5.1.3.8 流化床在废水处理中的应用

流化床技术在水处理方面多用于生物处理，除此之外现已发展到絮凝沉降、活性炭吸附、晶析法脱磷等方面。

(1)生物流化床处理装置

当前生物技术处理废水占有较大比例。而生物流化床则是将流化床技术与微生物技术有机地结合起来，生物流化床主要借助动力(如空气)使床内附有生物膜的载体(如砂、沸石、活性炭)处于流化状态来处理废水。由于生物流化床内保持高浓度微生物，故而可大大提高处理效果，它与其他生物技术(如活性污染法)比，效率可提高5～10倍。

生物流化床分好氧生物流化床与厌氧生物流化床两种。

好氧生物流化床处理装置如图 5.8 所示，它分两种，一种为溶解氧式贮槽[见图 5.8(a)]，另一种则是往生物反应槽内直接进气式，如图 5.8(b)所示。好氧生物流化床必须满足氧的供给及载体的流态化，同时也要求载体表面附着的微生物生长良好。

厌氧生物流化床处理装置如图 5.9 所示，为了使载体流化需要配备循环水泵等装置，厌氧流化床与好氧流化床相比，它具有运行费用低，剩余污泥发生量小的特点，此外还可副产甲烷气等，能适应高低浓度废水处理，有关厌氧流化床的研究工作，近年来在日本十分活跃。

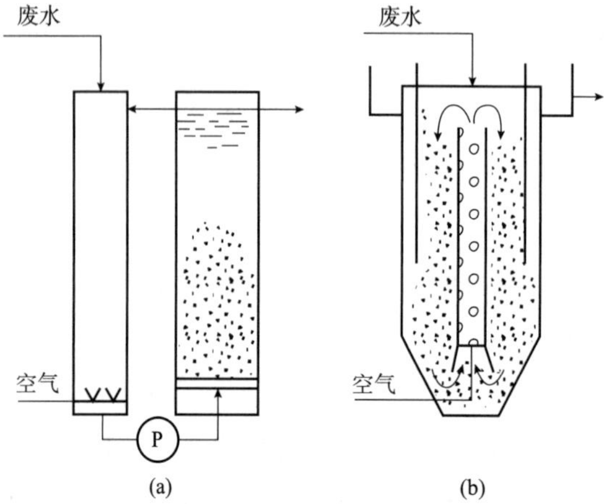

图 5.8　好氧生物流化床

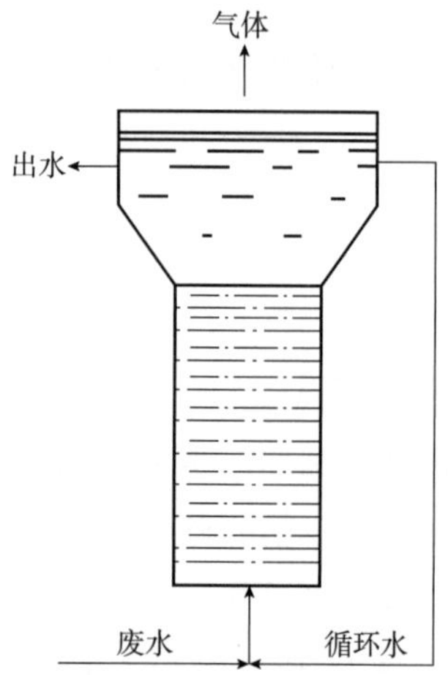

图 5.9　厌氧生物流化床

生物流化床目前广泛应用于废水处理，有关方面的研究工作如载体、动力消耗量等也正在深入进行。

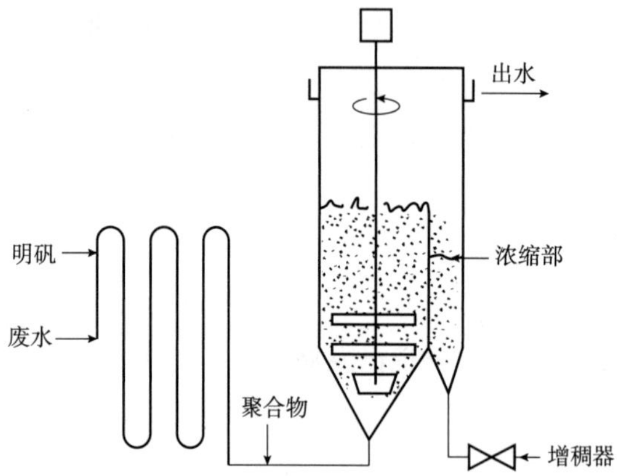

图 5.10　流化床絮凝沉降装置

(2)流化床絮凝沉降装置

通常的絮凝沉降装置水面负荷为 1m/h，如果形成集团颗粒流化，水面负荷可达到 10m/h，流化床絮凝沉降装置如图 5.10 所示，工艺流程如下：往废水中添加无机絮凝剂及高分子絮凝剂后，从流化床下部进入装置内，开动搅拌使之流化，废水中的絮状物在流化状态下被胶团粒子捕捉，生成的剩余集团颗粒在浓缩部沉降下来再流出槽外。搅拌叶的作用就是促使集团压实防止其沉积，再由聚合物凝集集团呈凝胶状态，以防止“水泛”现象发生。

(3)多段流化床式活性炭吸附装置

多段流化床式活性炭吸附装置及工艺流程如图 5.11 所示。吸附塔内装置有两种类型的喷嘴以隔板分开，装备两种类型的喷嘴使得各塔板的活性炭保持其量一定。废水由吸附塔下部进入，与各塔板上的活性炭床接触处理，经处理后的水从塔顶流出。补充的活性炭应先在新炭贮槽内经水浸过，脱气后，经计量槽计量，再由管道输入至吸附塔的顶部。在吸附塔的上段装置测定装置，以便了解活性炭流动界面情况。新活性炭补充至活性炭流化床界面高度时对准仪开始动作，吸附塔下部活性炭排出阀开启，废炭排出，送往废炭贮缸，排炭时间约 1min 一次，实际上是连续进行的。

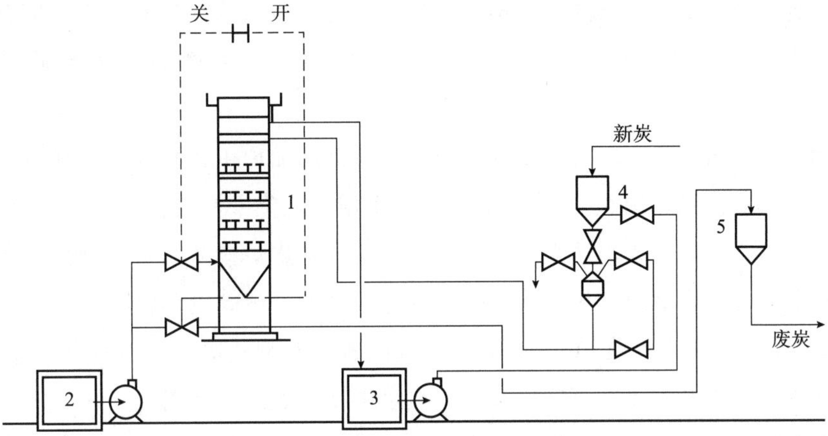

图 5.11　多段流化床式活性炭吸附装置及工艺流程图

1—吸附塔；2—废水槽；3—处理水槽；4—新炭贮槽；5—废炭贮槽

(4)流化床式晶析脱磷装置

为了防止湖泊营养化发生，晶析法主要用于废水中脱磷处理。以前晶析脱磷装置是固定床式，但易发生脱磷剂堵塞填料问题。而采用流化床技术则克服了上述毛病。目前有用于处理高浓度含磷废水的单塔式流化床脱磷装置，也有高效率的晶析反应，采用小粒径脱磷剂的多塔流化床式晶析脱磷装置，其工艺流程如图 5.12 所示。以废水处理为例说明其

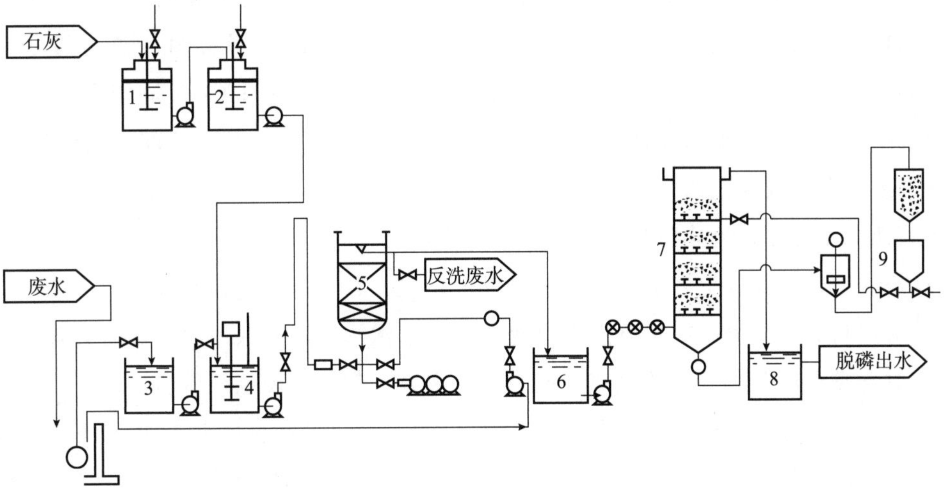

图 5.12　多段流化床式晶析脱磷装置

处理工艺流程，往废水二次处理水中加入熟石灰，调整 pH 值至 9.0～9.2，经过滤后送往脱磷塔。脱磷塔的构造同前述的多段流化床式活性炭吸附装置相似，废水中磷经脱磷剂表面析出，脱磷剂随着析出层加厚，活性下降后可从塔底部排出，经再生活化后，再次送往脱磷。

5.1.3.9 流化床在废弃物处理中的应用

随着生活垃圾、工业垃圾的大量增加，用于处理垃圾的场地日益减少，因此采用焚烧法可达到使废弃物减量化的目的，同时废弃物中含有大量的能量可以释放出来为人类服务。

从 20 世纪 50 年代起，城市废弃物的处理一直采用加炉机式焚烧炉，随着废弃物处理量加大及城市用地紧张，从 60 年代后期起，就采用了流化床焚烧炉。

焚烧设备以流化床式焚烧炉为主体并配备砂循环焚烧炉排灰装置、助燃装置等。流化床焚烧炉附带一台废热锅炉。作为焚烧炉前处理设备的有破碎机、料斗等。

通常认为，日处理量为 180t 废弃物时，应配备一台废热锅炉，而日处理量为 300t 废弃物时则应考虑配置发电装置，这样有利于热量平衡及能源再使用。

流化床式焚烧炉在运行时首先使床内砂流态化，用喷嘴或热风炉将砂子加热至 500℃，当经过初选的垃圾投入焚烧炉内即产生自燃，此时停止热风关闭喷嘴，当流化床层温度达 650～750℃时，垃圾发生干燥脱水、热分解、燃烧、焚烧等过程，流化床焚烧炉上部保持温度 850～950℃，这样可防止出炉气中 NO_x 及恶臭发生以达标排放。在焚烧炉内存在炭化燃烧及炉内部挥发性气体燃烧过程。前者温度通常维持在 700℃左右，可通过控制给料机的螺旋桨转速来达到，后者温度则应维持在 950℃左右，可通过调节二次进风量或通过往炉内喷水的办法来调节此区间温度范围。

废气经蒸发式的水喷射式气体冷却塔，废热锅炉将出炉气温度降至 300℃，再经电气集尘器捕捉灰尘用作水泥原料。排出炉外之热气体一部分用于一次空气预热，另一部分经热交换器交换产生的热水可供澡堂、温室使用。当排放空气中 HCl 含量较高时，可采取在炉内或烟道投加石灰粉的办法，以降低 HCl 含量，通常采用干法处理，条件不允许时可以考虑采用湿法或半湿法。

与其他炉型相比，流化床焚烧炉具有以下优点：

(1)投入流化床焚烧炉内的垃圾能达到完全燃烧，其热灼减量在 0.5%以下。

(2)对塑料类废弃物不需要分选就可焚烧，对污水污泥及人尿污泥等均可处理。

(3)对含重金属及大颗粒焚烧灰分能完全分离开，灰渣处理也很容易。

(4)流化床焚烧炉由于搅拌效果好、热反应面积大，可在低空气比状态下进行焚烧。空气中 NO_x 排放量可达到 100～150mg/kg。同时由于炉内温度达 850～950℃，故不需要配置脱臭装置。

(5)流化床焚烧炉具有操作简单的特点，停止运行后由于炉温下降较慢，再开车时不需助燃。

(6)炉灰中可回收部分金属及其他有用之物。

流化床式焚烧存在以下缺点：一是需要增加一些处理装置，如破碎机等；二是垃圾的破碎，载体(如砂)的流化需要消耗电力，能耗较大，以处理1t垃圾为例，流化床焚烧炉需耗能量80～90kW·h，而老式炉则为55～80kW·h。

5.1.3.10 流化床技术在煤加工过程中的应用

煤是由水分、挥发分、灰分及固定碳等多种物质构成的混合体。煤经过各种化学反应(如气化、液化、热解和燃烧等)可以得到热能、电能或化学品。煤炭不仅是重要的能源，还是重要的资源。直接燃烧的利用方式将燃料中的碳和氢全部氧化释放热能，生产电能，造成极大的资源浪费。煤的循环流化床热电气多联产技术的目标即在煤燃烧之前，将煤中富氢的挥发分(煤气和可进一步加工生产燃料油的焦油)提取出来，称为“煤拔头”，用作优质燃料或高附加值化工原料；剩下的低品质半焦通过燃烧产生热量，用于供热和发电或通过气化后合成油品和化学品。该技术可实现煤的分级转化和利用，大幅提高煤的利用价值。

煤的热电气多联产技术是国内外研究和开发的热点之一，众多的研究机构开发了各自的煤炭热电气多联产技术。浙江大学提出的循环流化床热电气焦油多联产技术是将循环流化床锅炉和热解炉紧密结合，在一套系统中实现热、电、气和焦油的联合生产。

浙江大学和淮南矿业集团在完成了1MWe循环流化床热电气焦油多联产试验装置的基础上，共同合作将1台75t/h循环流化床锅炉改造为12MWe循环流化床热电气焦油多联产示范装置。该工业装置于2007年实现了以淮南烟煤为原料的12MWe循环流化床热电气焦油多联产技术(15t/h给煤量)的示范运行。浙江大学与淮南矿业集团还合作进行了以淮南烟煤为原料的135MWe循环流化床热电气多联产装置的开发，同时与国电小龙潭电厂和小龙潭矿务局合作开发以褐煤为原料的300MWe褐煤循环流化床热电气多联产技术。中国科学院过程工程研究所也进行了多年“煤拔头”工艺的研究与技术开发，建立了下行床煤热解拔头，提升管部分半焦燃烧加热煤灰供热的30kg/h试验装置，并在河北藁城建立了5t/h的工业试验装置。

从20世纪80年代初开始，中国科学院山西煤炭化学研究所针对我国煤的特点进行了灰熔聚流化床煤气化过程的一系列研究和开发工作，常压灰熔聚流化床粉煤气化工业示范装置已于2002年投入运行。为了提高气化炉处理能力，该所在90年代就开始了加压灰熔聚流化床气化技术的研究开发，2005年该所与山西晋城无烟煤矿业集团有限责任公司(简称晋煤集团)合作成立了山西省粉煤气化工程研究中心，重点开展低压和高压大型加压灰熔聚流化床气化装置的开发和应用。2008年9月，该所研发的第一套加压灰熔聚流化床粉煤气化工业示范装置(0.6MPa)在石家庄金石化肥有限公司投入运行，随后2009年8月在晋煤集团10万t/a合成油示范工程项目中，该所研发的6套煤处理量300t/d的灰熔聚流化床粉煤气化工业装置实现了高灰、高灰熔点、高硫“三高”无烟煤的连续气化。为了提高气化装置的煤处理能力，该所于2007年、2008年和2009年分别完成了1.0MPa、1.5MPa和2.5MPa的气化试验研究，处理量达到了50t/d、85t/d和100t/d，碳转化率为87%左右，有效气体含量为68%～70%。加压灰熔聚流化床气化技术的研究开发为我国复杂多变的煤炭资源利用提供了一条有效的途径。此外，生物质气化技术作为低碳技术也已越来越受到重视。

针对我国广泛的煤种特点和区域性经济需求，各种煤的综合利用技术蓬勃发展，并形成了一些新的煤化工概念。煤化工的发展给流态化技术提供了新的大发展契机。煤化工产业链下游技术发展同样与流态化技术相连，清华大学化学工程系在多年的浆态床研究基础上，开发了万吨级浆态床合成气制甲醇技术、一步法合成气制二甲醚技术。他们自行开发了催化剂，使用多层湍动流化床(简称湍动床)技术实现了甲醇制(低碳)烯烃(Methanol to Olefins，MTO)和甲醇制丙烯(Metha-Nol to Propylene，MTP)，已成功通过了3万t级的MTP过程的开发。中国科学院大连化学物理研究所经过长期研究，成功研发出甲醇制低碳烯烃的SAPO-34分子筛催化剂与工艺技术(DMTO)，甲醇转化率为100%，乙烯+丙烯+C_4选择性90%，具有自主知识产权。随后他们与中国石化洛阳工程公司合作，借鉴FCC的流态化反应与再生工艺，开发出MTO技术，再与陕西省新兴煤化工有限责任公司合作进行MTO工业试验。该乙烯生产试验装置的规模为50t/d(相当于3440t/a)，2005年投入试运行。2005年，中国石油和化学工业协会组织专家在现场进行了72h连续运行考核。专家评价，该技术和装置是当时世界上第一套万吨级甲醇制烯烃工业化试验装置，是具有自主知识产权的创新技术，装置规模和技术指标处于国际领先水平。

5.1.3.11 流化床技术在食品工业中的应用

流化床技术在食品工业的主要应用有流化速冻、流化干燥、流化造粒、流化吸附等。食品流态化速冻是指食品颗粒在一定流速的冷气体自下而上的作用下保持流化状态，继而实现快速冻结的一种冻结方法，是目前在食品速冻领域中被广泛采用的一种冻结方法。具有冻结速度快、冻结产品质量好、能耗低、干耗少等优点，是实现食品单体快速冻结的一种理想技术。流化床干燥器又称沸腾床干燥器，它可以使食品颗粒在气流自下而上的作用下保持流化状态，物料与气体充分接触，进行快速传质(水分传递)与传热，最终由气体将水分带出，进而实现干燥目的。流化床干燥装置自20世纪40年代末开始应用，至今已发展了单层和多层圆筒型流化床、卧式多室流化床、振动搅拌流化床、离心式流化床、脉冲流化床、惰性粒子流化床等多种型式。图 5.13 是流化床吸附干燥的原理图。

流化床造粒是指使粉体物料在溶液的雾状气氛中保持流化状态的同时，使溶液在颗粒表面凝集的过程，集成粒、混合、干燥等过程于一体，在食品领域(尤其速溶食品)已经得到了广泛应用。对于尺寸较小的颗粒状物料，在蒸汽的驱动下保持流动状态，并实施杀菌，将大幅度提高加热的均匀度，避免过度加热的缺点，实现高效、快速的杀菌效果。

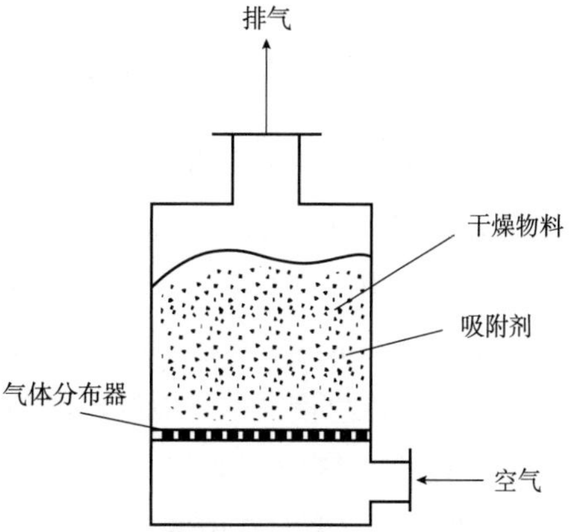

图 5.13　流化床吸附干燥的原理图

5.1.4　总结

流化床技术作为化学工程的一个分支学科，已在煤的气化与燃烧、石油的催化裂化、矿物的加工、化学品的生产、材料的制备、生物质的利用等许多过程工业中得到广泛的应用。以气泡、液滴、聚团尺寸的不均匀分布及其在空间的不均匀分布和随时间的多变性为特征的流化床结构的理论预测、优化调控方法、流化床结构与“三传一反”的关系理论研究、流化床中流动和“三传一反”行为的计算机模拟与放大是当前的研究重点。目前中国工业正处于调整产业结构，淘汰落后产能，实现节能减排与清洁生产的转型期。在许多工业流程中，用高效节能的流化床反应器替代低效高能耗的回转窑、固定床、移动床反应器正逢其时。

5.2　石油催化裂化技术的发展历程

催化裂化(Fluid Catalytic Cracking，FCC)技术是现代石油化工行业的支柱之一，主要用于将高沸点、高分子量的石油馏分转化为更有价值的燃料，如汽油、柴油、液化石油气(LPG)、烯烃等产品。催化裂化过程是指重质油在提升管反应器与再生催化剂作用，发生裂化的工业过程。

裂化反应机理复杂，将气态的原料油在雾化蒸汽作用下与固体粒子催化剂以流态化形式接触，从热力学角度和从化学反应角度来看都是一个复杂的系统。

虽然催化裂化领域已经相当成熟，但由于催化裂化原料的变化、市场需求的逐步增大和操作装置的不断发展，仍然是炼厂最重要的效益来源，因此，具有很大的研究发展空间。2014 年，全球催化裂化市场需求约为 681kt，预计到 2030 年将以每年 3.3%的速度增长。

5.2.1 催化裂化技术的发展历程

在热裂化技术开发之前，汽油的生产主要采用原油蒸馏的方法，当时汽油的产率还不到原油的20%，辛烷值也只有50左右。随着1913年第一套热裂化工业装置的投产，1925年开始广泛使用四乙基铅，以及1930年石脑油热重整技术的使用，使汽油产率在1936年急剧上升，汽油RON也上升到71～79。即使如此，仍然满足不了市场上对汽油数量和质量的需要，因而迫使人们另辟蹊径增产汽油。

催化裂化的研究可追溯到19世纪90年代，当时Gulf石油公司的炼油界先驱者McAfee在实验室发现采用三氯化铝作催化剂可以促进裂化反应，从而提高汽油产率，但一直到20多年后这一过程才被人们所认识，因而Gulf石油公司1915年建立了第一套工业化装置，并操作了14年。这一过程是在馏分油中掺入5%～10%的无水三氯化铝，在常压、温度为260～290℃的条件下进行间断蒸馏。可能由于催化剂昂贵以及回收困难等原因而没有在工业上广泛采用。

采用固体酸性催化剂的Houdry催化裂化工艺的开发是炼油技术中一个空前的成就。胡德利出生在法国的多蒙特，他父亲是有名的钢铁制造商。胡德利在巴黎的艺术与职业学院攻读机械工程，毕业后，先在父亲的公司里工作，后来参了军，第一次世界大战期间成为法国坦克师团的中尉军官，并且在战争中受了伤。战后，他专心于催化技术的研究，致力于用煤生产汽油。

1922年，一位名叫普鲁多姆的同事向他展示了一种催化装置，可以用低级褐煤生产高质量汽油。胡德利很受启发，于1927年在实验里取得突破，发明了对重质原油进行催化裂化的新工艺，可以比热裂化得到更高的汽油收率。真空石油公司欧洲公司的负责人答应提供10万美元给他作为研究经费，并且把他和他的实验室迁到美国新泽西州的伯尔斯波罗。胡德利和他的助手们同真空石油公司合作，组成胡德利工艺公司，要把实验室的研究成果转化为实用的生产工艺。

1928年，真空石油公司与纽约标准石油公司合并为索科尼-真空石油公司。新公司放松了对胡德利的支持。

不久，胡德利得到了新的强有力的支持。太阳石油公司的创办者皮尤家族的主要成员、太阳公司负责炼制工作的副总裁阿瑟·皮尤(Arthur Pew)非常感兴趣，把胡德利连同实验装备搬到太阳石油公司在宾夕法尼亚的马库斯-胡克炼油厂，并且出资建起了中试装置。事实证明，催化裂化工艺是成功的。

于是，胡德利与索科尼-真空以及太阳石油三家共同经营胡德利工艺公司。经过一段时间的努力，找到了一种硅酸铝催化剂。催化裂化的商业化关键问题解决了。索科尼-真空石油公司首先建设一座小型的催化裂化装置。1936年6月6日，世界第一座半商业化的催化裂化装置在伯尔斯波罗投产了。

太阳石油公司马上决定建一座规模更大的装置。1937 年 3 月 15 日，在它的马库斯-胡克炼油厂诞生了完全商业化的胡德利催化裂化装置，日处理能力是 12000 桶(约 60 万 t/a)。

在 1938 年美国石油学会的年会上，阿瑟·皮尤宣布了这一崭新工艺的成功。各家石油公司纷纷要求转让技术。

第一代催化裂化工艺是固定床催化裂化。固定床催化裂化装置所生产的汽油辛烷值较高，即使生产辛烷值为 100 的航空汽油，其所需的调和烷基化油和四乙基铅量也较少。第二次世界大战初期盟军能得到大批高质量的航空汽油，对取得战争的胜利具有相当大的贡献。

即使从当今工艺和设备技术观点来看，Houdry 反应器也是技术上的奇迹。许多很有天才的人开发了近 10 年才取得这一工艺过程上的重大突破。Houdry 固定床催化裂化过程虽然是炼油工艺的重大发展，然而它存在一系列无法克服的缺点：设备结构复杂，操作烦琐，控制困难。要克服固定床的缺点，需要两项革新，即催化剂在反应和再生操作之间循环并减小催化剂的粒径。第一项革新结果出现了移动床，两项革新的结合得到了流化床。使催化裂化剂在反应器与再生器间移动，而不是轮流切换进料和再生空气，这一重要设想产生于 1935 年，最后，这一想法在移动床催化裂化装置中实现。为此利用 Thermofor 再生炉(曾用于烧除在润滑油渗滤时沉积在白土上的焦炭的再生炉)建立了连续裂化装置。在固定床催化裂化的基础上，胡德利公司乘胜前进，经过三年努力，进一步开发出了移动床催化裂化技术。第一座半商业化的移动床催化裂化装置于 1941 年 1 月进料投产。接着，1943 年 10 月，两座大型商业化的移动床催化裂化装置同时建成投产。单套装置的加工能力为每天 10000 桶(约 50 万 t/a)。早期的 Houdry 装置流程见图 5.14。

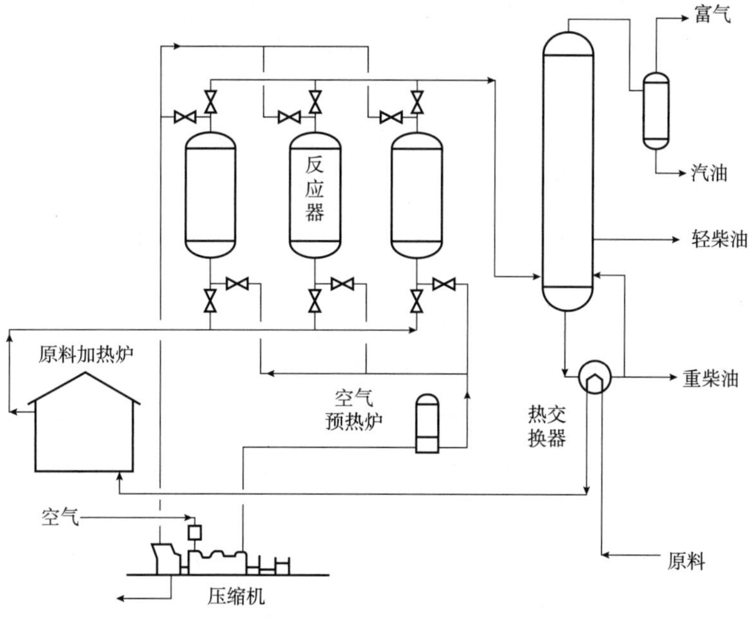

图 5.14 早期的 Houdry 装置流程图

与以前的固定床催化裂化一样，移动床催化裂化也曾是一项设计奇迹。在反应器和汽提器及再生器内，固体和气体之间能充分接触。机械方面的精心设计，防止了小球催化剂在提升系统中过度磨损，反应器内装有精巧的内部构件，保证了最佳性能。

20 世纪 50 年代初，移动床催化裂化完全可以和流化催化裂化竞争。当时的裂化深度和再生条件都比较缓和，因而这两类工艺对轻质原料油来说都能适用。到 1956 年，移动床催化裂化装置共建了 78 套。但是，移动床虽然巧妙地解决了催化裂化的第一个问题，即催化剂在反应器和再生器间移动的问题，却忽视了催化剂颗粒过大带来的传质阻力(催化剂粒径为 2～4mm)，而流化床催化剂粒径为 60μm，颗粒的传质阻力很小。

印第安纳标准石油公司组织了以副总裁兼炼制部主任保罗斯为首的班子，经过论证，认为技术转让费太贵，引进技术不如自己另外研究。其他几家公司也有同样意见。1938 年 10 月，组成了合作研究机构——催化研究协会。参加者有：印第安纳标准石油公司、新泽西标准石油公司、德国的法本工业公司、凯洛格公司(注：这是一家专业化的石油工程建设公司)。不久，英波石油公司、皇家荷兰壳牌集团、得克萨斯公司、环球油品公司(UOP)也参加进来。这个集团合作研究开发的是流化催化裂化技术。

流化床的概念是新泽西标准石油公司的威廉姆・奥代尔提出来的，1936 年申报了专利。由于对催化剂再生和积炭燃烧的控制了解甚少，流化床的问题被暂时搁置起来。美国油气杂志刊登的胡德利催化裂化的论文，启发了科技人员研究流化催化裂化的热情。新泽西标准石油公司的研究人员突破了“上流式”催化裂化的关键问题，使催化剂同原料油、产品、烟气分别在反应器、再生器内向上流动，从顶部排出再分离。

1940 年第一批合成硅铝催化剂工业化生产成功，这种催化剂强度高，耐磨性好，可以处于剧烈的运动状态而不会产生磨损，因而推动产生了移动床和流化床催化裂化装置，实现了生产的连续化。

1941 年 2 月 11 日，新泽西标准石油公司宣布，催化研究协会成功开发了流化催化裂化工艺。三座处理量为每天 12000 桶(约 60 万 t/a)的流化催化裂化装置相继建成。其中第一套是由凯洛格公司设计、建造在巴吞鲁日炼油厂的那一套。投产日期是 1942 年 5 月 25 日。

这种新工艺发展很快。第一代的“上流式”不久就被第二代的“下流式”所取代。上述上流式的第一套装置尚未投产，第二代下流式的 10 套装置已经开工建设。1947 年，这个集团又开发出第三代，1951 年开发出第四代流化催化裂化技术。由于这个合作研究协会以新泽西标准石油公司为核心，这些技术统称埃索(ESSO)流化催化裂化工艺。由于 ESSO 公司推出了Ⅳ型流化催化裂化装置，使装置高度进一步降到 32～36m，并简化了机械结构，其造价比移动床装置便宜得多，因而流化催化裂化装置得到了突飞猛进的发展，逐渐取代了移动床催化裂化。这是因为第二次世界大战后，41 号推荐书的参加成员以及其他一些石油公司，都纷纷开发了具有独特形式的流化催化裂化装置。

到了 20 世纪 50 年代，先后合成了 X 型分子筛和 Y 型分子筛。1962 年，以硅铝为单体的分子筛催化剂开始了工业化生产，使催化裂化工艺过程再一次产生了飞跃，从床层裂化过渡到提升管裂化。

由此可以总结为：催化裂化工艺的发展是建立在催化剂发展的基础上的。

到 1962 年，以加工能力计，美国的催化裂化装置大约有 99%是属于移动床和流化床型的。到 1980 年，全世界流化床型加工能力进一步提高，达到催化裂化总加工能力的 92.3%，而移动床则下降到 7.7%，固定床型则已完全废除。到 2000 年，全世界流化催化裂化装置的加工能力，已占催化裂化装置总能力的 98%(以上数值不包括中国)，但在俄罗斯此比例仅为 81%。

5.2.2 我国的催化裂化技术发展历程

我国第一套移动床催化裂化装置是由苏联设计并于 1958 年投产的(见图 5.15)。1964 年建成第二套以后，由于我国自己开发了流化催化裂化装置，故以后就不再建设这类装置，而且这两套装置在 20 世纪 80 年代都已改成流化催化裂化装置。

图 5.15 国内第一套催化裂化装置

我国流化催化裂化的起步可追溯到 20 世纪 50 年代中期。当时中国科学院大连化学物理研究所、北京石油学院(现中国石油大学)和原石油工业部石油科学研究院(现中国石化石油化工科学研究院，RIPP)都先后开展了有关催化剂、催化裂化工艺和流态化技术的研究实验，取得了若干经验，据此编制了发展规划，也对国外几种工业应用技术进行了分析对比。由于当时国际条件的限制，只能从苏联取得帮助。1958 年，我国向苏联订购了一套该国最新设计的 1A 型装置，其技术水平大致相当于美国的Ⅱ型装置。虽然部分设备已到货，但由于苏联 1959 年单方毁约，因而给这套装置的建设带来很大的困难。此时，我国赴国外考察的人员了解到国外先进的流化催化裂化装置。为了加快炼油工业的技术发展、提高油品质量、降低能耗、提高轻油收率，石油工业部 1961 年决定停建 1A 型装置，并组织各方面技术力量，集中财力、物力，攻克以同高并列式流化催化裂化为核心的五项先进炼油技术(当时称为“五朵金花”)。这一战略决策，对促进我国炼油工业的迅速发展，起了不可磨灭的作用。

在卓有成效的组织下，石油工业部调动了内部各方面的力量，开展部内外的大协作，加快了科研、设计、设备试制及必要的国外订货、施工建设和生产准备等一系列工作的步伐，在三年中实现了从无到有的飞跃。

1965年5月5日，我国第一套0.6Mt/a同高并列式流化催化裂化装置在抚顺石油二厂建成投产，标志着我国炼油工业进入一个新阶段，大大缩短了我国与西方发达国家在炼油领域的差距。

五六十年来，我国流化催化裂化在炼油工业中一直处于重要地位，目前还在大力发展。预计在一个相当长的时期，流化催化裂化在炼油工业中的地位仍会是无法取代的。

我国催化裂化工艺技术的发展是非常快的，在两套0.6Mt/a同高并列式装置投产之后，立即开始了1.2Mt/a带有管式反应器的三器流化循环、具有创造性的催化裂化装置的设计，并于1967年在齐鲁石化公司炼油厂投产。

20世纪60年代后期，发达国家为适应沸石催化剂而开发的提升管催化裂化，很快就引起我国炼油界的注意，并在1974年8月首先将玉门炼油厂120kt/a同高并列式装置改造成为高低并列式提升管装置。典型的高低并列式装置见图5.16。1977年12月在洛阳石油化工工程公司(LPEC)实验厂又建成投产了我国第一套50kt/a同轴式带两段再生的催化裂化装置，如图5.17所示。武汉石油化工厂(1978年，0.6Mt/a)、乌鲁木齐石油化工总厂(1978年，0.6Mt/a)和镇海石油化工总厂(1978年，1.2Mt/a)相继建成高低并列式提升管催化裂化装置。早期的几套装置的再生器各有特点。武汉石油化工厂提升管装置中催化剂进入再生器的方式是"下进上出"，独山子炼油厂的装置系"上进下出"。乌鲁木齐石油化工总厂的装置采用了快速床烧焦(烧焦罐)，如图5.18所示。

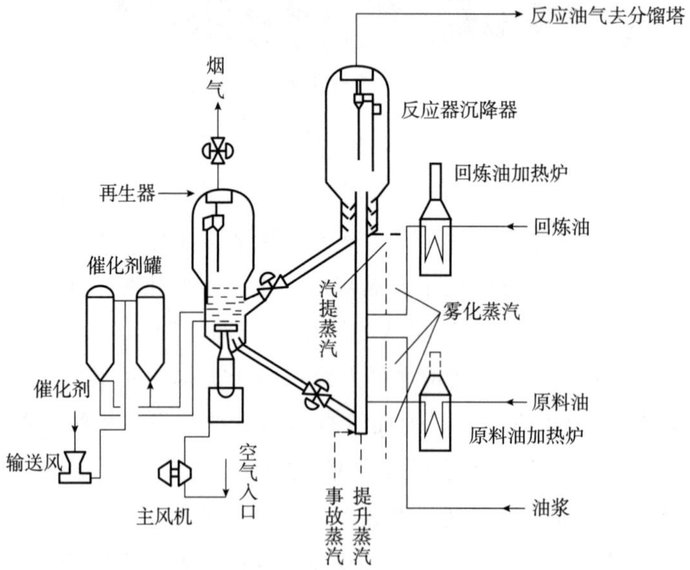

图5.16　典型的高低并列式催化裂化装置反应再生部分

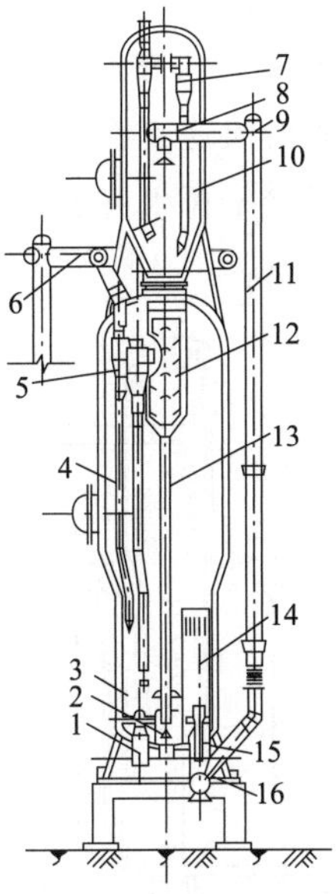

图 5.17 同轴式催化裂化装置反应再生部分

1—空气分布管；2—待生塞阀；3—段密相床；4—稀相段；5—旋风分离系统；6—外部烟气集合管；7—旋风分离系统；8—快速分离设施；9—耐磨弯头；10—沉降段；11—提升管；12—汽提段；13—待生立管；14—二段密相床；15—再生立管；16—再生塞阀

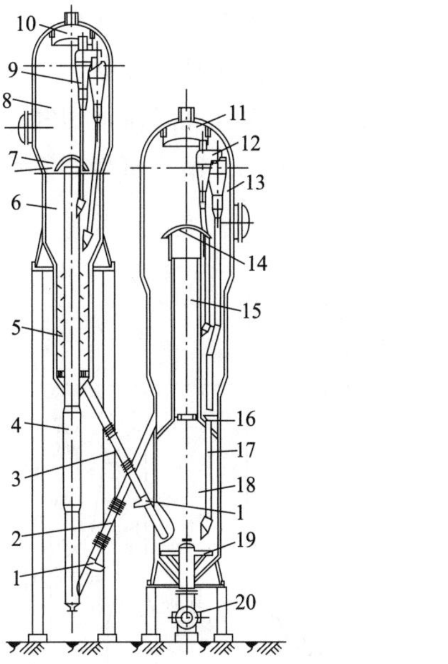

图 5.18 带烧焦罐再生的提升管催化裂化装置反应再生部分

1—单动滑阀；2—再生斜管；3—待生斜管；4—提升管；5—汽提段；6—沉降器密相段；7—快速分离器；8—沉降器稀相段；9—旋风分离系统；10—沉降器集气室；11—再生器集气室；12—旋风分离系统；13—再生器稀相段；14—快速分离器；15—稀相输送管；16—再生器第二密相床；17—催化剂内循环管；18—再生器第一密相床(烧焦罐)；19—空气分布管；20—辅助燃烧室

催化裂化催化剂快速床再生是国外 20 世纪 70 年代实现工业化的一项新技术。我国从 20 世纪 70 年代后期起，有关的科研、设计单位就开始快速床再生技术的研究，中国科学院化工冶金研究所进行了冷模试验，LPEC 的炼油实验厂进行了热模试验。在此基础上，LPEC 完成了乌鲁木齐石油化工总厂工业装置的设计。在该装置设计中，采用了具有内溢流管循环的快速床烧焦技术，见图 5.18，取得了很好的效果。

北京设计院(BDI)和荆门石油化工总厂合作，把该厂原有的催化裂化装置改造成提升管快速床再生催化裂化装置。在该装置设计中，采用了具有外循环管的烧焦罐，也取得了很好的效果。

为了进一步增加再生系统的处理能力，洛阳石油化工工程公司为高桥石油化工公司炼油厂和锦州炼油厂设计了后置烧焦罐式的两段再生。在装置改动工程量很小的情况下，提高了装置处理能力 20%以上，见图 5.19。

在催化剂再生方面，20 世纪 80 年代我国已掌握了三种床型(鼓泡床、湍动床、快速床)、两种方式(完全和不完全燃烧)以及单段和两段(单个再生器和两个再生器)等各种组合形式。1989 年高桥石油化工公司炼油厂投产的第二套催化裂化装置，就包括将上述多种床型和方式组合起来的新型再生器，见图 5.20。此后 BDI 开发了管式再生器技术，用于 DCC 等工艺流程，见图 5.21。

LPEC自行开发的ROCC-VA型重油催化裂化技术在构型方面的特点是全同轴式布置，自上而下依次是沉降器、第一再生器和第二再生器，见图5.22。布局紧凑，不仅两器占地面积小，而且沉降器顶切线标高只有58m，与国外典型的两段逆流再生装置相比，总高度降低约15m。第一再生器采用常规再生，第二再生器采用完全再生方式。

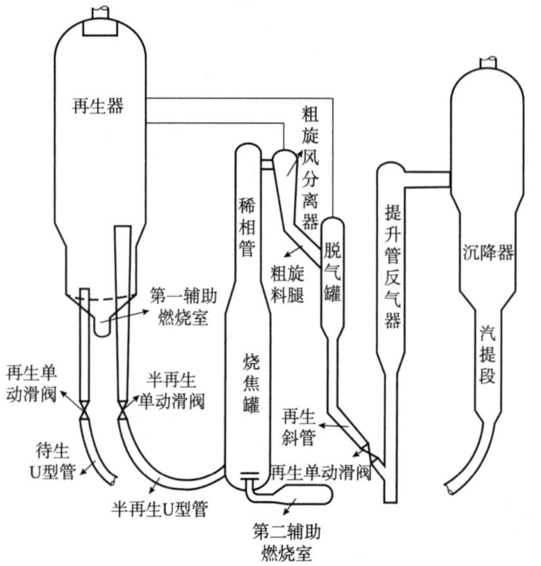

图5.19 后置烧焦罐两段再生催化裂化装置反应再生部分

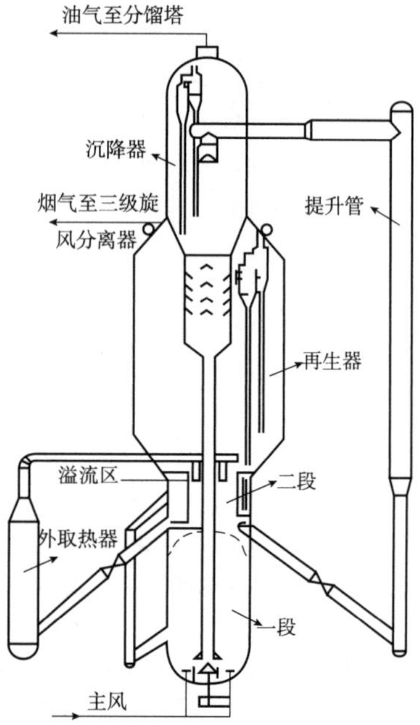

图5.20 烟气串联的高速床催化裂化装置反应再生部分

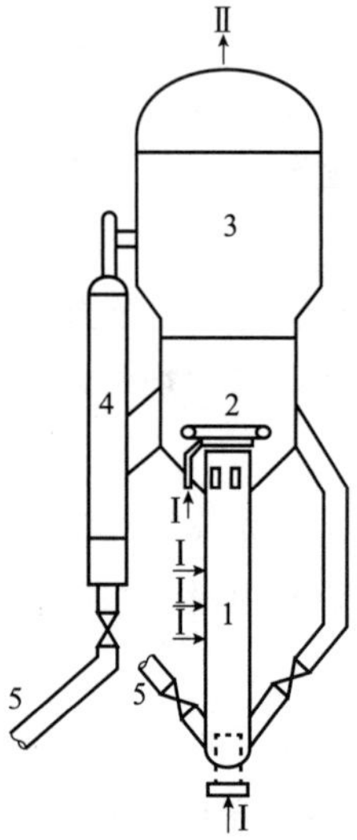

图5.21 管式再生器简化流程图

1—管式再生器；2—湍流床；3—再生器稀相；4—脱气罐；5—催化剂循环线；Ⅰ—主风入口；Ⅱ—再生烟气

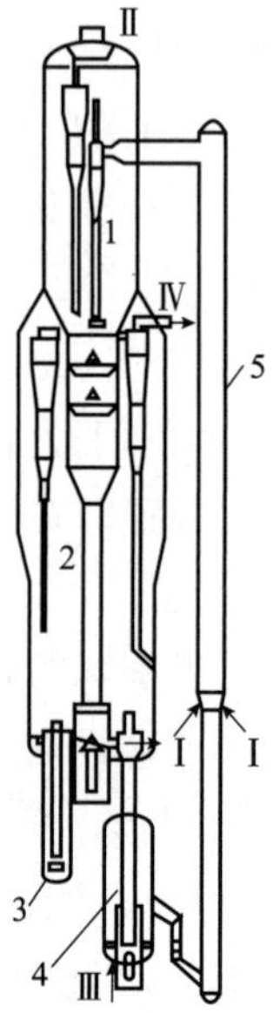

图5.22 ROCC-VA型逆流双再生器催化裂化装置反应再生部分

1—沉降器；2—第一再生器；3—催化剂冷却器；4—第二再生器；5—提升管反应器；Ⅰ—反应器进料；Ⅱ—反应油气；Ⅲ—烧焦空气；Ⅳ—再生烟气

LPEC自行开发成功的快速床串联再生工艺，第一段采用快速床再生，第二段利用第一段再生后的富氧烟气通过低压降大孔分布板形成湍流床。其再生效果好于常规快速床。再生温度高时烧炭强度比单器湍流床高一倍左右，温度低时和带逆流结构的同轴单器接近。成功应用于多套大中型催化裂化装置，简图参见图5.23。

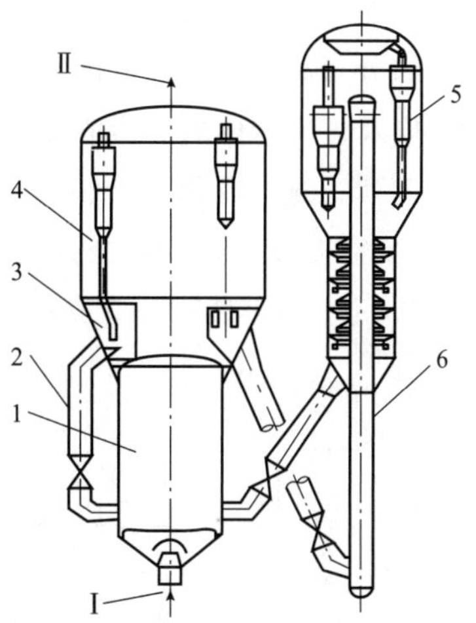

图5.23 烟气串联的快速床再生器催化裂化装置反应再生部分

1—第一段再生器；2—催化剂外循环管；3—第二段再生器；4—再生器稀相；5—反应沉降器；6—提升管；Ⅰ—主风入口；Ⅱ—再生烟气

另外，LPEC所开发的将回炼油抽提芳烃后再返回催化裂化的工艺，经工业试验验证，能提高装置处理量和汽油产率。该项工艺已在安庆石油化工总厂建成工业装置，并于1992年投产。

重油催化裂化是重油深度加工提高炼油厂经济效益的有效方法，它作为一项炼油新工艺，已为很多国家所重视，而且正在蓬勃发展。我国原油大多偏重，沸点＞350℃的常压渣油占原油的70%～80%，沸点＞500℃的减压渣油占原油的40%～50%，因此，重油催化裂化早就引起我国炼油界的重视。

20世纪60年代中期我国就开始使用无定形硅铝催化剂，在中型流化床催化裂化装置上先后进行了大庆、大港和玉门常压渣油的催化裂化试验，并于1972年在玉门炼油厂以微球硅铝催化剂成功地进行了玉门拔头原油催化裂化工业试验。

沸石催化剂在我国推广使用后，1977年LPEC炼油实验厂开始掺炼任丘减压渣油，其数量为10%，取得了有用的数据。此后，牡丹江炼油厂、安庆石油化工总厂、燕山石油化工公司炼油厂、镇海石油化工总厂、九江石油化工总厂等10多个炼油厂进行了掺炼各种原油的渣油工业生产和试验，都取得了很好的效果，为我国掺炼常压渣油和劣质催化裂化原料提供了宝贵经验。另外，LPEC应用该公司炼油实验厂多年的研究成果与运转经验，与兰州炼油化工总厂合作，将兰州炼油化工总厂原来加工能力为0.3Mt/a的移动床催化裂化装置改建成国内第一套同轴式提升管催化裂化装置，掺炼20%～25%的长庆减压渣油和轻脱沥青油，并采用单器两段再生、助燃剂完全再生及再生器水平式内取热盘管等技术。1982年10月该装置投产后，各项主要指标均达到设计要求。年处理能力达到0.5Mt/a，轻质油收率提高10%。

在吸收国外先进技术的基础上，为了加速我国炼油工业的发展，中国石油天然气总公司于1982年5月成立了炼油技术攻关领导小组(1984年改由中国石油化工总公司领导)，并在其领导下成立了催化裂化专业组，将国家科委重点攻关项目——大庆常压渣油催化裂化作为重要攻关内容。在BDI、RIPP、LPEC和石家庄炼油厂等单位共同努力下达到了预期的效果。

1983 年 5 月在 LPEC 炼油实验厂进行了全馏分大庆常压渣油半工业化试验，重点考察了产品的分布和质量以及剂油比对焦炭产率的影响。在试验中对渣油催化裂化的反应热、吸附热以及再生器内取热器的传热也进行了初步测定。同年 9 月，在石家庄炼油厂新投产的高低并列式渣油催化裂化装置上进行了全馏分大庆常压渣油的生产试验。在原料残炭 5.5%、反应温度 480℃ 和全回炼操作的情况下，焦炭产率为 9.3%，轻质油收率可达 76.8%。1987 年该装置改造成双器两段再生，见图 5.24，使生焦率下降 1.5 个百分点。

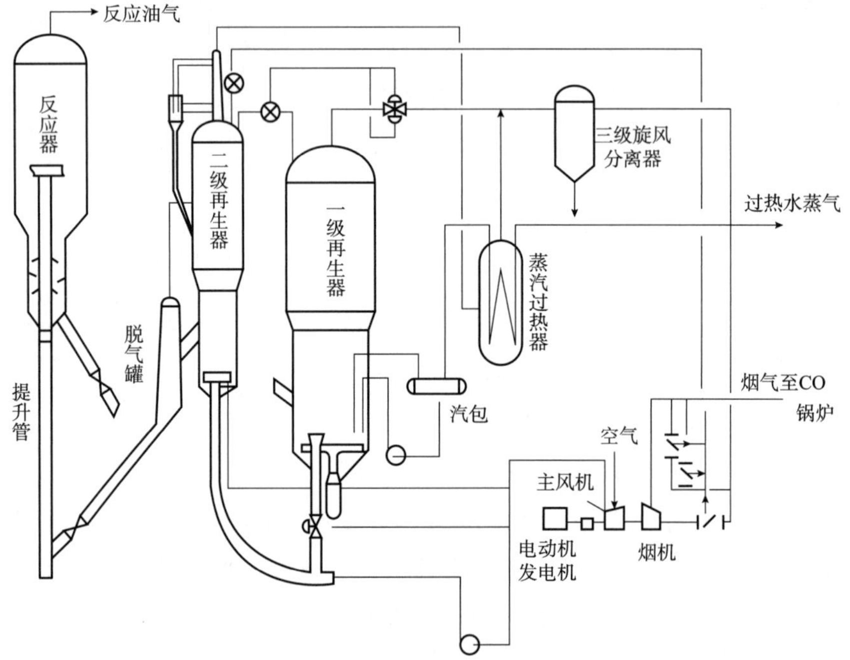

图 5.24　常压渣油催化裂化装置反应再生部分

大庆常压渣油催化裂化技术攻关成功，推动了我国渣油催化裂化技术的发展，并且已扩展应用于其他原油的常压渣油和高残炭原料。例如：石家庄炼油厂以任丘常压渣油为原料，残炭高达 7.24%，外排部分油浆，焦炭产率 11%～12%，轻质油收率也可接近 70%；洛阳石油化工总厂以中原常压渣油为原料，残炭为 6.5%，全回炼，焦炭产率 11.55%，轻质油收率仍可达 76.8%；九江石油化工总厂掺炼 32.4%鲁宁管输原油的减压渣油，进料残炭为 6%～24%，全回炼，焦炭产率 10.21%，轻质油收率 75.3%。这些装置的操作成功，更加丰富了我国渣油催化裂化的技术经验。

1983 年 LPEC 与长岭炼油化工厂合作，进行两段催化裂化的试验研究。第一段采用惰性热载体脱除渣油中的残炭和重金属，效果较好，使胜利常压渣油的残炭脱出率达到 90%，重金属脱除率达到 90%～95%；第二段实行常规催化裂化，轻质油收率可达 70%。这一技术已在 LPEC 炼油实验厂半工业化试验成功，它为催化裂化装置直接加工高残炭渣油提供了一种方案。

20 世纪 80 年代后期我国引进了美国 Stone and Webster 公司的渣油催化裂化技术，用于镇海、武汉、广州、长岭和南京5个炼油厂现有催化裂化装置的改建和新建，都已陆续投产。经过对该技术的消化、吸收和改进，已对我国渣油催化裂化技术的发展起了一定的作用。

我国渣油催化裂化技术，经过多年的研究和生产实践，已经掌握了原料雾化、内外取热、提升管出口快速分离、重金属钝化、催化剂预提升等一整套渣油催化裂化的基本技术，同时系统地积累了许多成功的操作经验。例如 RIPP/BDI 开发的大庆减压渣油催化裂化技术(VRFCC)就集成了多项新技术。

20世纪80年代中期以来，石油化工科学研究院一直致力于重油催化裂解制取低碳烯烃技术的研究，开发出了 DCC、CPP、MGG 等催化裂化家族技术，并实现了工业化，其中 DCC 工艺技术至今仍然是在全球范围内最具有竞争力多产丙烯的催化裂化工艺技术。

在 DCC 技术成功工业化以后，RIPP 在 DCC 基础上，通过对工艺参数、催化剂以及装置构型的改进，开发出了由重油直接制取乙烯和丙烯的催化热裂解(Catalytic Pyrolysis Process，CPP)工艺。2009年8月，沈阳石蜡化工有限公司500kt/a 催化热裂解制乙烯项目在沈阳投产，标志着 CPP 工艺成功实现了工业化。

HCC(Heavy-oil Contact Cracking)工艺是由 LPEC 开发的以生产乙烯为主要目的的工艺。该工艺借鉴了成熟的重油催化裂化工艺，采用流化床或活塞流反应器(特别是提升反应器或下行管式反应器)，使预热过的烃类原料直接与具有一定催化活性的固体颗粒接触剂(以下简称接触剂)进行快速接触，以促进自由基反应。HCC 工艺条件的特点为：高温(660～700℃)、大剂油比(18～20)、大水油比、接触时间短。该工艺专用的催化剂 LCM 由金属氧化物、经碱金属或碱土金属改性的硅酸铝以及金属离子交换的八面沸石中的一种或几种构成。

随着我国汽车工业的迅速发展，车用燃料的消耗量将与日俱增，由此必将导致汽车尾气中污染物释放到大气中的总量越来越大。因汽车尾气排放而造成的大气污染问题也会越来越严重。为此，我国汽油质量升级步伐不断加快，国Ⅴ车用汽油要求烯烃体积分数不得大于24%，且烯烃+芳烃体积分数不得大于60%，硫含量不高于10μg/g。而我国车用汽油大部分来自催化裂化汽油，催化裂化汽油含有较高的烯烃和硫。因此降低催化裂化汽油中的烯烃含量和硫含量是我国催化裂化工艺在进入21世纪后所面临的第一个挑战。国内催化裂化研究开发和工程设计单位基于自身积累和优势，相继开发出几种独特的降低催化裂化汽油的烯烃含量和硫含量的催化裂化技术，较为典型的工艺有：MIP 工艺、FDFCC 工艺、TSRFCC 工艺等。

其中 MIP 工艺系列技术自2002年2月实现工业化以来，已获大面积推广应用，目前共有50套工业装置正常运转、8套装置处于建设中，累计加工量约为92.55Mt/a，再加上未授权 MIP 装置，其累计加工量达105.05Mt/a。在全国的 MIP 和 FCC 装置中，中国石化催化裂化汽油约有70%来自 MIP 装置，中国石油催化裂化汽油约有38%来自 MIP 装置，其他石油公司和地方炼油厂催化裂化汽油约有53.8%来自 MIP 装置，全国 FCC 汽油约有59.6%来自MIP装置。

为了提高石油资源利用效率，催化裂化工艺从追求高转化率向追求高选择性转变，国内研究开发和工程设计单位已开发出高选择性的催化裂化工艺(HSCC)，并加氢处理工艺集成，形成催化裂化和加氢处理集成工艺技术(IHCC)，IHCC技术于2014年实现了工业化，液体收率大幅度增加，焦炭产率明显地降低。我国催化裂化重大技术发展年表见表5.1。

表5.1　我国催化裂化重大技术发展年表

年份	工艺	催化剂	助剂
1956～1960	移动床工业装置(苏43-102型)(1958)	—	—
1961～1965	同高并列式流化床工业装置(中国技术)(1965)	合成Si-Al小球，合成Si-Al微球	—
1966～1970	同高并列式带管反1.2Mt/a装置(中国技术)(1967)	13X沸石剂	—
1971～1975	高低并列式全提升管装置(中国技术)(1974)	RE-Y沸石剂	—
1976～1980	同轴式半工业装置(中国技术)(1977)，烧焦罐式高效再生装置(中国技术)(1978)，掺渣油工业试验(1977～1979)，能量回收机组投运(国产，1978)	—	CO助燃剂(Pt)(1979)，Ni钝化剂(Sb)(1980)
1981～1985	同轴式掺渣油(带内取热)工业装置(1982)，高低并列式常渣(带内取热)工业装置(1983)，高低并列式掺渣油(带内外取热)工业装置(1985)，后置烧焦罐再生技术(1985)	大堆积密度半合成沸石剂(1981)	—
1986～1990	掺渣油两段再生工业装置(SWEC技术)(1987)，同轴式烧焦罐及床层两段再生工业装置(中国技术)(1989)	原位晶化RE-Y沸石剂、USY沸石的ZCM-7催化剂和CHZ催化剂，CHP-1催化裂解催化剂	择形沸石助剂，改进CO助燃剂(Pt、Pd)
1991～1995	多产低碳烯烃的技术(DCC、ARGG)(中国技术)	H-Y沸石催化剂，不同类型沸石(USY/REY-MFI)组合式的催化剂	多种复合型钝化剂
1996～2000	多产柴油和液化石油气的工艺(MGD)(中国技术)	各种改性的沸石催化剂和组装催化剂，降低汽油烯烃含量催化剂	降低汽油烯烃含量助剂
2001～2010	降低汽油烯烃含量的工艺(MIP、FDFCC)(中国技术)，3.5Mt/a大型常压渣油装置(2002)，重油直接制取乙烯和丙烯的工艺技术(CPP和HCC)，生产丙烯兼顾汽油的技术：DCC-Ⅱ、MIP-CGP、FDFCC-Ⅲ以及TSRFCC	改性MFI沸石的催化剂，降低汽油烯烃的催化剂，气相超稳催化剂	降低汽油硫含量助剂，非贵金属CO助燃剂
2011～2020	再生烟气处理技术(2013)，HSCC/IHCC(2014)	重油裂化催化剂及增产汽油催化剂	—

5.2.3 催化裂化技术的特点

催化裂化是现代炼化企业最重要的原油二次加工过程之一，是重油轻质化的主要工艺技术。其流程见图 5.25。

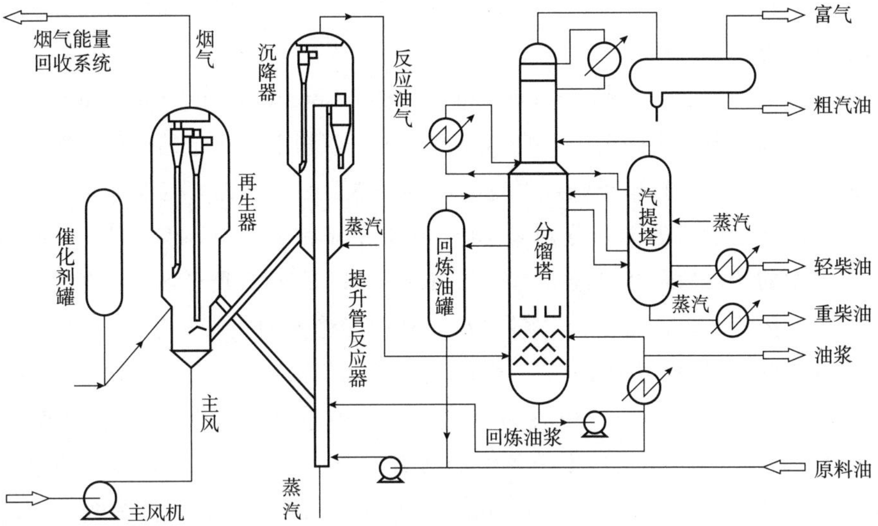

图 5.25 催化裂化流程图

催化裂化优点有：

(1)可以提高轻质油的产率，提高原油的利用率，减少了重油产量，可以提高原油价值。

(2)油气兼顾，低干气和焦炭产率，汽油安定性好，过裂化，高液化气产率，液化气的高烯烃度和高辛烷值汽油。

(3)催化裂化过程的催化剂、反应工艺、再生工艺、节能减排工艺，以及工程装备等均取得了巨大的技术进步，可加工原料从柴油馏分发展到各种重质原料，生产不同产品的灵活性得到极大提升。根据不同目的产品要求和反应技术特点可以将催化裂化过程进一步划分为催化裂化、催化裂解和催化热裂解技术。可改变工艺条件和操作方式，灵活调整产品结构。

(4)通过新型催化剂和反应工艺技术的开发，使多环芳香烃的选择性加氢部分饱和及环烷芳香烃的环烷环选择性开环裂化实现有效耦合，是践行“分子炼油”理念的重要途径。

催化裂化缺点有：

(1)目前对催化裂化原料的控制指标主要是残炭，硫、氮含量，重金属含量，以及密度和四组分(饱和分、芳香分、胶质和沥青质)等宏观性质和族组成。由于分析条件的限制，很少从原料的分子结构分析其转化规律，以至于在生产操作过程中的优化调整缺乏理论指导。

(2)焦化蜡油和加氢处理重油的催化裂化加工导致大量的劣质柴油、外甩油浆和高焦炭产率。

(3)随着近年来国内原料性质与油品性质的不断下降，重油催化裂化装置在生产过程中经常会出现结焦问题，极易造成工艺波动或设备故障，从而影响设备的安全运行。

5.2.4 催化裂化技术的反应机理

催化裂化是生产汽油等轻质油品最重要的二次加工手段之一，其反应过程十分复杂，主要反应有：裂化、异构化、歧化、烷基转移、氢转移、环化以及缩合等，主要的化学反应可以用正碳离子学说解释。

正碳离子(Cabocat ion)包括 Carbenium ion 和 Carbonium ion。Carbenium ion 是三配位的正碳离子，即经典的正碳离子，它的稳定性主要依赖于该离子的空间结构。质谱和微量热实验的数据表明，叔碳离子是最稳定的，也是最容易生成的，与叔碳离子相比，生成仲碳离子和伯碳离子所需的能量分别多 40～60kJ/mol 和 70～105kJ/mol。Carbonium ion 在超强酸溶液中的稳定性存在已经被 NMR、Raman 以及 XPS 所证实。最近也有研究者通过 NMR 证实，在固体酸表面上，也存在着某些相当稳定的正碳离子。Carbonium ion 被称为非经典的正碳离子(根据 IUPAC 的命名法，称为 Alkanium ion)，它是一种五配位的高能量的正碳离子，具有一个三中心两电子键。三中心可由一个 C 原子和两个 H 原子(1C2H)、两个 C 原子和一个 H 原子(2C1H)或者三个 C 原子组成。Kebarle 等人的理论计算表明，具有 2C1H 三中心键的 Carbonium ion 稳定得多，但随着直链碳数的增加，C—C 键和 C—H 键质子化所需能量的差别也逐渐减少。

5.2.4.1 催化裂化反应的 β-Scission 机理

Greensfelder 和 Thomas 提出的 β-Scission 机理认为裂化反应是通过 Carbenium ion 进行的，并成功地预测了正十六烷在硅铝催化剂上的裂化反应产物分布。根据该机理，正碳离子 Carbenium ion 可由烷烃分子脱去一个负氢离子或者由烯烃分子得到质子形成，其中烯烃分子为进料中的杂质。这些正碳离子进行 β-Scission 反应，得到一个烯烃分子和一个更小的正碳离子，后者可以发生脱附反应生成一个烯烃分子，同时再生一个表面活性位。正碳离子还可以从另一个烷烃分子上获取一个负氢离子，得到一个新的正碳离子，自身变成烷烃，这就是所谓的氢转移反应，见图 5.26。

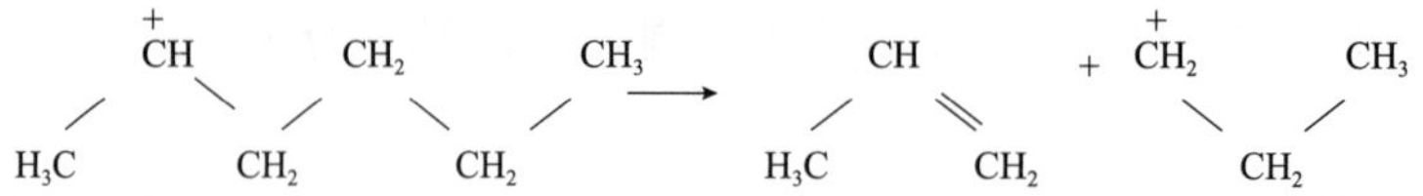

$$R^+ + HR' \longrightarrow RH + R'^+$$

图 5.26 β-Scission 反应和氢转移反应

随着研究的深入和实验手段的更新，人们逐渐发现有许多实验事实用 β-Scission 机理无法解释。首先就是裂化反应的引发问题，即 Carbenium ion 是如何形成的。β-Scission 机理认为能够从烷烃分子上获取一个负氢离子的 Lewis 酸中心是烷烃裂化反应必需的初始活性位，但在 Lewis 酸中心上形成的 Carbenium ion 是如何迁移到可以进行 β-Scission 反应的 Bronsted 酸中心上的？其次就是按照 β-Scission 机理的预测，裂化反应产物中的烷烃和烯烃的比例应该是 1 或者更小，但实际上，在大多数情况下该比例大于 1。这表明，β-Scission 机理并不能全面、准确地解释烷烃的裂化反应过程。为此，Haag-Dessau 以及 Corma 等人基于 Olah 提出的五配位的 Carbonium ion 的概念，提出了新的烷烃裂化反应机理——单分子质子化裂化机理。

5.2.4.2 催化裂化反应的单分子质子化裂化机理

Haag-Dessau 在考察正己烷和三甲基戊烷在 HZSM-5、HY 型分子筛和无定形硅铝催化剂上的裂化行为时发现，低转化率下的裂化产物中含有大量的 H_2、甲烷和乙烷，这些产物是不可能来自经典的 β-Scission 机理的，因为根据 β-Scission 机理，最小的烷烃裂化产物是丙烷。因此，他们提出烷烃在固体酸上的裂化反应可能存在着以下两种不同的反应机理：

(1)经典的双分子反应机理(Classical bimolecular mechanism)：气相中的烷烃分子和表面 Carbenium ion 发生氢转移反应，新的 Carbenium ion 随后进行 β-Scission 反应，它类似于经典的 β-Scission 机理。

(2)质子化裂化机理(Protolytic cracking mechanism)：由烷烃 C—C 键的质子化开始，首先生成一个五配位 Carbonium ion，作为一个高能量的物种，它很快裂化生成一个烷烃和与之相补偿的一个表面 Carbenium ion(见图 5.27)，该机理是一个单分子反应过程。

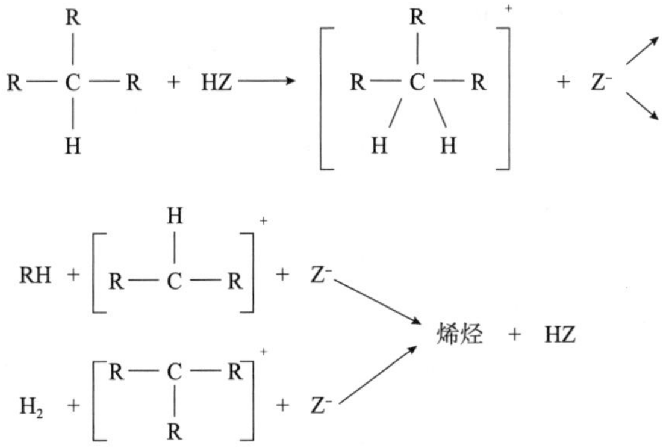

图 5.27 现今流行的 DCC 工艺原则流程图

实验结果表明，在大孔催化剂如无定形硅铝和 HY 型分子筛上，经典的双分子反应机理(1)占绝对优势，而对于中孔的 HZSM-5 型分子筛，由于存在对体积较大的双分子过渡态的空间位阻效应，单分子质子化裂化机理(2)对总转化率的贡献则更大，而且这两种机理的发生比例与反应温度、烃分压以及转化率有关。

许多研究者在 HZSM-5 型分子筛上的实验结果支持了 Haag-Dessau 所提出的单分子质子化裂化机理。如 Krannila 等人采用正丁烷原料在 HZSM-5 型分子筛上反应，得到的产品分布与单分子质子化裂化机理的预测结果相吻合，Narbeshuber 和 Lercher 等人的工作也得到了类似的结果。

许多研究者在 Haag-Dessau 提出的两种裂化机理的基础上开展了大量的研究工作，发现由于这两种机理的反应产物在种类或产率上有着明显的差别，因此它们的发生比例对烷烃裂化反应的产物分布影响极大。这样，如何定量地描述这两种机理的发生比例以及它们和催化剂性质、反应条件的关系至关重要。Wielers 提出的"裂化机理比率（Cracking Mechanism Ratio，CMR)"的概念，就是这样一个参数，它表示了裂化反应中双分子反应机理和单分子质子化裂化机理的发生比例，即定义 $\left(C_1+\sum C_2\right)/i-C_4^0$ 的值为 CMR，其中，C_1、$\sum C_2$ 和 $i-C_4^0$ 分别是甲烷、C_2 烃类和异丁烷的摩尔选择性，较高的 CMR 值（CMR＞1)表示裂化反应中以质子化裂化机理为主，较低的 CMR 值(0＜CMR＜1)则意味着经典的正碳离子机理占主导地位。Corma 等人则采用甲烷和 H_2 的初始选择性之和代表单分子质子化机理，而双分子机理的贡献则用差减法[100－(甲烷＋H_2)]的初始选择性来表示，在实验考察的温度范围内，双分子机理对单分子机理的比例从 11 到 1 变化。

由于这些参数在定义时忽视了两种机理的内在联系，两种机理的提法也容易造成误解，因此逐步受到诸多质疑。事实上正碳离子是贯穿于整个裂化反应过程的基本中间过渡态，它在两种机理中均是存在的，因此两种机理之间必然存在着某种联系，互相促进、互相制约，这就需要人们用统一的观点来看待整个裂化反应过程。因此，早期提出的催化裂化链反应的概念又重新引起人们的重视。

5.2.4.3 催化裂化反应的链机理

Shertukde 等人在研究异丁烷和正戊烷在 HY 型分子筛上的裂化反应时，对烷烃的裂化反应过程用链反应的观点做了详细的描述，同时得到了该反应的链长。以正戊烷为例，(*A*)链引发：链反应由 C—H 键和 C—C 键在 Bronsted 酸中心上引发，所形成的五配位的 Carbonium ion 分解为 Carbenium ion 和引发反应的产物甲烷和乙烷。(*B*)链传递：链载体即 Carbenium ion 通过异构化和氢转移反应传递链反应。(*C*)链终止：Carbenium ion 脱附生成相应的烯烃后，链反应过程即告终止，Bronsted 酸中心恢复活性，稳态下达到脱附平衡。Shertukde 等人认为裂化反应产物分布主要决定于稳态条件下的正碳离子浓度，由链反应引发、传递和终止三个阶段导出的物料平衡和异丁烷及正戊烷的裂化产物分布数据一致。

Shertukde 定义的"链长"为双分子反应消耗的分子数与单分子质子化反应消耗的分子数之比，即双分子传递速率与单分子引发速率之比。通过计算得到了两个链长：链长 *A* 定义为传递反应速率和引发反应速率的比值，而链长 *B* 定义为传递反应速率对终止反应速率的比值，在稳态条件下，链长 *A* 和链长 *B* 应该是相等的，实验证明在大多数情况下基本一致。

随后，Zhao 等人在研究己烷异构体(2MP、3MP)的裂化行为时，首次明确提出了烷烃裂化反应链机理的概念。即认为单分子反应和双分子反应是统一在裂化反应中的两种过程，它们之间存在相互作用，构成一个链反应系统，即所谓的链机理(Chain mechanism)。该机理由引发(Initiation)、传递(Propagation)和终止(Termination)三个阶段组成。Zhao

等人还运用非线性优化方法得到了烷烃裂化反应中各反应的反应路径概率，提出的"动力学链长(Kinetic chain length)"定义为总反应速率与引发反应速率之比，其数值可以从1到无穷，单分子反应和双分子反应对总转化率的贡献随着链长的变化而改变。

阎立军等人用裂化反应链机理的观点统一了正己烷裂化反应中的单、双分子两种反应机理，并提出了"裂化反应链长(CCL)"的概念，较好地解释了正己烷裂化反应的产物分布以及产物选择性与分子筛孔径的关系。通过对正己烷在不同硅铝比的Y、β两种分子筛上某些典型裂化产物的初始生成速率和分子筛酸密度的考察，发现正己烷裂化反应中的双分子氢转移反应遵循Rideal-Eley机理。

5.2.5 催化裂化主要工艺

5.2.5.1 固定床催化裂化技术

固定床催化反应装置是化工反应中最常用的一种设备，其中反应器内填加固体催化剂。普通情况是将催化剂填装在反应管中部，由支撑架和不锈钢丝网，耐热硅酸铝棉铺垫，在催化剂上部再用耐热棉铺压，原料从预热器将液体原料加热气化后进入反应器上部，呈气相与热催化剂接触反应，如果原料是气体仅预热即可进入反应器。理论上讲管式反应器的流动应是平推流或称柱塞流，但经过催化床层会发生吸附、扩散反应等过程，使流动状态复杂化。通常催化裂化多使用流化床、提升管流化床、移动床。固定床只在实验室内做评价与筛选催化剂使用。其流程如图5.28所示。

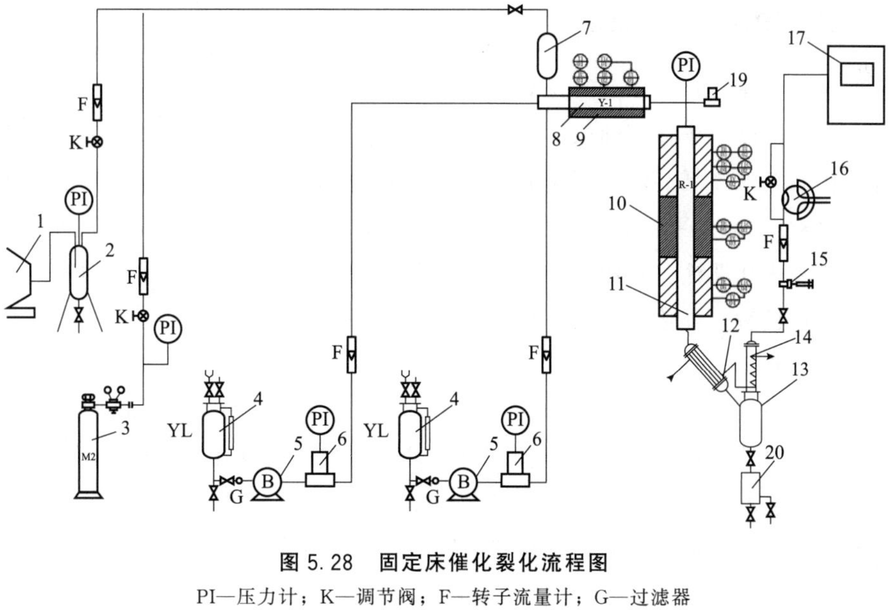

图5.28 固定床催化裂化流程图

PI—压力计；K—调节阀；F—转子流量计；G—过滤器

1—空压机；2—空气缓冲罐；3—氮气瓶；4—原料罐；5—加料泵；6—调压阀；7—缓冲罐；8—预热器；9—预热炉；10—反应炉；11—反应器；12—冷凝器；13—汽液分离器；14—二次冷凝器；15—手动取样器；16—六通进样器；17—煤气表；18—阻火器；19—压力传感器；20—分相器

5.2.5.2 移动床催化裂化技术

移动床催化裂化是采用移动床式反应器和再生器进行催化裂化的技术。催化剂在反应器与再生器之间循环移动，含碳催化剂在再生器烧焦后送入反应器，在反应器与原料油接触进行反应，生成的轻质产物自反应器顶逸出去分馏塔，生成的焦炭附于催化剂移至再生器烧去，使催化剂再生。由于设备复杂，现已被淘汰。其流程如图 5.29 所示。

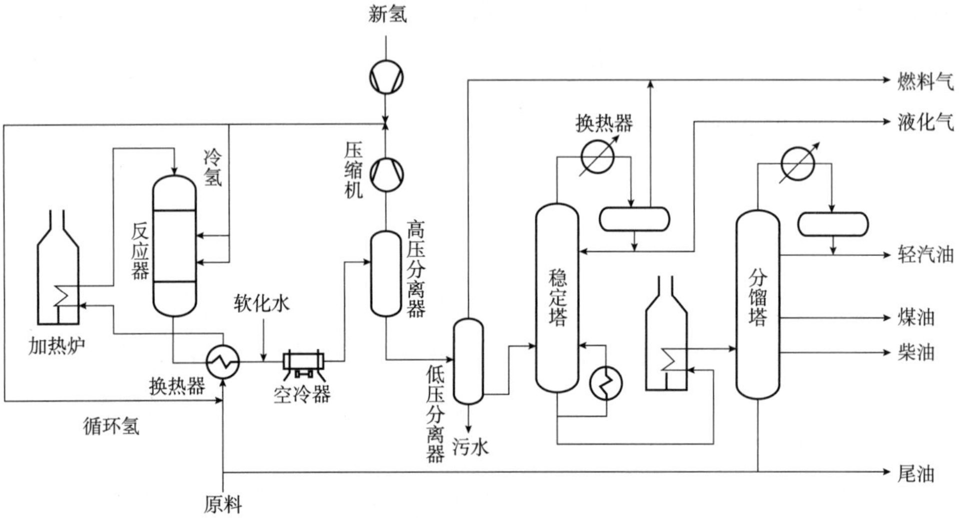

图 5.29 移动床催化裂化流程图

5.2.5.3 流化床催化裂化技术

流化床催化裂化(Fluid Catalytic Cracking，简称 FCC)，是石油精炼厂中最重要的转化工艺之一。被广泛用于将石油原油中高沸点、高分子量的烃类组分转化为更有价值的汽油、烯烃气体和其他产品。流化催化裂化(FCC)的原材料(进料)通常采用原油中初馏点为 340℃或更高(常压)以及平均分子量在 200～600 或更高的部分。这部分原油通常称为重质瓦斯油或重质减压瓦斯油。在流化催化裂化工艺中，原材料在高温和适当的压力下与流化粉末状的催化剂接触。催化剂打破了高沸点长链的烃分子，使之成为更短的分子，然后以蒸气的形态被收集。

反应产物的蒸气(535℃、1.72bar)从反应器的顶部流出，进入分馏塔的底部。在主分馏塔中，反应产物蒸气被分馏为石脑油、燃料油、干气等各种 FCC 终产物。在经历去除含硫化合物的工艺后，石脑油就成为具有高辛烷值的精炼厂调和汽油的组分之一。主分馏塔的干气则被送至气体回收单元，并在其中被分离为丁烷、丁烯、丙烷、丙烯，以及分子量更小的气体(如氢气、甲烷、乙烯、乙烷)。有些 FCC 的气体回收单元也能分离出部分的乙烷和乙烯。流化床催化裂化流程如图 5.30 所示。

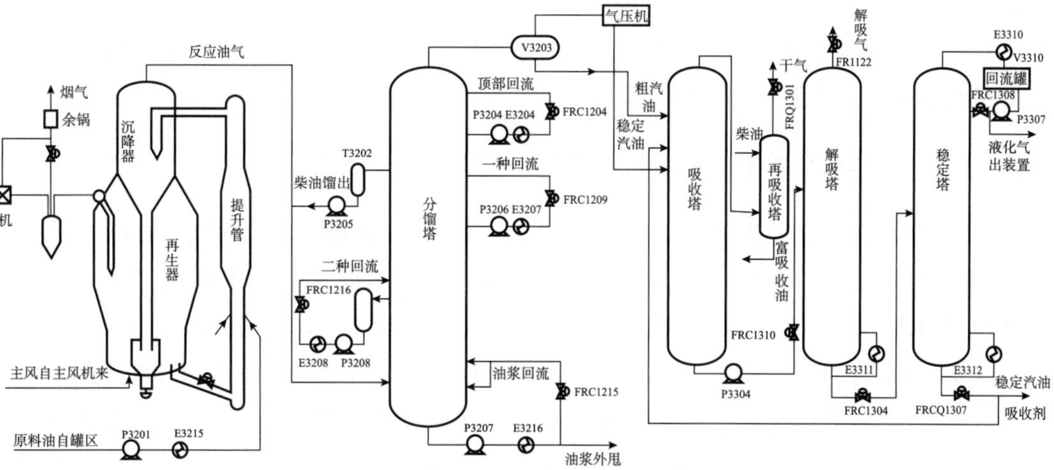

图 5.30 流化床催化裂化流程图

5.2.5.4 常压渣油多产液化气和汽油(ARGG)工艺技术

随着炼油和石油化学工业的发展，原油资源日趋紧缺、变重，而市场对石油产品的需求量却越来越大，对其质量要求不断提高。为此，石油化工科学研究院(以下简称石化院)在 MGG 工艺技术的基础上，又研究开发出以常压渣油为原料，最大量生产液化气和高辛烷值汽油的 ARGG(Atmospheric Residuum Maximum Gas plus Gasoline)工艺技术。

为验证、考察和进一步完善这项技术，取得工业上及工艺工程上的数据和经验，石化院和扬州石化厂、洛阳石化工程公司、齐鲁石化公司催化剂厂合作，于 1993 年 7 月在扬州石化厂建成国内第一套 ARGG 工业装置，并一次投产成功。

MGG 工艺技术是以蜡油或掺炼一部分渣油为原料，大量生产液化气和汽油产品的工艺技术。而 ARGG 则是以常压渣油等重质油为原料，多生产液化气及汽油的一种新工艺技术。主要特点是：①以常压渣油等重质油为原料，实现油、气兼顾。在高的液化气和汽油产率下，同时得到好的油品性质，特别是汽油的质量优于或者相当于重油催化裂化的汽油性质。以苏北常压渣油原料为例，ARGG 工艺的液化气产率可达到 30%，汽油产率达到 47%；汽油 RONC 大于 91，诱导期大于 690min。②采用的是重油转化能力与抗重金属污染能力强、选择性好及具有特殊反应性能的 RAG-1 催化剂。③灵活的工艺条件和操作方式。反应温度 510～540℃，可以单程、重油回炼或者重油加部分柴油回炼。④高价值产品产率高，产品有一定的灵活性。液化气加汽油产率可以达到 70%～80%，液化气、汽油加柴油产率可以高达 85%。

这项工艺技术比较适合我国的情况，我国的原油轻组分少，常压渣油多，一般为 70%左右，而且大部分质量也比较好。目前国内已经有几套拟建和在建的 ARGG 装置。ARGG 是在 MGG 基础上研究开发出的一个新工艺技术。就如同常压渣油催化裂化和馏分油或掺部分重油催化裂化一样，有不少相似之处。但在操作、工艺条件、催化剂、装置、工艺工程等方面有许多不相同的地方。引起这些差别的主要原因是原料性质的变化，特别是残炭、重金属、杂质、胶质、沥青质及大于500℃馏分的增加，要求工艺、装置及催化剂有适宜的工况，很强的重油转化能力和抗重金属污染能力等相应的技术与措施。

5.2.5.5 多产柴油和液化石油气的工艺(MGD)

当前国内油品市场柴油短缺、汽油过剩；新的汽油规格又要求 φ(烯烃)≤35%、ω(硫)≤800μg/g。此外，不少炼油厂还要求在多产柴油的同时多产液化气。MGD工艺就是应市场的需求而开发的。它既能多产柴油，又能多产液化气，还能降低汽油中的烯烃和硫的含量、提高汽油辛烷值；在达到这些功能的同时，还可以多掺炼渣油，而不降低总的液体收率。此外，MGD工艺装置可以利用已有的提升管催化裂化装置稍加改造即成，实施容易、投入少、见效快。正是由于MGD工艺集如此多的功能于一身，因此，自1999年先后在广州石油化工分公司(简称广石化)和福建炼油化工有限公司(简称福炼)工业化应用之后，至今已有5套装置在运转、10多套装置在改造或准备改造，其推广之迅速，前所未有。

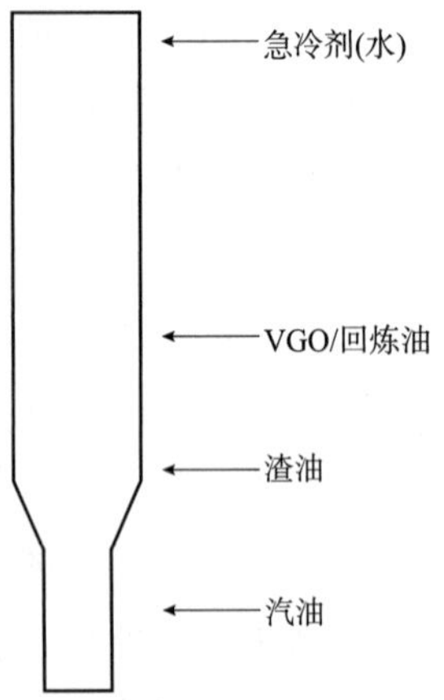

图5.31 MGD工艺提升管进料口示意图

MGD工艺是将汽油回炼和分段进料紧密结合为一个体系，形成串级互补反应的独特工艺。图5.31是MGD工艺提升管进料口示意图。原料按轻重分别从三个进料口进入提升管，并在提升管上部适当位置打入急冷剂。部分催化裂化汽油(或外来焦化汽油、石脑油)在重质原料(渣油)之前进提升管，VGO/回炼油在渣油之后进提升管，急冷剂可采用酸性水。

MGD工艺的目标是要从重油裂化生成尽量多的柴油和液化气，并使汽油中的烯烃和硫化物转化。因此，需要：①尽量多转化重油；②适时终止链断裂，保留中间馏分；③汽油过裂化，产生LPG，并使烯烃和硫化物转化；④避免多产焦炭和干气。实现这些目标最根本的是要服从催化裂化反应机理。同时，还需尽量利用已有FCC装置，改造工程量愈少愈好，以便尽快满足市场需求。

经过理论分析和实验考证，确定了MGD的工艺方案，如图5.31所示。采用分段进料的意义在于：①原料从不同位置进提升管，使沿提升管的不同位置形成不同苛刻度的反应区。②原料油轻重不同需要不同的反应苛刻度，反应深度的要求不同需要不同的反应苛刻度。③重油和蜡油/回炼油分开进提升管，提高了对重油的剂油比，从而提高重油转化率。④汽油首先和再生高温催化剂接触，在高苛刻度下，烷烃迅速裂化、烯烃裂化、氢转移/异构化/叠合。此外，由于汽油富含烯烃，烯烃易于和B酸生成正碳离子，催化剂表面因此带着大量的正碳离子表面，当这些正碳离子表面提升到和重油接触时，正碳离子链反应迅速发生，有效地加速和促进重油的转化，提高重油转化率。而且，由于丰富的正碳离子，大大提高β-断裂/质子迁移反应之比(β-断裂的最小产物是丙烯，质子迁移反应的最小产物是乙烯，甚至是 H_2)，因而可减少焦炭和干气的生成，这一点具有重要意义。从 MGD 工艺的实践中可见，焦炭和干气产率增加不多，可能这是重要原因。⑤蜡油/回炼油进入提升管与经过反应后降温的催化剂接触，苛刻度降低，有利于保留中间馏分；回炼油含有烯烃，进入提升管后也能引发正碳离子的生成，加速反应的进行，其中既有裂化又有氢转移等反应。⑥氢转移等二次反应能使链反应终止，从而抑制中间馏分再裂化，提高柴油馏分的产率。⑦急冷剂在靠近提升管出口注入，起到终止反应的作用，有利于降低干气和焦炭产率及提高整体的剂油比。⑧由于部分汽油的再反应，汽油中的烯烃进行了裂化、氢转移、叠合等二次反应，有效地降低产品中的烯烃含量，同时含硫化合物也经过裂化、氢转移反应而转化，使汽油中的硫含量降低。

通过 MGD 工艺，达到既多产柴油又多产液化气的目的，装置的重油掺炼量不但不降低，还有所提高，轻质产品收率基本不受影响，汽油的质量大大提高，不但降低了汽油烯烃和硫含量，还提高了辛烷值。进提升管的汽油可以是本身的粗汽油、稳定汽油，也可以是外来的劣质汽油，包括焦化汽油、直馏石脑油等(但外来汽油对降烯烃和降硫作用不大)。同时，装置还具有很大的操作灵活性，随市场的变化，可以停止汽油回炼，或停止轻重原料分开进料，回到常规的催化裂化操作模式，而且这种转换可在 8h 内完成。

5.2.5.6 低碳烯烃的催化裂解(DCC)工艺

以重质油料(减压馏分油、焦化蜡油及渣油等)为原料生产低碳烯烃的 DCC 工艺，其流程类似于传统的 FCC，主要包括反应-再生、分馏和吸收稳定三个组成部分，典型流程见图 5.32。原料油经水蒸气雾化后进入反应器与再生后的高温催化剂接触，反应在提升管加密相流化床反应器(DCC-Ⅰ，最大量生产丙烯操作模式)或仅在提升管反应器中进行(DCC-Ⅱ，大量生产丙烯并兼产优质高辛烷值汽油操作模式)。DCC-Ⅰ型选用较为苛刻的操作条件：采用较长的停留时间以保证裂解汽油进行二次裂解反应生成轻烯烃；高的催化剂循环速率和大的剂油比以提供反应所需要的热量；低油气分压有利于目的产物烯烃的生成，增加气体的烯烃度，减少焦炭的生成。DCC 催化剂含有高活性的基质和改性五元环中孔沸石，具有好的异构化性能以及低的氢转移反应活性。研究结果表明，对于大庆蜡油，丙烯产率超过 20%，乙烯、丙烯和丁烯之和超过 40%；对于非石蜡基原料，丙烯产率为 20.6%。DCC 工艺技术自 1990 年工业化以来，在国内外已有多套工业装置投产，先后出口到泰国、沙特、印度和俄罗斯等国家，最大单套催化裂解装置处理能力为 4.5Mt/a。

DCC 工艺的优点：①丙烯产量较高，最高可达 20%；②汽油中甲苯、二甲苯含量较高，简单处理后，就是很好的重整装置原料；③汽油辛烷值 RON 高达 98，抗暴指数约为 92。

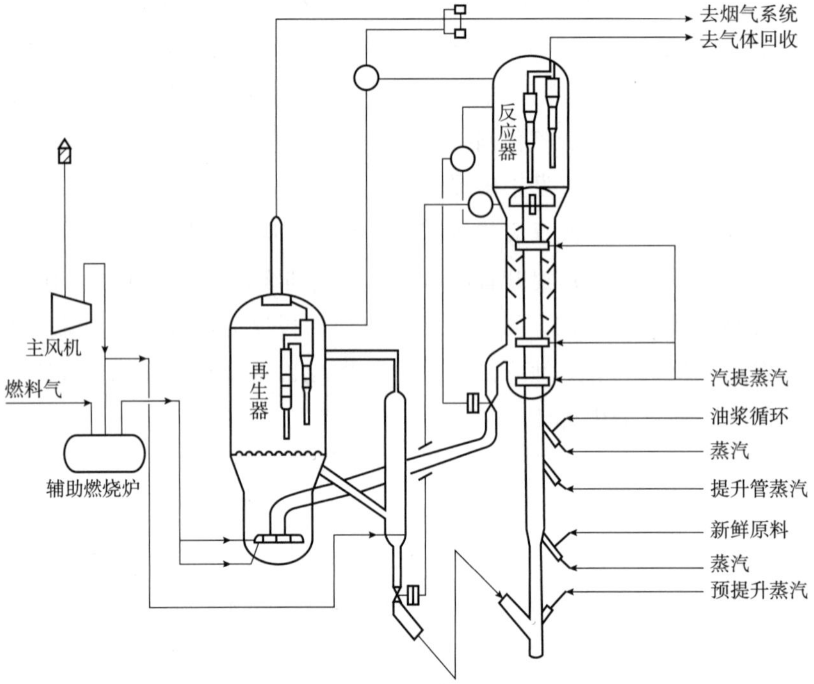

图 5.32　DCC 工艺反应再生系统原则流程图

5.2.5.7　乙烯和丙烯的催化热裂解(CPP)工艺

该工艺采用提升管反应器及催化剂流化输送的连续反应-再生循环操作方式，借助错流式短接触快速汽提技术脱除再生催化剂中携带的烟气，并以反应生成的焦炭作为反应-再生系统的主要热源，产品分离流程可以采用蒸汽裂解的深冷分离技术，但必须预先精制以脱除微量杂质，如硫化物、氮化物、碳氧化合物、砷和水等，可以得到聚合级的乙烯和丙烯产品。专门针对 CPP 工艺研制的新型改性择形沸石催化剂 CEP，具有正碳离子和自由基反应双重催化活性，在酸性条件下既可大量生产乙烯又能生产丙烯，并可根据需要灵活调整产品结构，实现最大量乙烯、最大量丙烯以及乙烯和丙烯兼产等多种操作模式。可以加工重质原料油，包括蜡油、蜡油掺渣油、焦化蜡油和脱沥青油以及全常压渣油等，扩宽了乙烯的原料来源，降低了乙烯原料成本。此外，该工艺的反应温度为 600～650℃，比蒸汽裂解缓和很多，大大降低了能耗，并节省了设备成本。

5.2.5.8　HCC(Heavy-oil Contact Cracking)工艺

HCC(Heavy-oil Contact Cracking)工艺是由 LPEC 开发的以生产乙烯为主要目的的工艺。该工艺借鉴了成熟的重油催化裂化工艺，采用流化床或活塞流反应器(特别是提升反应器或下行管式反应器)，使预热过的烃类原料直接与具有一定催化活性的固体颗粒接触剂(以下简称接触剂)进行快速接触，以促进自由基反应。HCC 工艺条件的特点为：高温(660～700℃)、大剂油比(18～20)、大水油比、时间接触短。该工艺专用的催化剂 LCM

由金属氧化物、经碱金属或碱土金属改性的硅酸铝以及金属离子交换的八面沸石中的一种或几种构成。

5.2.5.9 多产异构烷烃的催化裂化工艺(MIP)

MIP 工艺是基于裂化和转化(异构化和氢转移)两个反应区概念，设计出具有两个反应区的串联提升管新型反应器。串联提升管第一反应区以一次裂化反应为主，采用较高的反应强度，经较短的停留时间后，第一反应区出口的汽油组分中富含低碳(C_5～C_7)烯烃；反应油气经专用的分布板进入扩径的第二反应区下部，第二反应区通过扩径、补充待生催化剂等措施，降低油气和催化剂的流速，并同时降低反应温度，满足低重时空速要求，以增加氢转移和异构化反应，使汽油中的烯烃含量大幅度下降，而汽油的辛烷值保持不变或略有增加，其反应再生系统原则流程见图 5.33。而常规 FCC 工艺反应再生系统原则流程见图 5.34。

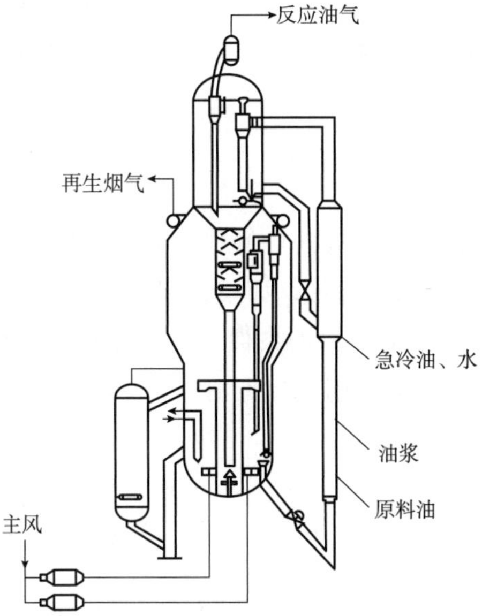

图 5.33 MIP 反应再生系统原则流程图

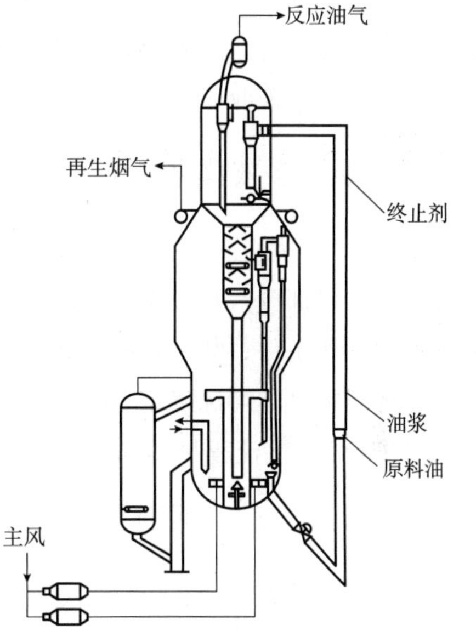

图 5.34 FCC 反应再生系统原则流程图

MIP 工艺第一反应区出口温度控制在 500～530℃，第二反应区温度控制在 490～520℃。第一反应区的油气停留时间一般为 1.2～1.4s，第二反应区的重时空速(WHSV)一般为 15～30h^{-1}(油气停留时间 5～6s)。MIP 工艺汽油产率明显高于常规的 FCC 工艺，且汽油烯烃含量明显低于常规 FCC 工艺，同时其研究法辛烷值 RON 基本不变或略有提高，马达法辛烷值 MON 有所提高，符合汽油新标准和清洁燃料的发展方向，但轻循环油产率和性质均有所下降。通常由于 MIP 工艺单程反应深度较深，回炼比较小，在 0.1 以下，油浆密度约在 1.1g/cm^2，氢含量较低，不宜回炼。根据装置情况可采用自产的粗汽油馏分或酸性水作为第二反应区的备用冷却介质。在保证重油转化率的同时，可以单程，亦可以回炼操作，视原料油性质及市场变化对产品结构的需要而定。国内外一些催化剂公司研制开发了与 MIP 系列工艺配套的专用催化剂以满足市场不同的需求，并得到广泛应用。

基于串联提升管新型反应器技术平台，除开发出 MIP 工艺外，先后开发出 MIP-CGP、MIP-LTG 和 MIP-DCR 工艺，均实现了工业化并得到应用。MIP-CGP 工艺(Maximum Iso-Paraffins Process for Cleaner Gasoline Plus Propylene Production)采用专用催化剂与相适宜的工艺参数，原料油在第一反应区发生更苛刻的裂化反应，以生成更多富含烯烃的汽油和富含丙烯的液化气；第二反应区仍以氢转移反应和异构化反应为主，但适度地强化烯烃裂化反应。在烯烃裂化反应和氢转移反应双重作用下，汽油中的烯烃转化为丙烯和异构烷烃，从而在增产丙烯的同时，大幅度降低汽油烯烃。MIP-LTG(Maximum Iso-Paraffins Process for LCO to Gasoline Production)工艺是将轻循环油分为轻循环油轻馏分和重馏分，轻馏分直接回炼，而重馏分加氢再回炼，从而可以多产高辛烷值和低烯烃的汽油。MIP-DCR(Maximum Iso-Paraffins Process for Dry Gas and Coke Reduction)工艺是在提升管底部设置催化剂混合器，从外取热器引出一股冷再生催化剂和热再生催化剂在催化剂混合器中进行混合，或者热再生催化剂直接冷却，以减少热裂化反应，从而降低干气和焦炭产率，提高总液收。

5.2.5.10 灵活多效催化裂化工艺(FDFCC)

FDFCC 工艺使用两根提升管，第一根提升管按常规 RFCC 操作，第二根提升管是汽油提升管，可将部分汽油或全部汽油(全馏分或轻馏分)回炼，如果目标是降低汽油烯烃，可采用缓和操作条件；如果目标是多产丙烯，则采用较苛刻的条件。是否需要单独的汽油分馏塔，可根据具体情况确定，双分馏塔 FDFCC 工艺原则流程见图 5.35(方案 A)；而单分馏塔 FDFCC 工艺流程见图 5.36(方案 B)。

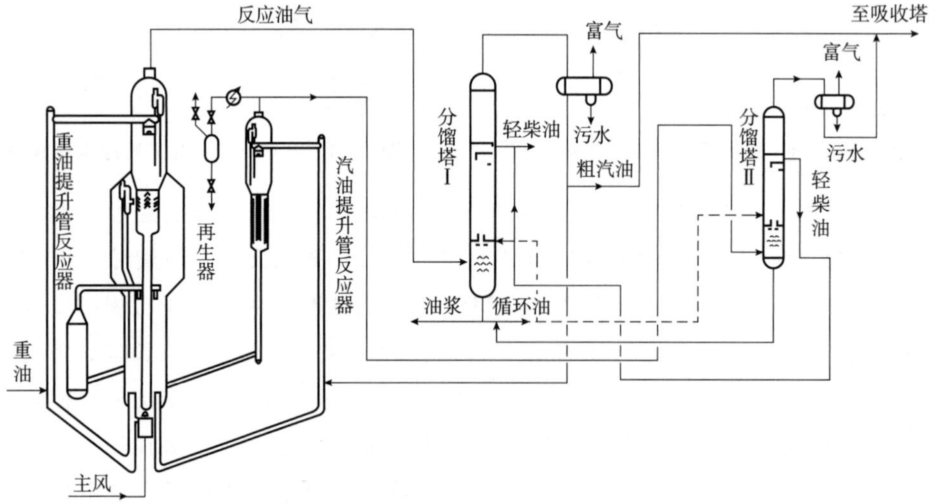

图 5.35　双分馏塔 FDFCC 工艺流程图(方案 A)

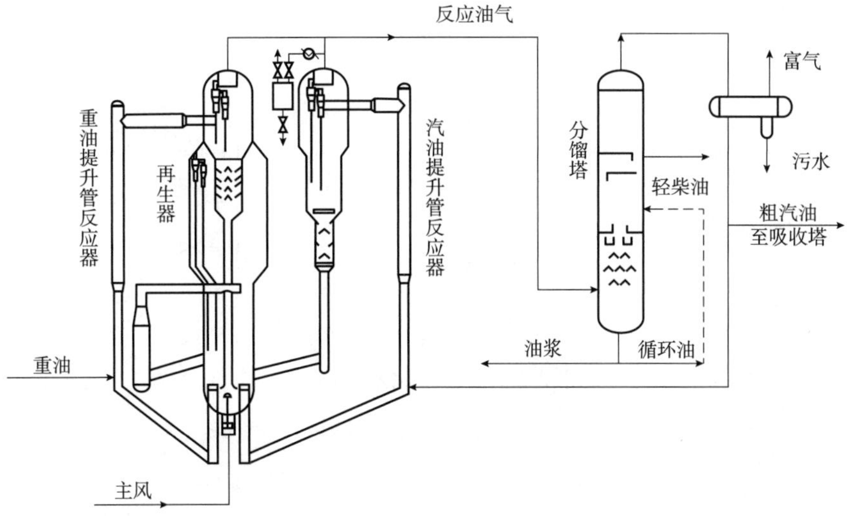

图 5.36 单分馏塔 FDFCC 工艺流程图(方案 B)

在 FDFCC-Ⅰ基础上开发了 FDFCC-Ⅲ工艺，其生产目标是改善产品分布，进一步提高丙烯产率，降低汽油的硫含量和烯烃含量，生产满足欧Ⅲ排放的汽油组分。FDFCC-Ⅲ工艺采用双提升管并增设汽油沉降器和副分馏塔；采用“低温接触、大剂油比”的高效催化核心技术。将部分汽油提升管待生催化剂引入原料油提升管催化剂预提升混合器，与高温再生剂混合后进入原料油提升管，既降低了原料油提升管的油剂接触温度，又充分利用了汽油提升管待生催化剂的剩余活性，提高了原料油提升管催化裂化的剂油比和产品选择性，降低了干气和焦炭产率，提高了丙烯收率和丙烯选择性。

FDFCC 的优点很多：①在不降低汽油辛烷值的前提下，可以大幅度降低催化裂化汽油的烯烃含量；②提高催化裂化装置柴汽比，少量降低汽油产量；③可以提高丙烯、液化气产品的收率；④略微降低催化裂化汽油硫含量。

5.2.5.11 LTAG 技术

LTAG 技术是石科院研究、开发的将劣质 LCO(催化裂化轻循环油或者轻柴油)转化汽油或者芳烃的技术，该技术可以降低炼油厂的柴油产品产量，提高汽油产品产量。一般需要改造或者新建一套柴油加氢装置，并对催化裂化的提升管进行改造(新增特殊的喷嘴等)。根据石科院在安庆的改造及标定结果，LTAG 技术可以增加催化裂化装置 7%～9%的汽油收率，降低催化裂化装置 13%～17%的轻柴油收率，增加催化裂化装置 3%～6%的液化气收率。

按照“大地”的初步估算，在汽油高于柴油 300～400 元/t 时，该技术性价比较高；此外，还要注意，如炼油厂可以通过调整切割点或者调整加氢裂化装置操作，减产柴油的，可以增设加氢裂化装置，性价比更佳。反之，如一些小型炼油厂，催化裂化装置负荷不高、氢气成本便宜，比较适合该技术。LTAG 工艺流程见图 5.37。

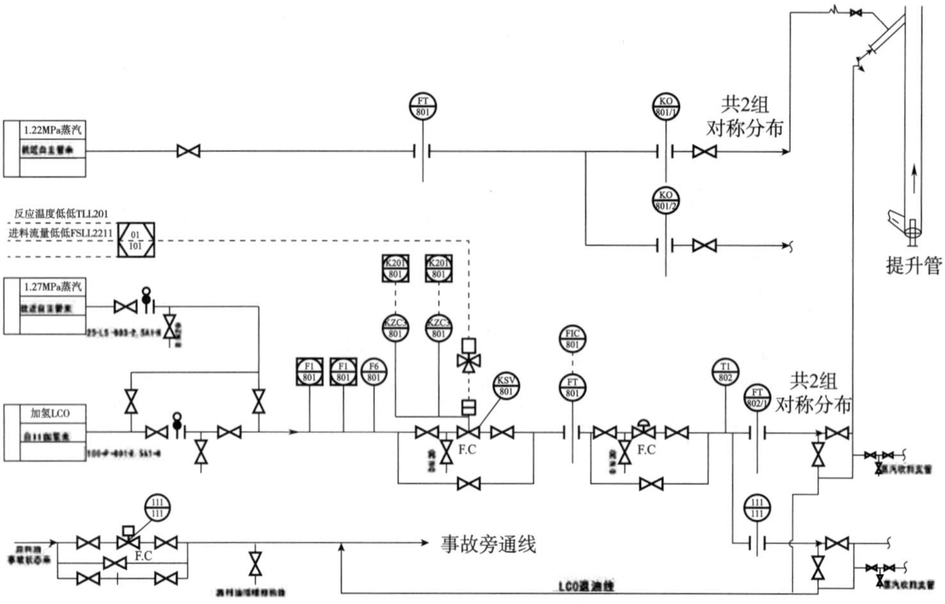

图 5.37　LTAG 工艺流程图

5.2.5.12　多产轻质油的 FGO 选择性加氢工艺与选择性催化裂化工艺集成技术(IHCC)

流化催化裂化工艺经过几十年的发展，技术成熟、生产方案灵活，既可以最大量地生产高辛烷值汽油组分，又可以最大量地生产高辛烷值汽油组分和丙烯或最大量地生产丙烯和芳烃；原料适应性广，从馏分油到重质原料油均可以加工；装置压力等级低，操作条件相对缓和，投资少。因此，流化催化裂化装置仍将作为 21 世纪我国炼油行业的核心工艺装置，在生产汽油、柴油、液化气和丙烯，加工重质原料油以及节能降耗等方面发挥不可取代的作用。

从现有炼油技术一体化的角度来看，渣油催化裂化技术只是重油转化能力好，而催化裂解技术只是丙烯产率最高，就轻质油品收率和丙烯产率而言，催化裂化技术和催化裂解技术仍存在较大的优化空间，这是因为在重油转化时不同反应阶段烃类 C—C 键的断裂位置、碳链的骨架结构变化、氢原子的分配等未处于优化控制中，采用单一的炼油技术，往往顾此失彼，难以得到烃类的碳氢分配最佳化和石油产品最大化，这一点可以从催化裂化转化率与干气和焦炭产率之间的矛盾明显地看出。以大庆蜡油为原料，采用催化剂 MLC-500，在小型固定流化床反应器上考察催化裂化转化率与干气和焦炭产率的关系，结果见图 5.38，其中烃类转化率的大小通过改变剂油比来控制，转化率的变化范围为 5%～95%。从图 5.38 可以看出：当催化裂化转化率较低

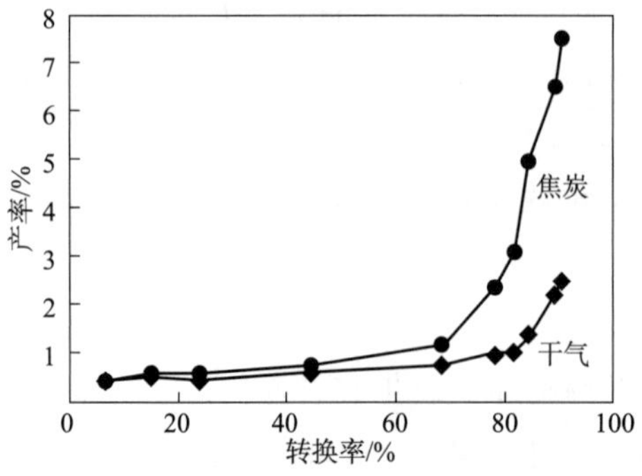

图 5.38　干气和焦炭产率与转化率的关系

时，随着转化率的增加，干气和焦炭产率增加幅度较小；当转化率大于80%时，干气和焦炭产率随转化率的增加而大幅度增加，此时重油的转化选择性变差，即转化率与干气和焦炭选择性之间存在着明显的矛盾。催化裂化装置加工大庆蜡油的最佳转化率为70%左右，此时干气和焦炭产率之和与转化率之比处于最低。但存在较多重油未转化的问题，尤其对于加工劣质或重质原料油，未转化的重油产率将更高。经分析，未转化重油的主要组成是多环芳烃。如果在催化裂化过程中强行转化这些缺氢的多环芳烃，势必导致干气和焦炭产率大幅度增加，造成原料中的氢分布严重失衡。

上述催化裂化工业装置的生产数据和原料油催化裂化试验结果表明，重质原料油在催化裂化装置上转化生成的干气和焦炭产率随转化率的增加而缓慢增加，当转化率达到一定值后，干气和焦炭产率随转化率的增加而急剧增加。因此，催化裂化工艺存在着转化率处于较高值的区间而干气和焦炭产率之和与转化率之比处于较低值的区间，从石油资源高效利用的角度来看，该区间是重质原料在催化裂化装置上的最佳转化率区间。因此，将不同类型的原料油在最佳转化率区间内转化，可减少干气和焦炭的生成，未转化的重油采用其他技术途径，可以强化现有炼油技术的一体化，将组成异常复杂的重质原料选用不同的炼油技术经多次转化反应生成各种不同类型的石油产品，满足市场需求，从而实现最大量地生产轻质油品和高价值的化工原料。

石科院针对劣质原料油的特点，对目前催化裂化过程的反应化学进行认真总结和分析，在大量试验工作的基础上，提出多产轻质油的催化裂化蜡油(FGO)选择性加氢处理工艺与选择性催化裂化(缓和催化裂化)工艺集成技术(IHCC)的构思。其主要思路是对重质原料油不再追求重油单程转化率最高，而是控制催化裂化单程转化率在合理的范围，使干气和焦炭选择性最佳，未转化的重油 FGO 经加氢处理后再采取适当的催化裂化技术来加工，从而获得高价值产品收率最大化。该工艺的核心技术包括三部分：①选择性催化裂化工艺(HSCC)。该工艺基于原料油中的多环芳烃有效时空约束概念，使原料油中的烷烃结构基团发生选择性裂化，而多环芳烃芳核结构被保留，实现干气和焦炭产率之和与转化率之比最小。②HSCC 工艺生产的 FGO 中的芳烃和胶质经选择性加氢处理工艺(HAR)进行芳烃饱和。该工艺的开发目标是通过开发多环芳烃和胶质定向加氢技术，定向饱和 FGO 中的多环芳烃和胶质生成多环烷烃，同时尽可能地保留所生成的多环环烷烃。③加氢后的 FGO 作为 HSCC、FCC 或 MIP 工艺的原料，采用适宜的催化剂和工艺条件，进行再次催化裂化反应。由此可以看出，IHCC 工艺集成技术是从原料油分子结构水平上深度强化现有的炼油技术协同和整合。

IHCC 工艺开创了炼油技术发展由追求更高转化率向追求更好选择性的转变，这一重大转变过程必将导致对现有的炼油过程反应化学的重新认识和控制，对现有的炼油过程及其工艺参数重新匹配与设计，重新开发与新的炼油过程相适应的催化材料及催化剂，从而推动炼油过程反应化学的知识创新，推动工艺和工程技术以及新的催化材料和催化剂的技术进步，实现有限的石油资源高效利用，为低碳能源技术开发提供一条新的研究探索途径。

IHCC技术探索试验于2007年3月进行，2008～2009年进行中型试验研究，2010年7月22日通过中国石化科研部组织的中型试验评议。IHCC中型试验原则流程如图5.39所示。

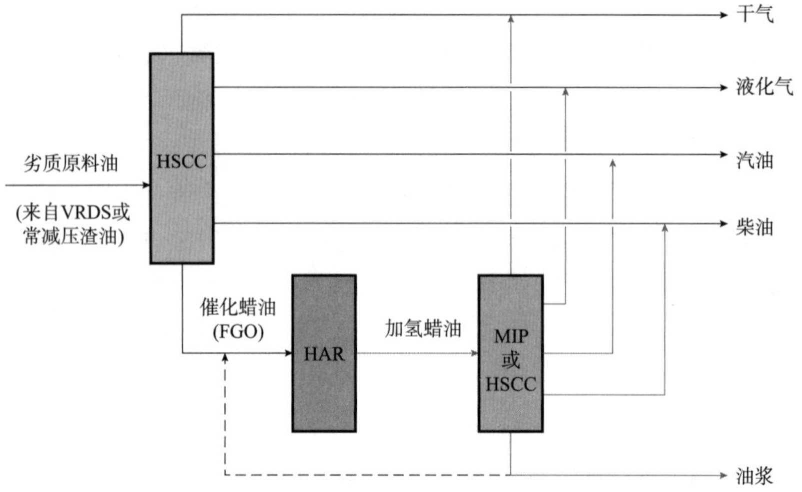

图5.39 IHCC中型式验原则流程示意图

5.3 石油催化裂化技术前沿及探索

5.3.1 重质原料加工工艺

下面所讲的工艺为流化催化裂化及渣油催化裂化工艺的衍生工艺。一些新型的工艺采用具有不同硅铝比的酸性载体负载钼、钴、镍、钨等金属组分的新型催化剂。

最早用于重油脱金属的催化剂为传统的加氢脱硫催化剂。很多天然矿物均用作重质馏分处理的催化剂原料，如黏土，锰结核矿，钒、镍、铬、铁、钴活化的铝土矿、铁矾土、海泡石、镍矿石及负载在氧化硅和氧化铝上的过渡金属硫化物等。原位形成的硫化钒等其他类型的催化剂可以胶体的形式存在。

尽管重质原料难以处理，但近年来渣油催化裂化仍不断发展。渣油催化裂化已成为重质组分转化为高辛烷值汽油组分的重要方法之一。渣油催化裂化是将传统催化裂化应用于高杂原子含量渣油转化的工艺过程，原料可以是蜡油和渣油的混合原料或常压渣油，甚至是常压渣油与减压渣油的混合原料。渣油催化裂化具有较高的汽油产率，同时可生产气体、柴油及燃料油等产品。

原料性质直接影响产品质量。原料中硫元素在加工过程中不会直接脱除，而是重新分配到各产物中。当然，部分硫进入焦炭并沉积在催化剂上。因此，为满足产品质量要求，需对渣油催化裂化产品进行加氢处理。SO_x 排放将成为制约采用渣油催化裂化进行渣油加工的重大障碍之一。基于这些方面的考虑，渣油催化裂化与渣油加氢处理—催化裂化间存在经济平衡点。

渣油加氢处理与渣油催化裂化间存在互补作用，二者结合可以解决渣油转化中的许多难题。

5.3.1.1 沥青渣油处理工艺(ART 工艺)

ART 工艺可在炼厂没有加氢裂化装置条件下实现增产轻质燃料、降低重质燃料油产量的目的。

ART 工艺的原料可为原油、常压渣油、减压渣油或油砂沥青。预热的原料油首先喷入接触器中，与流化的热催化剂(商品名称为 Artcat)充分混合。合适的操作压力及温度有利于原料的选择性气化。油气与催化剂快速流动，并在反应后期实现两者的充分分离。汽提后的待生剂进入燃烧器底部进行烧焦。汽提出来的油气与接触器出口油气混合并快速降温以减少产物的过度裂化。降温后的油气进入与常规催化裂化的分馏塔较为类似的分馏塔进行切割分馏。

焦炭在燃烧器中烧掉，再生沉降段可实现催化剂与烟气分离。再生剂循环回接触器入口处用于气化原料，同时部分再生剂进入燃烧器底部与流入的待生剂混合。

烟气主要成分是 CO_2、N_2、O_2、SO_x 及 NO_2，烟气脱 SO_x 后才能排放。ART 工艺的典型流程如图 5.40 所示。

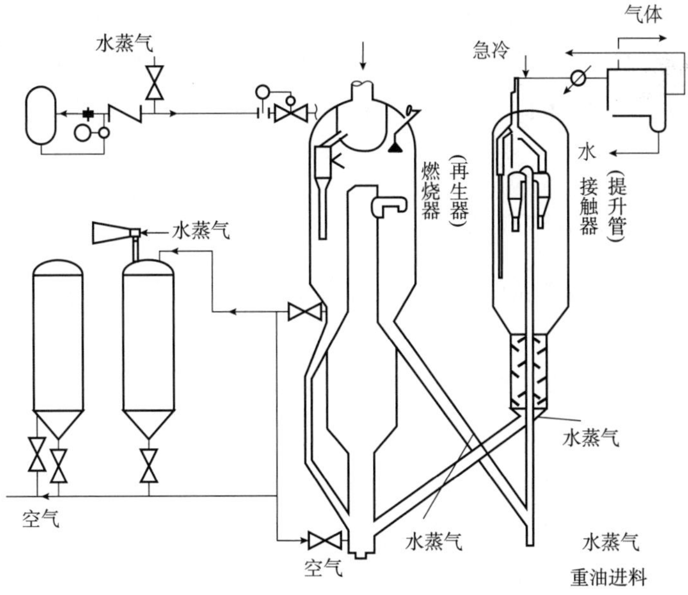

图 5.40 ART 工艺的典型流程图

5.3.1.2 渣油流化催化裂化工艺(HOC 工艺)

凯洛格-菲利普斯 HOC 工艺(Kellogg-Phillips HOC Process)，是一种常压渣油催化裂化新工艺，为美国凯洛格公司(M. W. Kellogg Co.)和菲利普斯石油公司(Phillips Petroletum Co.)合作发展成功的，于1973年底公布，开始出售专利。在菲利普斯石油公司的博格(Borger)炼油厂建有一套125万t/a的常压渣油催化裂化装置。该装置于1961年投产，已运转十几年，最初使用天然白土催化剂，转化率维持在35%；后来改用高活性人造催化剂，目前在高转化率下运转，生产最大量的汽油。同时凯洛格公司在中型装置上，对其他各种原油的常压渣油进行了大量的试验。博格炼厂的运转经验证明，采用HOC工艺可以：①把低产值的渣油转化为高产值的汽油；②省去减压蒸馏和焦化装置；③常压渣油不需经过预处理即可生产高辛烷值汽油和柴油；④所产柴油可以采用一般的低压加氢脱硫技术来加工。此外，运转周期可在两年以上。

HOC工艺可加工高金属、高沥青质含量渣油原料。该工艺的原料为脱硫渣油或加氢脱硫装置的重质馏分。反应器为外置的垂直提升管，末端与密闭旋风分离器相连。雾化蒸汽用量高于蜡油催化裂化用量，可促进重质原料气化。

两级汽提器可以实现待生剂夹带油气的充分汽提。热催化剂以较低流速(密相输送形式)通过催化剂冷却器进入再生器。再生后的催化剂循环入提升管底部。

渣油催化裂化生成的焦炭与瓦斯油催化裂化生成的焦炭均在再生器中烧掉。如果原料中金属含量较高，需提高新鲜催化剂的补充速率以降低催化剂上的金属含量。原料预处理可解决重金属含量过高的问题。

原料加工量受其残炭值及重金属含量的制约。优质原料的残炭值低于5%，金属含量低于10μg/g；中等质量原料的残炭值为5%～10%，金属含量为10～30μg/g；劣质原料的残炭值为10%～20%，金属含量为30～150μg/g；特别劣质原料的残炭值高于20%，金属含量大于150μg/g。HOC工艺的单位时间加工量与常规流化催化裂化装置较为接近。

5.3.1.3 重油处理工艺(HOT工艺)

HOT工艺采用铁矿石颗粒作为催化剂，可实现拔头原油、减压渣油及脱沥青油等重质原料的催化裂化加工。

HOT工艺主要包含裂化反应器、再生器及脱硫反应器等3个流化床反应器，在各反应器中进行独立的反应过程。

Fe_3O_4+沥青质组分⟶焦炭+油+气(裂化反应器中)

$3FeO+H_2O \longrightarrow Fe_3O_4+H_2$(裂化反应器中)

沉积在Fe_3O_4上的焦炭$+O_2 \longrightarrow 3FeO+CO+CO_2$(再生器中)

$3FeS+5O_2 \longrightarrow Fe_3O_4+SO_2$(脱硫反应器中)

裂化反应器中主要进行裂化反应及水蒸气与氧化亚铁间的反应，条件与热裂化反应类似。未转化的原料从洗涤塔底部抽出返回裂化反应器继续反应。洗涤塔将产物分成氢气、液化气及液体产物。液体产物可利用传统加工技术进一步改质。

催化剂上沉积的焦炭在再生器中部分燃烧生成CO，降低Fe_3O_4的形成，同时提供热量。在脱硫反应器中，固体催化剂上的硫转化为 SO_2，并最终通过硫黄回收工艺转化为单质硫。

5.3.1.4 道达尔公司和法国石油研究院用两级再生器的渣油流化催化裂化工艺(R2R 工艺)

原料在提升管底部与高温再生催化剂接触、气化，推动催化剂进入反应容器上部的油剂分离区。利用特殊的固体分离器及旋风分离器实现油气与催化剂的高效分离。大部分的裂化反应发生在油剂接触区域；在油气与催化剂沿提升管向上运动过程中，油气会继续裂化。反应产物夹带极少量的催化剂进入分馏塔。结焦失活的催化剂经汽提后进入一级再生器。

部分再生后的催化剂通过空气立管进入二级再生器。干燥气氛下完全燃烧，实现催化剂的完全再生。二级再生器通过提高再生温度来提高烧焦速率，达到降低催化剂藏量和催化剂停留时间的目的。烟气通过外部旋风分离器后进入能量回收系统。再生后的催化剂进入储罐稳定后流回反应器。R2R 反应再生系统结构示意图如图 5.41 所示。

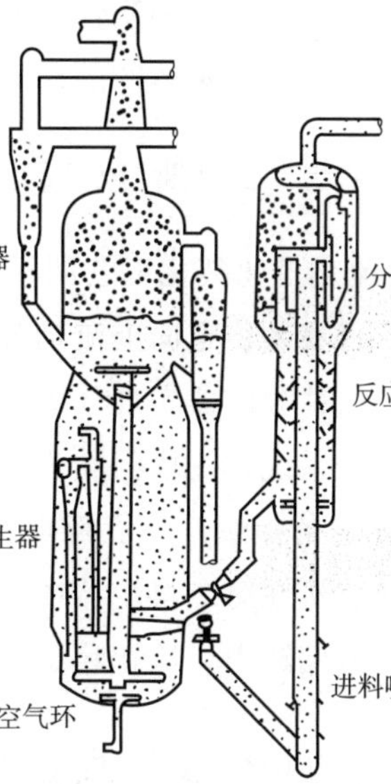

图 5.41 R2R 反应再生系统结构示意图

5.3.1.5 渣油转化工艺(RCC 工艺)

近年来，轻质产品需求量不断增长，因此，大部分炼厂在减压瓦斯油加工过程中掺炼一定的渣油原料。传统流化催化裂化仅能加工某些特定的渣油，因此渣油流化催化裂化工艺得以广泛发展。渣油裂化工艺过程可以将渣油高效转化为汽油。渣油催化裂化与渣油加氢裂化在渣油裂化工艺中具有重要的地位。渣油流化催化裂化还可提供大量的高品质汽油调和组分及石化工业原料。丙烯、丁烯及戊烯既是生产烷基化及叠合汽油的重要原料，也是生产商品汽油添加组分的重要原料。

RCC 工艺过程中，再生后的催化剂进入反应提升管底部与低沸点油气接触，提高催化剂沿提升管方向的流动速度。预提升区域上部为进料区，沿提升管周边分布有一系列的原料喷嘴。

沉降器实现反应产物与催化剂的分离，使裂化产物快速离开反应器。分离后的催化剂在汽提器中脱除吸附的油气后进入再生器。焦炭基本完全燃烧，同时催化剂活性得以恢复。再生后的催化剂按照一定流量返回提升管底部继续进行催化反应，保证最佳转化率，并提高主要产物的选择性。

5.3.1.6 壳牌(Shell)催化裂化工艺

壳牌(Shell)催化裂化工艺的目的是利用渣油多产馏分油。

预热的原料油(减压瓦斯油、常压渣油)与再生催化剂混合。经过提升管反应后，油气与催化剂分离。多级高效汽提器可实现催化剂上吸附油气的充分汽提。汽提后的催化剂通过短立管进入再生器。再生器为单容器结构，具有结构简单、可靠程度高、再生效率高等特点。再生烟气通过旋风分离器及螺旋盘管组成的复合结构后进入能量回收透平机。回收能量后的烟气进入废热锅炉进一步回收能量。受环保法规的限制，烟气排放前需通过脱硝、脱硫装置及后续排放控制装置。

原料预加氢处理可提高催化裂化汽油收率。对原料进行缓和加氢处理可提高流化催化裂化馏分油产品的收率和质量。先前的报道也曾指出，油砂沥青加氢处理可获得满足催化裂化加工需求的低硫液体产品。

5.3.1.7 斯通-韦伯斯特(S&W)流化催化裂化工艺

S&W 流化催化裂化工艺同样是为了将渣油最大限度地转化为馏分油产品。

重质原料喷入稳定向上流动的催化剂中。原料、水蒸气及催化剂沿提升管向上运动，并通过高效惯性分离器实现气固分离，产品油气进入分馏塔。待生剂在一级挡板汽提器中汽提进入再生系统。一段再生为不完全再生，再生温度 650～700℃，气固逆流接触，可烧去 50%～70%的焦炭。一段再生采用相对温和及部分再生方式主要是为了减少催化剂水热失活。残留焦炭在第二再生器中完全燃烧，温度约为 775℃，水蒸气含量较低。再生催化剂进入再生剂储罐中，流化稳定后重新进入提升管反应器。

5.3.2 重油催化裂化反应工艺技术创新

重油催化裂化(FCC)是液化石油气、汽油和柴油等轻质油品的主要生产过程。提高催化裂化装置的轻质油收率和实现装置的长周期运转对于提高炼油行业的经济效益具有至关重要的作用。尽管 FCC 技术经过几十年的发展已较为成熟，但依然面临着两大难题：①重油 FCC 反应为复杂的平行-顺序反应，轻质油品(汽油、柴油)为平行-顺序反应网络的中间产物。因此，反应深度控制非常关键。而在 FCC 反应器系统中，存在着流动/传递状态截然不同的 4 个区：进料区、反应区、出口区和汽提区，目前 FCC 反应系统的操作没有对每个区采用各自优化的操作条件，以匹配平行-顺序反应历程的要求，导致干气产率和焦炭产率高，轻质油品收率有待进一步提高。②随着原油日趋重质化和劣质化，FCC 工艺需不断加工越来越差的原料。沸程分布很宽，种类繁多，包括减压蜡油、焦化蜡油、溶剂脱沥青油、常压渣油和减压渣油等。更重要的是，原料组成极其复杂，不但含有带烷基侧链的多环烃类，还含有硫化物、氮化物、胶质、沥青质及重金属等。由于不同组成的裂化反应性能差异很大，故在同一反应器中采用同样的反应条件难以与各组成及其性质全面匹配，导致轻质油品收率损失，产品质量恶化。

5.3.2.1 催化裂化反应深度调控技术

从反应机制角度看，重油催化裂化反应为复杂的平行-顺序反应，原料油烃类在催化裂化时，可以同时朝几个方向进行反应，而且初次反应的产物还可以继续进行反应，见图 5.42。平行-顺序反应的一个重要特点就是反应深度对各产物产率分布有着重要影响(见图 5.43)。从反应工程角度来看，重油催化裂化反应是在复杂的气固两相湍流流动和传热的提升管反应系统内进行，气固两相流动、传热、传质和裂化反应高度耦合在一起，从“进料区”到“反应区”再到“终止区”，这些过程始终贯穿于整个提升管反应器系统中，相互耦合、相互作用，具有时序通贯性。

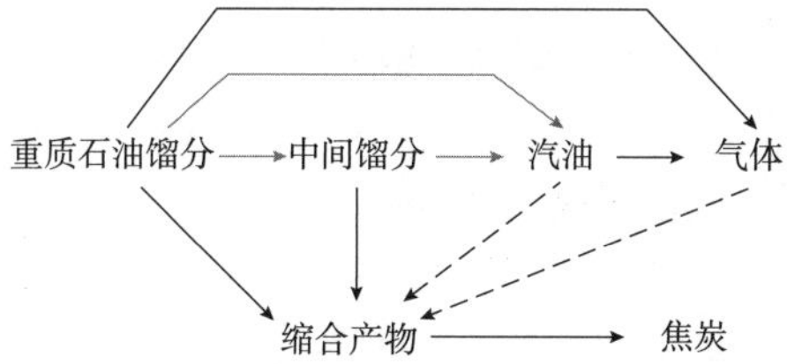

图 5.42 石油烃类催化裂化反应历程示意图

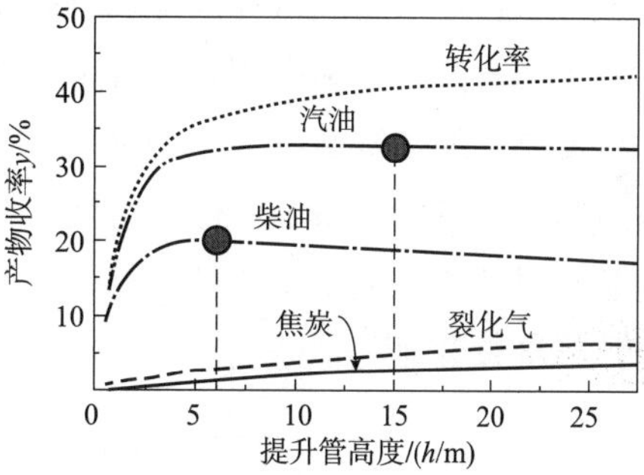

图 5.43 产物产率沿提升管高度分布图

面对从反应机制和反应工程角度都很复杂的重油催化裂化反应，以气固两相湍流流动理论及催化裂化反应集总动力学理论为基础，建立工业提升管三维多相流动反应综合数学模型，实现对高度耦合且复杂的提升管反应系统内流动反应历程的精确描述与刻画，创新性地开发了以注入终止剂为主要工艺的“催化裂化反应深度控制技术”。然后基于对催化裂化反应的深入认识及定量掌握，开发了新型雾化进料技术、提升管反应控制技术及提升管出口“三快”组合技术，最终形成了“催化裂化反应系统新型集成技术”。

该技术已在中国石油前郭石化公司 80 万 t/a、中国石化胜利油田石油化工总厂 60 万 t/a、山东广饶石化集团股份有限公司 30 万 t/a 及中国石化中原油田石油化工总厂 50 万 t/a 等近十套重油催化裂化装置上成功工业化。工业应用结果表明，该集成技术的实施使得产品分布明显改善，轻质油收率提高近 1.5%，干气和焦炭降低近 1%，待生剂上焦炭的氢碳比降低 1.5%。同时该集成技术具有较大的操作弹性和良好的操作稳定性、改造费用低、易于实施、经济效益十分显著，新增销售收入 6.37 亿元，新增利润 4.59 亿元，具有很好的实际推广价值。该技术荣获 2003 年中国石油和化学工业协会科技进步一等奖。

5.3.2.2 重油催化裂化后反应系统关键装备技术

重油催化裂化工艺中，最大限度缩短提升管反应器后反应系统油气停留时间、实现油气和催化剂间的高效分离是获得理想产品分布、实现保障装置正常运行和经济效益的关键设备之一，也是一个世界性的难题。中国大多数装置为重油催化裂化装置，劣质渣油掺炼比例长期居世界首位，对高效后反应系统技术的需求尤为迫切。此前仅UOP、Mobil等国外大石油公司拥有同类技术，但技术使用费高，长期以来一直被垄断，且对国内装置的适应性较差。

将湍流气固两相流理论、催化裂化反应动力学模型耦合组成的计算流体力学(CFD)方法推进到催化裂化过程的沉降器、汽提段等后反应系统研究，着重解决描述气固两相间相互作用力的团聚修正曳力模型准确性难题，建立催化裂化沉降器、汽提段内多相传递及反应的综合数学模型，并以大型冷模多相流动行为实验为指导和流场数据为验证，对催化裂化过程多相体系传递及反应过程进行全面模拟及分析，获得了多相体系传递和反应过程及相互作用机制的新认识，即重油催化裂化后反应系统气固高效稀相分离和密相传质的关键是多相流传递特征与反应历程匹配耦合。结合这一耦合关联机制的深入认识，成功解决了气固稀相离心分离体系和密相传质体系间耦合这一关键工程科学问题，成功开发出了“催化裂化后反应系统关键装备技术”(见图5.44)。在保证油气和催化剂高效分离的基础上，大大缩短油气在后反应系统的停留时间，从而可更有效地抑制副反应，有效改善产品选择性和延长装置开工周期，总体效果优于国际先进技术，已在近50套工业催化裂化装置得到应用，经济效益显著，荣获2010年度国家科学技术进步二等奖。

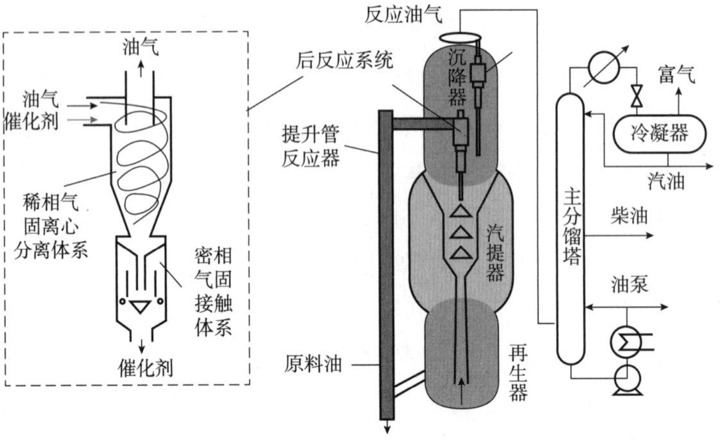

图5.44　催化裂化后反应系统关键装备技术

5.3.2.3　催化裂化汽油辅助反应器改质降烯烃技术

清洁油品生产的瓶颈是催化裂化汽油烯烃含量高。已有的催化裂化汽油降烯烃技术大多是立足于催化裂化过程的改进，产物汽油的降烯烃反应与重油原料的催化裂化反应在同一反应器内完成。重油原料裂化和产物汽油烯烃组分转化的反应机制及动力学规律研究结果表明，两者所需要的最优工艺条件存在巨大差异(见图5.45)。

为此，提出催化裂化汽油改质降烯烃与重质油催化裂化反应分别在不同反应器中进行“异地改质”的新方法。通过重点开展汽油烯烃组分定向催化转化反应历程及其与多相系统传递匹配耦合的基础研究，开发了多相流传递——降烯烃反应历程耦合匹配的输送床与湍动床相组合的汽油改质用反应器——辅助反应器；将其耦合于工业催化裂化装置中，使催化汽油在该辅助反应器内于优化条件下进行“异地改质”，配套开发一个特殊的改质油气分馏塔，单独对改质油气进行分馏。对上述关键装备进行工艺工程集成，开发了“催化裂化汽油辅助反应器改质降烯烃成套技术”(见图 5.46)。

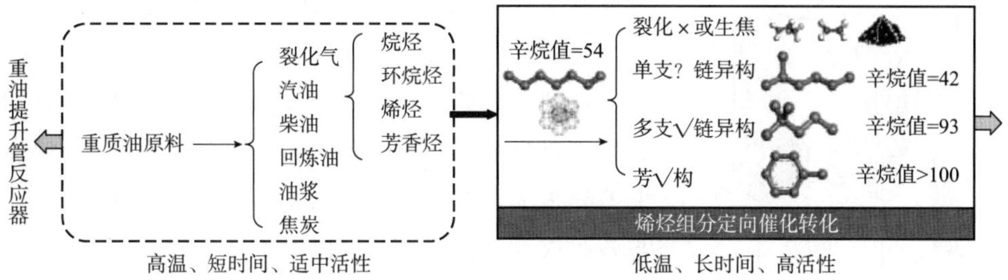

图 5.45 催化裂化汽油改质降烯烃反应历程

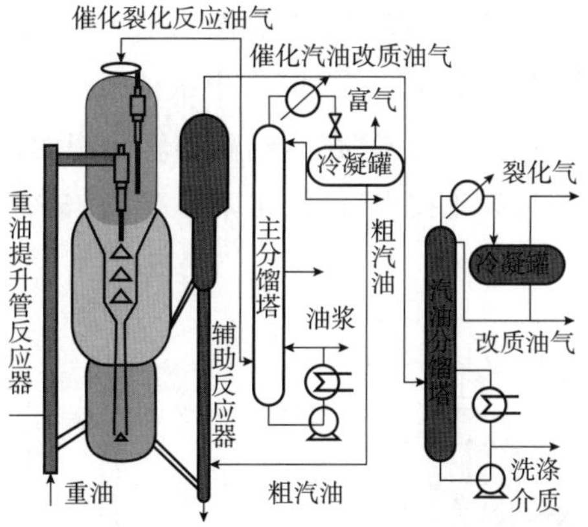

图 5.46 催化裂化汽油辅助反应器改质降烯烃成套技术

该技术成功应用于 5 套百万 t/a 催化裂化装置，可将汽油烯烃含量降低至 18%以下，满足欧Ⅲ、欧Ⅳ类标准，新增销售收入 3.47 亿元，新增利润 2.53 亿元。该技术获 2006 年度国家科学技术进步二等奖。

5.3.2.4 重油催化裂化分区转化技术

多年来，提高催化裂化装置的轻质油收率和液收率一直是中国催化裂化技术发展的动力。但是，近年来催化裂化装置掺炼渣油的比例不断增加，原料的重质化和劣质化使催化裂化过程的焦炭和干气产率都处于较高的水平。目前，装置的优化操作和一些新技术、新装备的采用(如新型预提升段、雾化喷嘴和气固快分)虽然在一定程度上减少了这些非目的产物的产率，但总结这些技术的应用特点可以看到，这些新技术和新装备的应用大多单独作为一个新工艺针对催化裂化装置的某一反应区域进行改进和优化，由于受到其他反应区域的影响，改进作用发挥不充分。基于对重油催化裂化反应历程的再认识，以高油剂混合

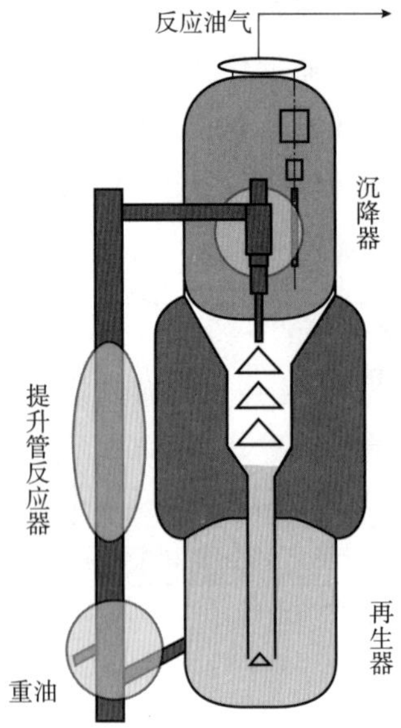

图 5.47 催化裂化反应多区协控技术

缩短接触时间催化裂化为工艺创新基础，提出了进料强返混、反应平流推进、产物超快分离及化学汽提的分区协同控制新理念和实现分区协同控制反应的新技术，即“催化裂化反应多区协控技术(MZCC)”(见图 5.47)。该技术已成功应用于中海沥青 35 万 t 催化裂化装置上，总液收率提高 3.2%，汽油中烯烃含量降低 3/5～2/3，硫含量降低 1/5 左右。

原油的日趋重质化和劣质化的现实迫使 FCC 工艺必须面对日益劣化的原料，不同组成的原料裂化反应性能差异很大，在同一反应器中采用同样的反应条件难以与各组成及其性质全面匹配，因此导致轻质油品收率损失，产品质量恶化。为此，开发了按反应空间分区的催化裂化技术，包括针对焦化蜡油的“焦化蜡油催化裂化分区技术”(见图 5.48)和针对重油的“重油分级分区催化裂化技术”(见图 5.49)。中试试验结果表明，与传统催化裂化掺炼技术相比，“焦化蜡油催化裂化分区技术”在达到相同转化率的情况下，轻质油收率提高 5 个百分点；“重油分级分区催化裂化技术”使转化率提高 7.25%，轻质油收率提高 6.39%，干气和焦炭总选择性降低了 1.18%。

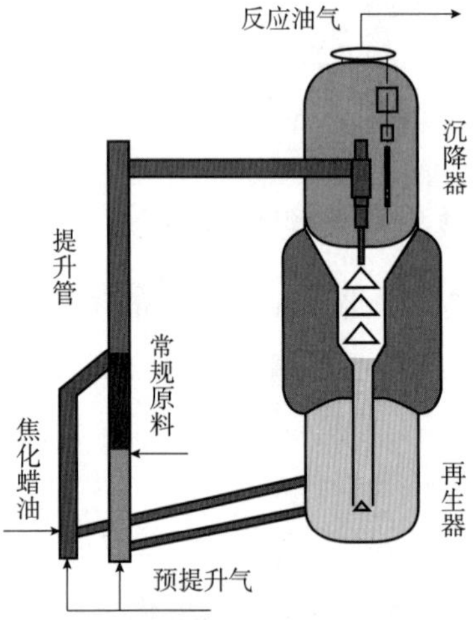

图 5.48 焦化蜡油催化裂化分区技术

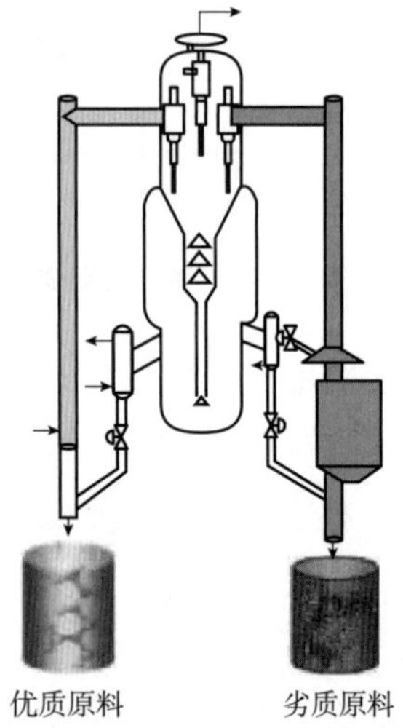

图 5.49 重油分级分区催化裂化技术

5.3.3 提升管技术的发展

5.3.3.1 多段进料的提升管技术

多段进料提升管技术是指将 2 组以上的进料喷嘴设置在提升管的不同高度位置上。调节不同反应段的苛刻度时，要根据原料性质的差异性及产品分布状况的不同来具体分析，调节与之相适应的苛刻度。与此同时，在不同的反应段注入回炼油、可以对汽油、柴油等进行有效控制。目前，石油化工科学研究法成功开发了催化裂化多产液化气和柴油的MGD工艺技术，所采用的技术就是多段进料提升管技术。催化裂化多产液化气和柴油的MGD工艺技术实现了汽油裂化的反应原理、反应深度控制原理等多项技术的统一，使汽油回炼和分段进料成为一个紧密相连的统一体，从提升段顶部到提升管底部一共分为总反应深度控制区、轻质油反应区、重质油反应区及汽油反应区。提升管的这4个反应区，大大便利了MGD技术作用的发挥，一方面，可以有效实现柴油和液化气的多产，另一方面，常规催化裂化操作的灵活性也得到充分发挥。

5.3.3.2 MIP技术

MIP技术是一种成熟的催化裂化提升管技术，在焦炭产率和多产丙烯等方面的开发，促使了MIP新技术的产生。目前，MIP新技术在我国得到广泛应用。实践表明，MIP技术一方面可使汽油的硫含量降至15％～20％。另一方面，可有效使汽油烯烃降至10％～18％。因此，在石油冶炼业中使用MIP技术，可有效提升汽油的质量。

5.3.3.3 双提升管技术

在石油提炼中，由于回炼油的组成、性质等存在巨大差异，再加上单程转化率的限制，影响了汽油的质量，为了解决这一问题，科学家们增设一根提升管，使其与原油的反应器共同发生作用来单独加工回炼油。这就是双提升管技术的作用方式。目前，双提升管技术在全球范围内得到广泛的应用，比如：美国S&W公司、洛阳石油化工工程公司等，双提升管技术的应用，有效地提高了粗汽油的质量，有效降低了重油反应的干气产率。

5.3.3.4 辅助提升管技术

为了促进汽油改质工作的顺利开展，石油大学充分利用自身的资源优势，结合提升管技术，成功研发了催化汽油辅助反应器改质降烯烃技术，又被称为ARFCC技术，是在原有催化裂化工艺的基础上产生的。催化汽油辅助反应器改质降烯烃技术的创新之处在于增设了独立的粗汽油回炼辅助提升管反应系统和改质汽油辅助的分馏系统。粗汽油回炼的辅助提升管反应系统和改质汽油辅助分馏系统又分为两个层次，分别是床层和提升管。在运用原油的催化裂化工艺来改质降烯烃时，是在主分馏系统中注入催化裂化粗汽油，而辅助提升管技术的应用，可以将部分催化裂化粗汽油引入辅助提升管，进而促进降烯烃改质。在反应器中，烯烃会进行多种反应，比如：芳构化反应、异构化反应等，并对二次裂化反应起到一种抑制作用，进而有效达到汽油的新标准，达到显著降低烯烃含量的目标。近年来，随着科技的发展，辅助提升管技术的应用开始普及，极大地促进了汽油改质。

5.3.3.5 两段提升管催化裂化技术

随着人们环保意识的加强，以及轻质汽油市场需求的加大，传统的催化裂化技术的弊端逐渐暴露，为了促进我国石油炼制工业的发展，石油大学针对传统催化裂化提升管的弊端，研发成功了两段提升管催化裂化技术。通常情况下也称为TSRFCC技术，改革了传统的催化裂化提升管，将一个长提升管变革为两个短的提升管。再生器与这两个短提升管构成两路循环。将新鲜原料注入第一段提升管中，并注入再生催化剂，二者反应一段时间后，到处反应产物，为了提高柴油产率，将系统内的待生催化剂和油气分离；在第二段提升管内注入回炼油，使其与再生剂再次发生反应。两段提升管催化裂化技术的核心是分段反应和催化剂接力，两段提升管催化裂化技术的典型特征是催化剂接力、大剂油比、短反应时间和分段反应。

5.3.4 烟气脱硫技术

5.3.4.1 加氢预处理技术

加氢预处理技术在实际应用期间可以有效地对石油原材料进行处理，减少原材料中的硫氧化物，只有这样才能去除其中的硫氧化物、重金属等。加氢预处理技术不仅可以对原材料中的有害物质进行处理，同时还可以在一定程度上提升轻质产品的回收率与质量，改善催化裂化装置产品的质量，满足现代石油催化企业的发展需求，从而促进我国石油炼化企业快速发展。

5.3.4.2 使用硫转移助剂技术

硫转移助剂技术在实际使用过程中可以有效地降低石油材料中的SO_2密度，只有这样才能保证硫转移工作可以顺利进行下去，从而减少有害物质的排放，保护自然生态环境。比如说，该技术在实际使用过程中可以有效地降低烟气中的SO_2，并在催化剂的质量中添加2%～4%的硫转移剂，从而提升硫转移效率，将转移数量控制在40%～60%。

另外，硫转移助剂技术在实际施工过程中的主要工作原理就是通过再生器进行烟气排放，并将烟气中的SO_2氧化成SO_3，形成对应的硫酸盐，等到硫酸盐形成一定反应之后通过F_2S的形式进行排放，只有这样才能减少其中的有害物质，改变烟气成分，从而保护自然生态环境。

5.3.4.3 催化再生烟脱硫技术

一般来说，催化原料硫含量在0.5%～1.5%，这对自然生态环境的发展造成很大的影响。要想从根本上解决这一问题就可以通过吸附法的形式进行硫含量吸附，并选择一些可再生能力较强的固定吸附剂进行吸附，只有这样才能降低其中的硫含量，从而减少有害物质的排放。这种催化再生烟气脱硫技术在实际使用过程中的投资成本较低，运营费用较小，可以有效地清除烟气中的硫氮化物，满足炼油企业日常生产、发展的需求。

5.3.4.4 EDV 烟气脱硫技术

EDV 烟气脱硫技术主要由氧化镁制浆系统、烟气洗涤系统、废水处理系统组成，当烟气进入对应的喷射系统时，烟气就会通过急冷区降温的形式进行处理，等到温度恢复正常之后，烟气中的有害物质就会自动去除。最后，再通过洗涤系统进行烟气过滤，做好烟气与液滴的分离工作。在配制氢氧化镁溶液过程中需要灌入适当的水分，并将氢氧化镁溶液倒在卸料机上，将其与水搅拌，形成对应的浆液。

5.3.5 催化裂化与其他工艺的组合工艺

5.3.5.1 催化裂化-延迟焦化组合工艺

随着原油资源利用程度的不断加深和市场对轻质油品需求量的不断增长，重质油品轻质化成为当今炼油工业的重要加工工艺。在我国，重油催化裂化(RFCC)和延迟焦化工艺备受青睐，如何使 RFCC 和延迟焦化加工过程相互配套，取得良好的产品分布，求得更大的经济效益，是 RFCC 和延迟焦化加工过程中的课题，也是炼油工作者追求的目标。

催化裂化-延迟焦化两装置的双向组合工艺，打破以往催化裂化、延迟焦化两装置单向联合的模式，采用双向互补的形式，把两个加工工艺组成一个整体，以得到更多的目的产品和最经济的加工流程，最终实现全厂不产出低价值燃料油的目的。

DNCC 工艺可有效地改善产品分布，提高目的产品收率，改善汽油质量。降低 CGO 自身碱性氮对洁净再生催化剂酸中心的毒害，同时也缓解了混合原料所含碱性氮在洁净催化剂上的吸附，使总的碱氮影响程度大大降低。

DNCC 工艺，使 CGO 起到了急冷油的作用，以参与裂化反应的原料自身作急冷剂，可使过程总的剂油比保持不变，因此没有额外的生焦，装置热平衡不受影响。

采用 RFCC 油浆进延迟焦化和焦化汽油注入 FCC 提升管的改质技术，提高了催化裂化油浆自身的产值，在当前催化裂化油浆没有良好出路的情况下，经延迟焦化装置加工，产品分布好于 RFCC 回炼油浆方案。焦化汽油注入提升管中部，在自身质量得到改善的同时，又起到了急冷油的作用，解决了焦化汽油原来的加工流程成本高、耗氢大的问题，降低了炼油厂能耗，提高了效益。

5.3.5.2 催化裂化-渣油加氢双向组合工艺

单独采用重油催化裂化加工渣油，适合于加工低硫石蜡基原油的渣油。若加工含硫渣油，需要对原料进行预处理，以满足催化裂化的进料要求。将重油催化裂化的重循环油循环到渣油加氢装置，由于重循环油中含有大量芳烃组分，可以很好地溶解渣油中的胶质和沥青质，从而改善渣油加氢反应，减少渣油加氢过程的催化剂积炭，延长催化剂使用寿命，改善加氢和催化装置的产品分布。

5.3.5.3 催化裂化-溶剂脱沥青组合工艺

催化裂化-溶剂脱沥青组合工艺，在催化裂化前，通过溶剂脱沥青技术“浓缩”劣质渣油中的金属、硫和残炭等，然后脱油沥青去气化装置生产电、蒸汽和合成气，脱沥青油至加氢裂化或经加氢处理后进催化裂化进一步转化，有效提高了生产资源的利用率，也降低了油品中硫的含量，对于减少温室气体的排放有积极的作用。

5.3.5.4 催化裂化-加氢裂化组合工艺

催化裂化产品的优点是汽油辛烷值高、芳烃含量不高；缺点是汽油烯烃含量高，柴油十六烷值低，产品硫含量高。加氢裂化最大的优点是柴油十六烷值高、硫含量低，但石脑油辛烷值低，一般不能直接用作汽油调和组分，需要进行重整。加氢裂化无法代替催化裂化，主要原因在于加氢裂化投资高、操作费用高、需要大量氢源，同时还需要解决加氢裂化生产的重石脑油的出路问题。这项组合工艺应用在加工高含硫原料和生产优质柴油方面，具有明显优势，可生产更多优质柴油并优化催化裂化装置的产品分布。

5.3.6 FCC系列工艺

5.3.6.1 FCC增产丙烯技术

由中石化石油化工科学研究院开发的汽油组分可满足欧Ⅲ标准并可增产丙烯的催化裂化工艺(MIP-CGP)工业试验项目在九-石化通过标定。该厂100万t/a催化裂化装置应用“MIP-CGP”工艺改造成功，经标定，汽油烯烃含量达到13.1%，完全达到欧Ⅲ标准，丙烯收率由6%上升到8.5%，可增产丙烯2万t/a。由洛阳石化工程公司工程研究院开发的LPI-1增产丙烯助剂已在洛阳、扬子、武汉、独山子等10多家炼化生产企业推广应用，当该助剂加注量占催化剂系统藏量4.8%(质量分数)时，液化气就增加1.9个百分点，液化气中的丙烯含量由36.84%(体积分数)可上升至41.03%(体积分数)，丙烯产率可提高1.1个百分点，不仅对汽油、柴油的性质没有影响，而且多产丙烯助剂的使用，也不会造成汽油烯烃含量的增加。

5.3.6.2 FCC废催化剂磁分离回收技术

大庆石化成功开发FCC废催化剂磁分离回收技术。工业应用表明，该技术不仅成功回收50%以上的废催化剂，而且降低了企业新鲜催化剂的消耗，增加了液化气和汽柴油的收率。该FCC废催化剂磁分离回收技术达到国内领先水平。由抚顺石化公司投资兴建的年处理能力为1800t的催化裂化催化剂磁分离装置也投用成功，该公司引进了稀土永磁法催化剂磁分离技术，对催化系统中卸出的废催化剂进行磁分离，将其中重金属含量较低、污染较轻的部分加以回收，返回原装置继续使用，从而降低催化装置系统中催化平衡剂的重金属污染水平。该技术既提高了系统平衡催化剂的整体活性和选择性，又降低了新鲜催化剂的消耗。我国有催化裂化装置147套，年消耗催化剂10万t以上。应用FCC废催化剂磁分离回收新技术，既可减少有害固体废弃物30%以上，减轻企业环保压力，又可节省新鲜催化剂20%以上，增加了目的产物的收率，具有巨大的经济效益和社会效益。

5.3.6.3 FCC干气净化回收乙烯技术

四川天一科技股份有限公司和中石化燕山分公司共同开发国内首套催化裂化干气净化回收乙烯工业装置在燕山炼油厂投用成功。采用变压吸附、湿法脱硫脱碳等技术净化回收催化裂化干气中的乙烯、乙烷和丙烷，在燕山公司建成的工业装置乙烯收率达85%，每小时可回收乙烯等产品气7t。将该装置产生的吸附废气进一步回收氢气，可为汽、柴油的清洁化提供廉价的氢气资源。若催化裂化干气回收乙烯技术与稀乙烯制乙苯和DCC工艺结合在一起，还可形成更具竞争力的新的基本有机原料生产路线。该技术在国内全面推广，每年可节约用于生产乙烯的轻质油415万t。按轻油收率73%计算，可以降低原油加工量568万t/a。

5.3.6.4 FCC汽油加氢脱硫技术

对于全世界来说，目前环境保护是主要的问题，环境污染问题制约着世界各国的发展。现如今，随着人们生活水平的提高，家家户户都拥有了自己的小汽车，石油已经成为居民生活中的必备产品。汽油作为生活的一种能源，主要通过催化裂化工艺生成出来，在催化裂化过程中，汽油炼制会生成含硫化物，这类物质在燃烧过程中，会对生活环境产生严重的污染。

因此，为了避免产生大量的污染物质，化工企业需要对于催化裂化的汽油进行脱硫处理，以此来对汽油进行净化和清洁，加氢脱硫工艺是通过选择性加氢脱硫减少FCC汽油中的烯烃含量和恢复其中的辛烷含量。目前这一技术已经在实际应用中取得了很好的作用。

(1)FCC汽油加氢脱硫工艺技术原理

催化裂化汽油，又称FCC汽油，原料主要是石油，将石油通过多重的工艺技术进行加工而成，FCC汽油目前是我国国内使用最为广泛的一种燃料，同时也是汽车主要使用的燃料。石油主要成分是各种烷烃、环烷烃、芳香烃的混合物，除此之外，还有双键和三键的成分。

随着我国重工业的增加开采石油资源的增多，众多油矿产业出现不同程度油矿质量的下降，开采出石油碳氢比例较高，碳氢比例标准是衡量石油品质的重要标准，原油的碳氢比标准高，就意味着品质次，燃烧不充分，降低原油的使用率，需要进行二次加工才能准确地投入使用，降低损耗率。

FCC汽油加氢脱硫技术能够增加大分子中氢原子的数量，为了更好地降低碳氢比例，并增大燃油效率，利用一些先进的化学设备去除其中一些金属杂质元素，从而提升汽油等级。此外，在碳原子数相等的情况下，燃烧相同物质的饱和烃类的热量相比不饱和烃类所释放的热量要高，而且不饱和烃类化学性质不稳定，容易氧化，而饱和烃则较为稳定，正常温度下不会发生与氧气的自燃反应，方便道路公路的运输使用，所以市场前景比较好。

(2)FCC汽油加氢脱硫工艺技术介绍

①加氢裂化脱硫技术

FCC汽油在催化裂化过程中，会产生很多有害产品，其中包含像焦炭这类可燃物，这类物质含有很多致癌物质，长期接触势必会给人的身体健康带来危害，所以在汽油催化裂化的炼制过程中，要尽量减少焦炭的形成。加氢裂化技术是在我国传统的石油裂化技术上进行了二次改进后，形成新的技术工艺，在含有氢的条件下，对原油进行裂化反应，在这种环境下，可以使得双键、三键与氢发生化学反应，最终会使得烃类物质达到饱和，可以从源头上降低焦炭的产生，通过这一技术，可以提高反应的效率，同时能保护工作人员的身体健康。

②OCT-M/OCT-MD脱硫技术

我国所使用的FCC汽油中有硫化物等有害元素，随着我国居民生活水平的提高，私家车的增加，使得FCC汽油的使用量不断增加，FCC汽油在燃烧过程中，产生大量的二氧化硫、三氧化硫等有害物质，这类物质释放到空气中，会产生大量的污染，同时会产生酸雨，导致空气污染越来越严重，大量的二氧化硫、三氧化硫与水结合会产生化学反应，生成亚硫酸和硫酸，使得雨水中的pH值降低，酸性增加，对我国土地造成危害。所以为了减少酸雨现象的发生，在不影响FCC汽油使用的前提下，同时要符合我国环境保护工程的需求，我国学者研发了OCT-M技术，对此工艺进行多次优化和改进后，最终应用到实际生产中。OCT-M技术主要是对于原油轻重的成分进行分离，对于性质不同、类别不同的含硫物质进行分离，轻油成分里面含硫量低，但是烯烃含量多，这一部分可以使用含碱的产品进行去除。重油成分里面含硫量较高，这种需要特殊处理，使用FGH-20/FGH-11进行催化，完成深度反应。此反应需要保持温度在240～300℃，压强值在1.6～3.2MPa的条件下发生。这种技术可以对FCC汽油中的硫元素进行去除，去除比例可以达到82%～95%，去硫效果较好，并且操作简单，能减少原油中的含硫物质，所以会减少汽油燃烧过程中产生含硫化物，降低对空气的污染。

③RSDS脱硫技术

RSDS技术目前也被广泛应用到FCC汽油加氢脱硫工艺中，原油分为轻重组分，根据不同的分类，在一定温度下，对其进行馏分分离，轻油组分通过用碱性物质进行清洗处理，可以去除其中的含硫物质，重油组分可以使用加氢脱硫工艺，在该工艺脱硫完成后，可以与轻油组分进行混合，最终产生 FCC 汽油产品，应用到市场。通过技术人员对于工艺流程的不断优化和改进，在轻油脱硫部分，加入了抽提设备，可以对于废弃物质进行分离，检索其中的废碱含量，提高脱硫效果。

④非加氢的脱硫技术

结构简单的有机以及无机硫化合物能够通过物理技术加氢技术来剔除，但是一些结构复杂的衍生物就不能够通过这些简单的技术来进行去除，这种技术的要求比较高、生产造价成本高，因此需要采用低成本的技术来对金属硫元素进行剔除。比较常用的技术有吸附脱硫技术，其原理是利用吸附剂对石油中含硫化合物进行选择性吸附，从而将其从石油中剔除，此技术对外部环境的要求比较低，能够在 55℃条件下进行，原油中其他物质不会发生化学反应，所以能够显著提高辛烷含量，成品油的纯度高。氧化脱硫也是一种脱硫的方法，主要是利用氧化反应氧化剂为氧化氢，来达到脱硫的目的。另外、还有催化法、萃取法、钛氰催化剂法，都能达到脱硫的目的。这些方法生产成本低、环保效果好，能够持续利用。

(3)FCC 汽油加氢脱硫工艺技术催化剂的选择和使用

①FCC 汽油加氢脱硫工艺催化剂的选择

石油经过裂化反应生成的烃类物质，是 FCC 汽油的主要成分，但是这类物质不是最终的成品，还需要通过一些化学反应后，才能生成可用的 FCC 汽油。主要流程是需要对原料中的双烯烃、炔烃进行分离，此反应过程主要利用钴、镍等催化剂，同时以氧化铝为载体，这类催化剂属于选择性催化剂，在 FCC 汽油的精炼中也会需要非选择性催化剂，主要是用于不饱和烃类，此类催化剂可以通过深度加氢反应，使得有机物中的双键、三键进行反应。

②FCC 汽油加氢脱硫工艺催化剂的使用

在 FCC 汽油加氢脱硫过程中，所使用的催化剂主要活性成分是金属硫化物，这种物质在进行脱硫时，不会与硫产生反应，有较高的稳定性，符合化工企业的生产需求。在进行存储和运输时，为了稳定金属硫化物，需要利用氧化反应先进行氧化，所以需要在反应前将催化剂进行硫化，否则无法进行使用。

当石油原料中有杂质时，会降低催化剂的活性和选择性，催化剂的作用会降低，或是失效，为了避免这种情况的发生，需要提前对原料进行去除杂质的工作，否则会影响催化剂的使用效率。

(4)FCC 汽油加氢脱硫工艺技术催化剂的研究进展

①加氢脱硫装置节省能耗研究

现如今，技术人员通过加氢脱硫的装置可以看出，在运行过程中，使用的主要燃料就是燃料气、电能、水能等，在这类能源中，燃料气和电能的消耗占比是较高的，所以在节能方面，主要是从燃料气和电能上进行研究，以达到在装置运行状态下减少能耗的目的。

②减少燃料气的使用

在加氢脱硫工艺运行过程中，加热炉、重沸炉等设备会被利用到，这些设备在使用时，会使用大量燃料气，这也增加了能源的使用量。

为了节能降耗，需要重点提高燃料的使用效率。第一，可以对排烟温度和含氧量进行合理监测；第二，对于炉体的保温性能进行提升，这也可以使得燃料气的使用量减少；第三，对于换热网络进行优化改进，对于物料进行预热，同时可以增加进料的利用率，降低燃料气的使用量。燃料使用过多会给整个工艺进程带来负担，不利于整个工艺技术的发展。

③加氢脱硫设备节约电能

在加氢脱硫过程中，会配合使用各类设备，如压缩机、机泵、空冷器等，导致在运行过程中，需要用到大量的电能。为了节约电能，可以对机泵进行改造，即主要通过对变频速度、永磁调速等方面进行优化，提高机器的稳定性，减少负荷，进而减少能耗。像往复式压缩机，主要是通过间隙调整、无极调整等方式，进行气量调整。对于离心压缩机，可以加强反飞动量的控制，以此来减少能耗，提高工作效率。为了保证空冷器的负荷降低，可以将温度降低后，再将物料送入，这样不仅会降低空冷器的负荷，还会降低能耗。因此，加氢脱硫设备节约电能至关重要。

5.3.7 渣油加工系列化技术

5.3.7.1 渣油加氢处理/重油催化裂化(RHT/RFCC)技术

中国加工进口含硫原油增多，使含硫渣油加工处理成为渣油加工的一大课题。将渣油加氢处理与 RFCC 相组合，可最大量提高轻质产品产率。这种联合技术的特点是可使渣油脱金属、脱硫、脱氮，适用于加工高含金属、硫和残炭的中东渣油。高硫渣油加氢处理可产生经加氢处理的 AR(常压渣油)，它可满足 FCC 进料要求，从而保持 FCC 平衡催化剂活性，减少焦炭沉积，降低再生器烧焦负荷。RHT/RFCC 联合技术可使轻馏分油加 LPG 总产率达到 82.2%，比延迟焦化/FCC 联合技术的相应产率 60.2%高出 22%。这一加工方案可使轻馏分产量最大化，充分利用原油资源。经加氢处理的 AR 用作 FCC 进料可减少 FCC 汽油的硫和烯烃含量，提高汽油辛烷值，经加氢处理的 AR 低含杂质，可减少 FCC 烟气中 SO_x 和 NO_x 排放污染。

中石化抚顺石化研究院开发的减压渣油(VR)和常压渣油(AR)两大系列加氢处理催化剂已在齐鲁石化公司 80 万 t/a VRDS 装置、茂名石化公司 200 万 t/a S-RHT 装置和大连西太平洋石化公司 200 万 t/a ARDS 装置上成功应用。我国自行开发的 200 万 t/a 渣油加氢处理工业化装置已经在茂名石化公司投运。经加氢处理的 VR 全部用作 RFCC 进料。进入 RHT 的原料含伊朗和阿拉伯轻质原油的 VR 71.5%、伊朗 VGO 28.5%，其性质为含硫 3.0%～3.8%、氮 0.26%～0.34%、残炭 12.6%～13.4%、重金属(Ni+V)107.4ppm。采用固定床反应器。匹配的催化剂活性比为 HDM：HDS：HDN＝45：20：35。反应条件为：365～385℃、空速 $0.2h^{-1}$、氢/油比 650。脱硫率 92.4%，脱氮率 67.5%，脱金属率

85.5%，脱残炭率69.9%。总氢耗为1.44%～1.62%。经加氢处理的减压渣油(VR)质量为：含硫0.4%～0.5%，含氮0.10%～0.12%，残炭5%，重金属(Ni+V)17ppm，饱和烃超过50%。当加氢处理VR用作RFCC进料时(采用LV-23催化剂)，产率为FCC轻馏分油69%～70%，轻馏分油加LPG 78%～80%，FCC汽油含硫小于200ppm，辛烷值稍有提高，烯烃含量有所下降。

5.3.7.2 延迟焦化-环流化床(CFB)锅炉联合技术

为解决高硫焦炭利用的困难问题，我国开发了环流化床(CFB)锅炉燃烧高硫焦炭技术。镇海石化公司为解决焦化装置加工含硫渣油时含硫焦炭的处理问题，选用了延迟焦化-环流化床(CFB)锅炉组合方案。该公司采用两台220t/h CFB锅炉，配备两台25MW发电机组。含硫石油焦和石灰石连续送入燃烧室，石灰石用量根据焦炭含硫量而定，以控制SO_2排放，脱硫率为90%。设计年耗高硫石油焦29.7万t、年消耗石灰石13万t。

5.3.7.3 溶剂脱沥青+DAO蜡油加氢进催化裂化+DOA进化肥气化炉

镇海炼化公司原有一套60万t/a溶剂脱沥青装置，由于脱沥青油(DAO)密度大、硫含量和重金属含量高，难以进重油催化裂化掺炼；脱油沥青(DOA)没有后续处理手段，只能调和生产市场受限的普通道路沥青。这些因素使溶剂脱沥青装置难以正常生产。为此，对规划方案进行调整优化，采用了“溶剂脱沥青+DAO蜡油加氢进催化裂化+DOA进化肥气化炉”组合方案，即将劣质超重混油作为溶剂脱沥青装置原料，脱油沥青(DOA)作化肥气化炉原料，而脱沥青油(DAO)则作为蜡油加氢装置原料，精制后进催化装置深加工。该组合工艺成为中石化拥有自主知识产权的工艺路线。该方案的实施，降低了化肥生产成本，并且从渣油和油浆中提炼出30万t/a的催化原料，使催化裂化装置增加汽油12万t/a、丙烯0.6万t/a，经济效益显著。该组合工艺为相关石化企业在选择重油加工路线时，提供了一条除“脱碳路线”和“加氢路线”之外的全新加工路线。

5.3.8 芳烃分离和生产技术

燕山石化与石科院、中国石化工程公司等单位联合开发的抽提蒸馏分离芳烃新工艺在燕山石化20万t/a芳烃抽提装置应用，采NFM溶剂抽提蒸馏分离芳烃新工艺生产苯、甲苯，打破了国外技术垄断，标定考核表明，在产品产量达到设计值的工况下，苯、甲苯质量均达到或超过国家优级品标准，收率分别为99.75%和99.37%。

山东东明石化5万t/a液化气制芳烃装置于2005年5月投产运行。该装置以液化石油气(LPG)为原料，采用中石化洛阳石化工程公司研究院开发的具有自主知识产权的专用催化剂，使液化石油气中的丙烷和丁烷经裂解、脱氢、氢转移、环化和异构化等复杂反应过程转化为芳烃，生产苯、甲苯、二甲苯等产品。

5.3.9 润滑油基础油生产技术

武汉石油化工厂完成润滑油基础油脱氮精制成套技术及其应用开发，为润滑油基础油安定性指标达到新的质量标准提供了技术保障。该成套技术由 5 项专利组成：润滑油基础油脱氮添加剂、润滑油基础油添加剂的后处理方法、润滑油基础油脱氮工艺、润滑油基础油脱氮工艺电精制方法的改进、润滑油基础油脱氮补充精制。应用该成套技术，可以使润滑油基础油氧化安定性明显改善（轻质基础油旋转氧弹值＞200min，重质基础油＞180min），从而解决了长期困扰我国石化行业润滑油基础油安定性差的质量难题。

中石化抚顺石油化工研究院成功开发石蜡烃择形异构化（WSI）成套技术，并在中石化金陵分公司加氢装置上实现工业应用。该成套技术可将油品中大分子烷烃（石蜡）进行择形异构化，使其具有选择性高、对原料适应性强和稳定性好的特点。采用该院开发的异构脱蜡-加氢补充精制技术，可生产食品级、医药级白油及符合美国 APIⅡ、APIⅢ标准的润滑油料、高质量橡胶填充油料等高档石油产品。该成套技术不仅明显改善了产品的低温性能和粘温性能，而且能大幅度提高基础油的收率。

5.3.10 催化裂化反应器

20 世纪 50 年代以来，石油化学工业中的催化裂化工艺取得了长足的发展，该工艺在炼油过程中占有举足轻重的地位，也是炼油企业在未来重点发展的对象。

催化裂化反应器作为催化裂化工艺的核心设备之一，在从流化床反应器过渡到提升管反应器以及下行式反应器的过程中，国内外研究者在减少反应时间提高油剂接触效率、抑制返混等方面对反应器不断进行优化改进，并取得一定成就。文中重点介绍一些新型催化裂化反应器以及组合式反应器，比较各类反应器的优缺点及其应用情况，并对未来反应器的改进方向进行展望。

5.3.10.1 单提升管反应器

(1)传统单提升管反应器

传统单提升管反应器通常为等径直管型提升管，单侧进催化剂，传统的预提升段以直管式和环管式两种方式通入预提升蒸汽，结构较为简单，传统单提升管反应器结构见图 5.50。

从流化床反应器发展到提升管反应器，反应时间大幅缩短的同时，也改善了产品的选择性，不仅极大地提高了轻油产率，而且大幅降低了焦炭产率，掺渣比例明显提高。随着原油重质化、劣质化日益严重，传统提升管反应器表现出诸多不足。首先，再生催化剂从一侧进入提升管底部，沿轴向易形成 S 分布，导致催化剂径向分布不均匀，影响油气与催化剂的接触效率，降低目标产品的收率。其次，等径直管型提升管反应器再生斜管出口处缓冲空间小，下料阻力大，致使再生催化剂间歇下料，易产生波动，不利于装置操作的稳定性。

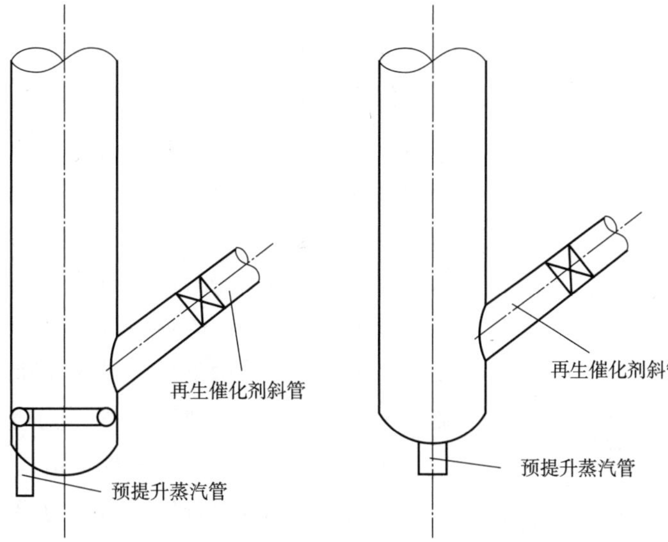

(a)预提升段为分布器进气　　(b)预提升段为直管进气

图 5.50　传统单提升管反应器结构示意图

(2)变径提升管反应器

传统提升管固相浓度低、径向分布不均，变径提升管反应器应运而生，其结构示意图见图 5.51。变径提升管反应器改变了提升管的直径，将底部预提升区的等径管改为扩大管或缩径管，其目的在于改变流化空间，降低或增大气体线速，进而改善催化剂偏流现象，并减轻再生催化剂从斜管进入提升管的压力阻力，有利于装置的平稳操作。

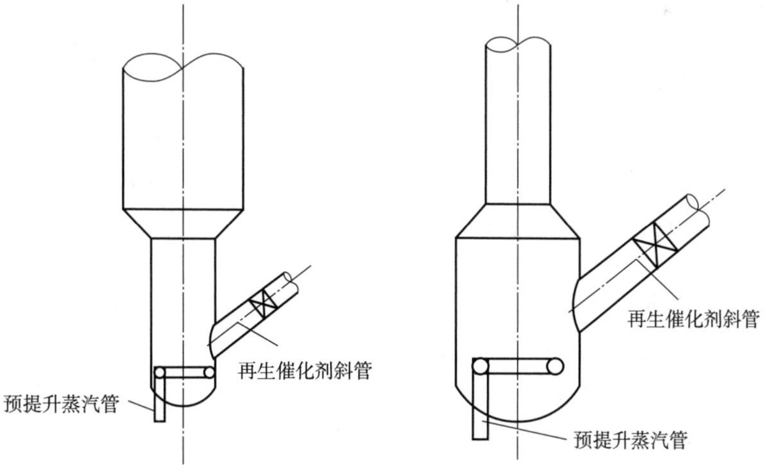

(a)预提升段为缩径段　　(b)预提升段为扩径段

图 5.51　变径提升管反应器结构示意图

变径提升管虽然优势明显，但也存在不足：与传统等径提升管相比，扩径的提升管颗粒速度降低，压力梯度有较大幅度的增加，能耗增加。另外，扩径比过大会加剧催化剂颗粒团聚和滑落现象。

(3)多段进料提升管反应器

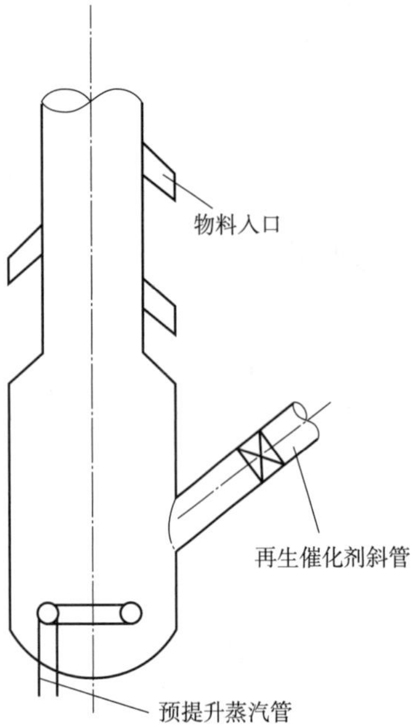

图 5.52　多段进料提升管反应器结构示意图

催化裂化原料来源广泛，物料性质复杂、多样，原料油催化裂化反应所需的操作条件以及反应程度差异比较大。单一入口进料对催化裂化反应程度影响极大，目标产物收率低。多段进料提升管反应器则很好地解决了这一难题。如图 5.52 所示，在提升管不同高度设置多个入口，分段、多层进料，以满足不同原料的反应条件要求，达到选择性多产烯烃、最大量生产轻油以及轻油改质等目的。在新结构下，可根据实际反应要求调整反应器的进料位置和反应时间，将重油转化为有价值的产品，如汽油和烯烃。但多段进料结构的缺点在于：不同的进气比例会影响提升管内的压力梯度分布，增加压力匹配难度，操作要求苛刻。

基于多段进料提升管技术，石油化工科学研究院开发了同时多产液化气和柴油及降低汽油烯烃含量工艺技术(MGD)，该工艺以重质油为原料，进料方式不同，进行选择性裂化。该工艺在提高液化气收率(升高 4.97%)、柴油收率(升高 1.03%)以及大幅降低催化裂化汽油中的烯烃含量(质量分数降低 8.7%)方面效果明显。

将多段进料技术与两段提升管催化裂解增产丙烯(TMP)工艺结合起来，不仅使提升管内的固相颗粒分布更加均匀，提升管扩径段的颗粒浓度明显增加，操作更加稳定，其气固流场及物料浓度分布都优于传统的单提升管和双提升管反应器。

5.3.10.2　下行式催化裂化反应器

提升管反应器内催化剂颗粒逆重力场流动，固相颗粒跟随性差，径向分布不均，返混严重，呈现“环核”流动结构。下行式催化裂化反应器打破了传统提升管反应器设计的思路，是一种全新的突破，下行式催化裂化反应器结构示意图见图 5.53。

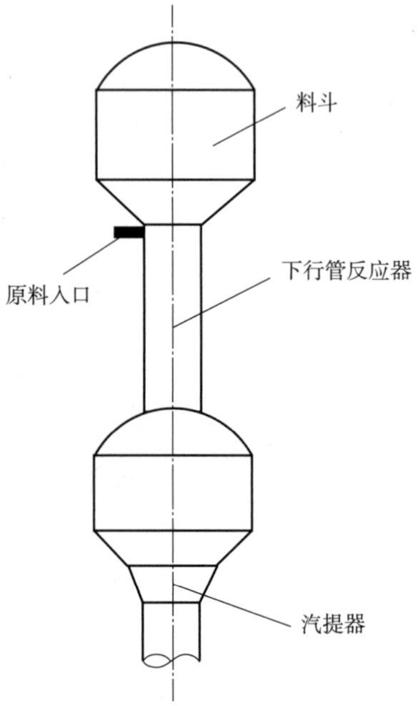

图 5.53　下行式催化裂化反应器结构示意图

下行式催化裂化反应器采用气固顺重力场并流向下运动方式，其关键技术是在下行活塞流稀相反应区设置高效快速终止反应系统。

下行式催化裂化反应器具有以下特点：催化剂颗

粒在反应器内顺重力场与原料并行流动，接近平推流，无偏流分布，无返混，油剂接触均匀，混合迅速。催化剂与裂解油的接触时间短，裂解温度高，可有效控制结焦量，反应目标产物收率增加。

但是，下行式催化裂化反应器也存在缺点，由于原料油气和催化剂均为顺重力场流动，催化剂颗粒在重力和高速油气携带的作用下具有较高的下行速度。这使得催化剂颗粒停留时间缩短，床层的催化剂浓度偏低，与油气的接触时间减少，在循环量相同的情况下，下行式催化裂化反应器的轻油转化率比逆重力流动的反应器低。为了实现下行床内气、固两相速度和颗粒浓度径向分布良好，必须保证气体和催化剂颗粒在入口段充分接触、混合并均布。

5.3.10.3 组合式提升管反应器

(1)提升管和流化床串联反应器

在单提升管已无法满足日益苛刻的催化裂化反应要求时，许多学者考虑把提升管反应器与其他反应器组合起来，以求提高催化裂化反应器的性能。例如，将单提升管反应器连续、高效、处理量大的特点与其他反应器的优点结合，形成组合工艺。在催化剂和油气比相同的情况下，催化裂化原料与催化剂接触效率提高，促使催化反应更加充分。其中提升管和流化床串联反应器是最常见的组合式提升管反应器，见图5.54。在提升管和流化床串联反应器中，保留了提升管反应器高效的传递与输送性能，对于催化时间较长的气、固反应，流化床反应器为其提供良好反应环境的同时，促进了利于降烯烃的反应，如氢转移、芳构化等。

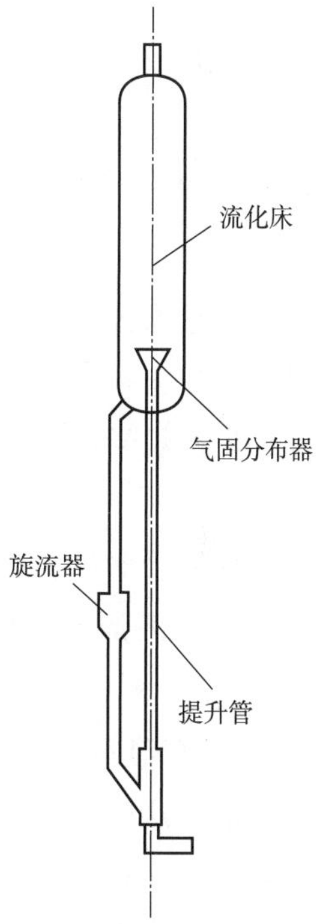

图5.54 提升管和流化床串联反应器结构示意图

针对催化裂化装置的结焦问题，提升管＋流化床层＋旋风分离器的组合式反应器将提升管＋流化床层设为反应区，旋风分离器和集气室系统置于上述反应区域内形成密闭系统。该组合装置在减少了设备死角的同时，最大限度地降低了结焦量，减少了油气在床层空间的停留时间，并且能满足一些特殊的催化反应工艺要求。

(2)双提升管反应器

对于单提升管反应器，随着单程催化裂化反应的进行，催化剂活性逐渐降低，不仅降低了提升管的后续反应能力，并且导致中间产物过裂化严重，降低目标产物收率。双提升管反应器可以较好地解决这个问题。双提升管反应器是将两根提升管结合形成双提升管反应器，其结构形式有串联式双提升管和并联式双提升管，见图5.55。

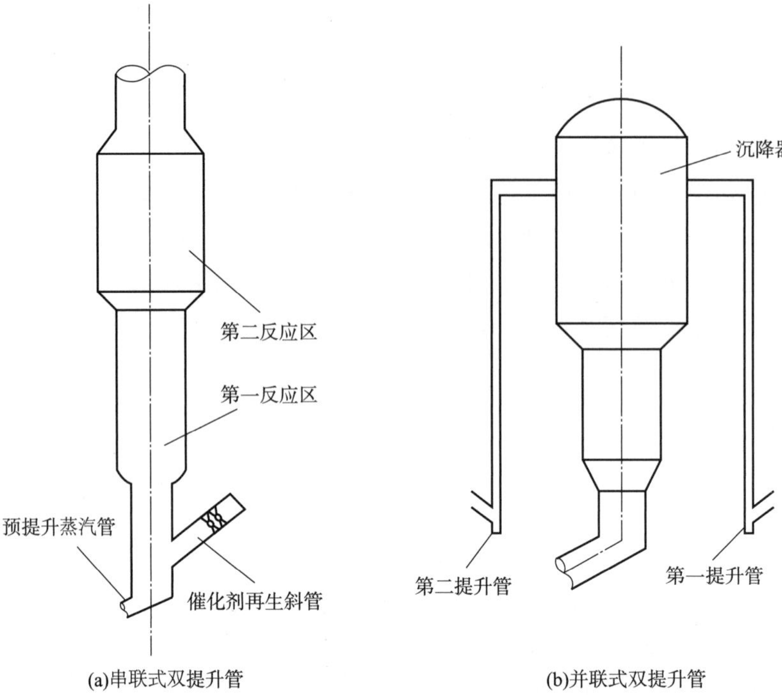

图 5.55　双提升管反应器结构示意图

对柴油重馏分选择性裂化多产高辛烷值汽油工艺(MIP-LTG)以两段提升管反应器串联，设计了裂化和转化两个反应区，将不同的催化裂化反应控制在不同的区域内进行，实现最大化生产烷烃，优点在于可控性和选择性强，在提高产品性质的同时也改善了产物分布。

两段提升管催化裂解多产丙烯技术采用提升管并联方式。在焦化蜡油的催化裂解过程中适应性强，丙烯、轻质油的转化率高，干气产率很低，同时对焦化汽油的改质效果明显。

双提升管反应器较低的反应温度和较大的催化剂与油气的比值有利于改善催化裂化和减少热裂解，这些性能在最大限度地提高丙烯产量和降低干气的反应中具有明显的优点，其中丙烯的收率高达 24.11%，液体收率接近 82%。

陈曼桥等采用两根提升管，一根用于轻烃催化改质反应，另一根进行重油催化裂化反应，两根提升管各自配备旋风分离器和分馏塔，进行气固分离和分馏，待生催化剂经汽提后进入两个湍动床再生器，除去焦炭后循环使用。其优点是扩大了降低再生催化剂温度措施的适用范围，提高了提升管内参与反应的催化剂的活性，油气与催化剂接触时间短，从而改善了催化柴油的性质和重油催化裂化的产品分布。

(3)下行床提升管组合反应器

下行床反应器虽然具有许多优于提升管反应器的特点，但下行床中催化剂颗粒的浓度较低，气固催化反应效率低。另外，下行床对于入口结构形式要求苛刻，敏感性强，两相在入口处的初始接触效果将直接决定反应器的转化率和选择性。因此，结合提升管固含率高、气固接触良好以及下行床气固分布均匀、接近平推流的优点将获得更优的操作状态。

清华大学流态化研究组开发了提升管——下行床耦合反应器在提升管反应器内同心安装下行管反应器。该装置综合利用提升管反应器和下行床反应器特点，流化床系统颗粒浓度高，提升管内的颗粒径向分布均匀，改善了气固接触时间，避免了过裂化，提高了选择性。下行床提升管组合反应器结构示意图见图 5.56。

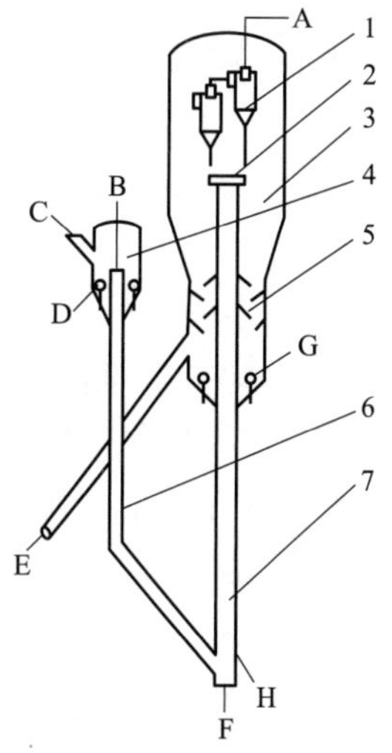

图 5.56　下行床提升管组合反应器结构示意图

1—旋风分离器；2—气固快速分离器；3—沉降器；4—催化剂分布装置；5—蒸汽汽提段；6—下行反应段；7—上行反应段
A—产品出口；B—原料油与雾化蒸汽入口；C—再生催化剂入口；D—预提升蒸汽入口；E—待生催化剂出口；F—上行反应段提升气入口；G—汽提蒸汽入口；H—回炼油品入口

李强等设计的一种下行式反应器和提升管反应器串联装置包括两个再生器，依据操作条件的不同，在提升管反应器和下行式反应器选择不同的催化剂用量，甚至采用催化剂种类不同，在提高汽油收率、改善产品质量方面较有优势。

5.3.10.4　其他形式反应器

(1)多段提升管反应器

张瑞驰提出了一种三提升管反应器，该反应器有 3 根提升管，特点在于可以灵活调整进入提升管中催化剂的循环量以及轻油的反应条件，不仅在工艺上保证产品分布和产品品质，并且有利于重油大分子的裂化反应。根据生产调整和产品质量的需要，多提升管反应器可以满足不同性质的进料分别在不同环境下进行催化裂化反应，有利于抑制生焦并提高产品收率。

(2)短接触旋流反应器

针对提升管缺陷，国内外许多科研单位相继开发出了不同形式的催化剂与油气短时接触催化裂化技术。这些技术效果显著，但催化裂化反应设备并没有实质性的改变，基本上都是采用再生器和沉降器两器方式进行催化剂的循环。

新型超短接触旋流反应催化裂化技术，利用旋流反应器替代传统提升管反应器，不在提升管末端设置快分装置和沉降器，反应器溢流出口连接二级旋风器。其中旋流反应器兼作反应设备和一级分离设备，实时分离反应产物，缩短反应器内油气的滞留时间，提高接触效率，改善了气固分布不均匀及严重返混现象，反应器中生焦问题和二次裂化反应得到有效控制。

5.3.11 操作系统改进

5.3.11.1 连续式催化剂卸料系统(CWS)

由于FCC装置反应器与再生反应器中的旋风分离器不能100%实现催化剂和油气(烟气)的分离，因此在装置运行过程中存在催化剂跑损现象，所以必须连续注入新鲜催化剂和助剂。然而，随着催化剂的不断加入，藏量逐渐增加，致使再生反应器床层增高，需卸出部分催化剂以确保藏量维持在合理范围内。

美国MPC公司最早提出用连续卸料方式替代间歇卸料以解决上述问题，并独创了CWS系统。该系统包括隔离阀、容积式风机、管式换热器(冷却催化剂)和收集罐(接收冷却催化剂)，同时设有平衡催化剂取样口(无须接触高温催化剂)。2016年3月，在美国Garyville炼厂进行了首套装置的安装使用，将整个卸料系统直接接入现有的卸料管道中，此外还安装了DCS系统，使操作具有最大可视性。结果表明：该系统实现了催化剂的连续卸料，能够精确控制卸料速率，并且平稳地控制催化剂床层高度，以及更有效地冷却卸出催化剂。若卸料速度过快也不会形成高温催化剂，这样不仅避免了潜在的安全风险，使装置高效平稳运行，还能提升经济效益，投资回报期在1a之内。

5.3.11.2 改进型进料喷嘴技术

进料喷嘴技术是Shell公司系列FCC装备技术之一。多年来，该公司一直对侧线和底部进料喷嘴持续进行改进。

雾化油气中大液滴会对FCC装置操作的可靠性产生负面影响，如导致反应器内壁、气体管线上部、主分馏塔入口处等结焦。因此，为减少大液滴的生成，Shell公司开展了蒸汽分布器和进料喷嘴喷头槽口的研发工作，最终开发出改进型进料喷嘴。2016年，改进型喷嘴在2套FCC装置的工业应用结果表明：产品结构得到改善，产物收率有所提高；提升了装置的操作灵活性，同时减少了反应系统因结焦而产生的不利影响。以美国Deer Park炼厂FCC装置为例，选用改进型进料喷嘴后，转化率提高了1.1个百分点，分馏塔塔底油收率下降了1.2个百分点，汽油和轻循环油收率增加了1.5个百分点。

5.3.12 催化剂与助剂的新技术

5.3.12.1 抗重金属污染催化剂

德国BASF公司针对金属镍开发了硼基钝化技术(BBT)及系列催化剂。该技术的核心是将硼原子负载于特定无机载体上，利用硼原子对镍离子的选择性捕获，提高催化剂对镍离子的耐受性。基于该技术，公司开发出第1代FCC催化剂——BoroCat催化剂。目前，该催化剂已在全球多家炼厂实现了工业化应用。与Flex-Tec催化剂相比，在相同操作条件下，以常压渣油(康氏残炭质量分数 12%)为原料，BoroCat 催化剂能够显著降低氢气和焦炭的收率，同时提高汽油和液化石油气(LPG)的收率；在钝化镍离子、降低氢活性方面，该催化剂的性能优于 Flex-Tec 催化剂。随后，公司又相继开发出第 2 代(BoroTec)催化剂和第 3 代(BoroFlex)催化剂。前者用于处理含有部分渣油的原料[含镍离子质量分数为(800～1500)$\times10^{-6}$]，同时可提高加工原料的灵活性及渣油的转化能力；后者用于处理全渣油 FCC 原料(含镍离子质量分数高于 1500×10^{-6})，在实现最高渣油转化的同时，提高了分馏塔塔底油的质量，现已在北美炼厂进行了工业化试验。

BASF 公司针对钒(包括金属离子和络合物)推出了 Valor 催化剂。该催化剂能够有效钝化钒，提高对硫的耐受性，从而降低钒对 FCC 催化剂性能的影响。目前，该催化剂已在全球多家炼厂试运行。结果表明，在 FCC 装置中使用该催化剂后，延长了使用寿命，降低了氢气和焦炭的收率。

5.3.12.2 多产丁烯催化剂

2017 年，美国 Albemarle 公司采用新基质材料开发出 Granite 技术，并推出包括 Peak、Everest、Denali 3 种催化剂的第 1 条生产线。Peak 系列催化剂采用 ADZT-100 择形分子筛、Action 产品生产线及 ADM-80 基质；与已工业化的 Action 系列产品相比，前者在丁烯收率、汽油辛烷值、塔底油改质能力等方面得到了进一步提高。Everest 催化剂除基质选用 ADM-85 外，其他同上；与配方相似且未采用该基质的催化剂相比，Everest 催化剂的焦炭收率低且分子筛比表面积保持率高；此外，在达到相同丁烯收率和汽油高辛烷值的前提下，Everest 催化剂所用的稀土用量远低于其他催化剂，这就提高了该催化剂的经济性。Denali 催化剂是目前该公司开发的焦炭选择性最佳、分馏塔塔底焦炭量最少的一种催化剂。

美国 Grace 公司开发的新型 Achieve-400 催化剂，采用双沸石技术，利用传统 Y 型和 Pentasi 型沸石，优先裂解汽油中 C≥7 烯烃，促使生成更多丁烯。该催化剂已用于美国 UOP 公司的 FCC 装置上，与该装置基准催化剂加 ZSM-5 助剂相比，采用 Achieve-400 催化剂可同时提高丙烯和丁烯的选择性，尤其有利于丁烯的生成，同时减少了油浆收率，提高了轻质油收率。另外，采用该催化剂无须使用 ZSM-5 助剂，降低了生产成本。

5.3.12.3 多产丙烯催化剂

全球丙烯需求增长率维持在每年 4%左右。继蒸汽裂解之后，FCC 是生产丙烯第二大工艺，许多公司开发增产丙烯系列催化剂，以便提高装置的灵活性，并最大限度地提高丙烯选择性。

Grace 公司开发出 4 种多产丙烯的 OlefinsUltra 系列助剂。其中，后两者分别用于丙烯生产装置及对丙烯收率要求更高的装置。该公司开发的 GBA 助剂，更有利于生成 C_4 烯烃且提高汽油的辛烷值。相比于传统低碳烯烃添加剂，GBA 助剂能够盈利 200 万～500 万美元/a。

工业试验表明：与 Olefins Ultra HZ 助剂相比，在达到相同丙烯收率的情况下，采用 GBA 助剂的丁烯收率更高；在 LPG 收率相同的条件下，采用 GBA 助剂的汽油辛烷值更高。

5.3.13 催化裂化油浆净化及综合利用

5.3.13.1 离心-静电分离技术

静电分离技术的原理是让处于流化状态下的金属催化剂粉末极化带电，催化剂粉末受静电作用被吸附，从催化裂化油浆中分离出金属催化剂粉末。不过，因为竞争吸附的存在，会影响到最终吸附的效果，因此，在静电分离前，预先采用离心分离预处理催化裂化油浆，能提高后续静电分离的效果。Li Qiang 等以含催化剂粉末的催化裂化油浆为原料，采用离心-静电分离技术，考察了原料性能、操作条件对催化裂化油浆分离效果的影响，研究结果表明，分离效果随玻璃球直径变小而增加，同时催化剂颗粒尺寸的增加有利于提高分离效果。郭爱军等采用助剂辅助离心-静电脱固技术，考察了 MCA-80 助剂的脱固效果，研究结果表明，MCA-80 助剂的加入量为油浆的 15%，催化裂化油浆黏度降低至满足离心要求，油浆离心 10min 后大部分胶质沥青质大幅降低，14kV 电压 70℃下极化处理流化催化裂化油浆 30min，脱固率可达到 96%，固含量可降低至 30～60μg/g，脱固后的油浆可满足后续生产需要。

5.3.13.2 离心-过滤分离技术

过滤和分离技术使用微孔材料来封闭和分离浆液中的催化剂颗粒，并改变孔结构以实现各种催化剂粉末的过滤。在过滤和分离催化剂粉末之前，催化裂化油浆的离心预处理对改善过滤和分离效率具有显著作用。

尚大军通过萃取-过滤法将催化裂化油浆里面的催化剂粉末分离出来，针对各种操作条件对于分离所带来的影响进行了研究，研究结果表明，在最佳的操作条件下萃取-过滤催化裂化油浆得到的抽出油和抽余油均不含催化剂粉末，分离效果与其他学者研究结果相比有明显提高。

刘国荣以催化裂化油浆为原料，在原有离心分离系统的基础上，考察了自主设计的旋液-过滤技术对催化裂化油浆的脱固，研究结果表明，增加旋液装置后，旋液-离心装置脱固效果大大提高，固体脱出率能达到 95%。

5.3.13.3 化学沉降

化学沉降是指在催化裂化油浆中添加具有选择性的化学添加剂，添加剂与催化剂粉末通过化学键作用生成絮凝状沉淀物质加速沉降过程，与自然沉降相比化学沉降具有添加剂用量少、沉降速度快等特点。

丁洛等以催化裂化油浆为化学沉降实验原料，深入考察了油性絮凝剂对于催化裂化油浆中催化剂粉末沉降过程的影响。结果显示：在 100℃，10%的絮凝剂添加量，沉降 24h 后，催化裂化油浆的脱固率从 9000μg/g 降至 50μg/g 左右。

Song Xianni 等以催化裂化油浆为原料，考察了聚丙烯酰胺絮凝剂以及柠檬酸氨水溶液增重剂对脱出催化剂颗粒的影响，研究结果表明，同时加入絮凝剂和增重剂的脱出效果比单独加入时更好，脱出效果可达 95%，同时实验机理分析表明，增重剂和絮凝剂的协同作用为该化学沉积过程的控制步骤。

5.3.13.4　其他方法

陈卓采用一种非常规手段去除催化裂化油浆催化剂粉末，并深入考察了超声频率对催化裂化油浆催化剂脱除率的影响，研究结果表明，超声辅助脱固具有很好的脱除效果。张强采用陶瓷膜净化处理方法，考察了陶瓷膜对催化裂化油浆脱固效果的影响，研究结果表明，在最佳的操作条件下，催化裂化油浆的脱固去除率为 99.5%，具有优异的脱除效果。张洪莹采用水洗脱固方法，研究结果表明，水洗脱固率能达到 95%。

5.3.14　以分子炼油为导向的催化裂化加工

随着我国炼油工业的升级转型，必须突破对石油馏分传统的粗放认知，从分子层次认识和加工原料，从而使每一个石油分子的价值最大化。因此，根据分子组成、结构单元和性质深入认识重质油的催化反应特性，按照重质油分子“易转化”与“难转化”结构单元在催化裂化及加氢改质过程中的反应行为，以及两种差异性分子结构化学键选择性转化与催化剂构效之间的关系，产生了以分子炼油为导向的重质油催化裂化加工策略。重质油复杂大分子结构见图 5.57。

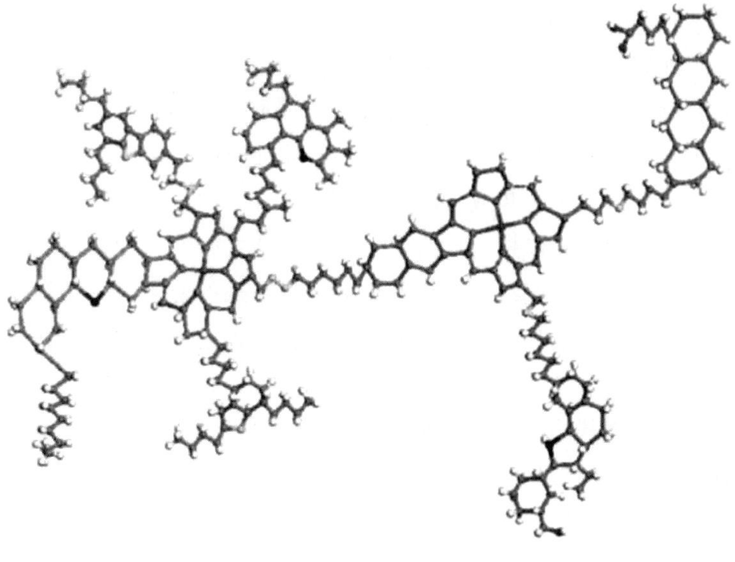

图 5.57　重质油复杂大分子结构示意图

根据分子结构的转化性能可以将重质油分子结构区分为“易转化(烷基链、环烷环)部分”和“难转化(芳香环)部分”。“易转化(烷基链、环烷环)部分”使用分子筛催化剂，通过催化裂化可高效转化为汽油、柴油等轻质燃料和乙烯、丙烯等化工原料等目的产品；“难转化(芳香环)部分”在催化裂化反应中不能发生开环分解，倾向于发生缩合反应生成焦炭，因此只能采用加氢的方法除去绝大多数的 S、N、O 及金属 Ni、V 等杂原子，饱和部分芳烃使其成为相对富氢的组分，进而采用催化裂化才能转化为目的产品。“难转化(芳香环)部分”不仅在加工过程中转化效率低，而且对加工过程产生恶劣的影响。

5.3.14.1 加氢工艺协同催化裂化实现分子“选形”改质

针对重质油高效转化的技术难题，石油炼制领域的研究者开展了大量卓有成效的研究工作和工业实践，提出并应用了多种组合工艺进行重质油的转化。例如，对于在催化裂化过程中富含芳香烃结构的轻循环油，毛安国等提出了轻循环油加氢-催化裂化组合生产高辛烷值汽油和轻质芳烃技术 LTAG，并在石家庄、青岛等多家炼厂实施了工业应用，工业应用表明该技术可大幅度降低柴汽比，将低价值的劣质催化裂化柴油转化为高价值的高辛烷值汽油或化工原料轻质芳烃，满足了炼化企业调结构、提效益的迫切需求。对于重循环油的转化，传统的工艺流程中直接返回催化裂化装置进行加工，由于芳烃含量高、可裂化性能差，造成焦炭和干气产率大幅度提高，产品选择性很差。李大东基于重循环油低黏度和高芳烃含量的特性，提出了渣油加氢-催化裂化双向组合技术 RICP，工艺思路是将低黏度、富含多环芳烃的重循环油掺入渣油加氢原料中，一起加氢后再作为催化裂化原料。重循环油的掺入可降低渣油加氢进料的黏度，促进沥青质溶解并减少沥青质析出结焦，延长了渣油加氢装置的操作周期；同时重循环油经过加氢，催化裂化性能显著优化，从而达到提高催化裂化转化率和高价值产品选择性的目的。此外，许友好等基于重油催化裂化转化率-产品选择性之间关联性的分析，发现使用高活性催化剂、回炼富含芳烃结构的循环油保证催化裂化装置在较高转化率区运转，结果会造成“过度”裂化，目的产品选择性下降、收率降低；将催化循环油经过分馏塔分离出来，经过加氢饱和，增加氢含量，再进入催化裂化装置进行加工，可显著提高催化裂化装置的轻质油收率。由此，提出了多产轻质油的选择性加氢处理与催化裂化工艺集成技术 IHCC。

基于上述协同工艺分析可以发现，对于催化裂化装置轻、重循环油转化，目前炼油业内研究者提出的工艺方案可以归纳为：催化循环油由原来的催化裂化装置“体内循环”转变为“体外循环”，即改变催化循环油直接返回催化裂化装置进行加工的方式，而是先进入加氢改质装置单元，通过加入氢元素调整分子组成与结构，将循环油中的芳烃结构基团转化成为易裂化的环烷烃结构基团，实现重质油分子的“选形”改质，再返回催化裂化装置单元转化。该工艺方案将现有的催化裂化与加氢改质装置单元进行深度协同和组合，使炼厂的重油转化效率大幅度提高；但是加氢后循环油的分子组成、结构与常规催化原料也存在较大区别，主要由环烷烃或环烷基芳烃构成，对于加氢后的烃分子如何更加有效地“择形”裂化，尚需要匹配优化的反应区间和催化剂。

5.3.14.2 分区转化配合专用催化剂实现分子“择形”裂化

(1)催化裂化分区转化

加氢改质后的油品分子结构与催化裂化初始原料存在很大差异，催化裂化反应调控要有效保证这两类分子结构的裂化。Nylén 等研究发现，在高温裂解条件下，双环环烷烃催化裂解比单环环烷烃的转化率高，并且带有取代基的环烷烃反应活性高。Castaño 等研究表明，从催化裂化反应途径上分析，芳烃上的环烷结构主要分为 3 个反应途径(图 5.58)：①环烷环发生氢转移反应脱氢生成多环芳烃进一步生成焦炭；②环烷环发生异构化反应生成其他类型的环烷环；③环烷环吸附氢负离子而开环裂化生成更小的分子。反应途径①是应该被抑制的反应，而反应途径③是需要促进的反应。

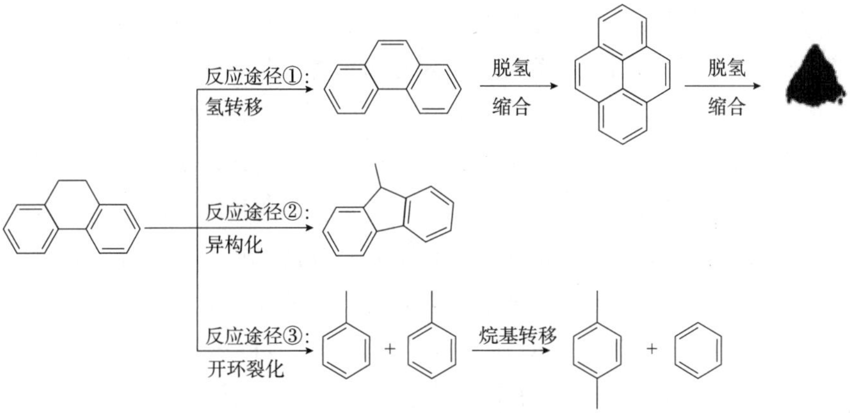

图 5.58 芳烃上环烷结构催化裂化反应途径示意图

王刚等人近期对催化轻循环油加氢后的裂化性能进行了研究，以双环芳烃(萘)加氢后得到的四氢萘为对象，发现四氢萘参与催化裂化反应与催化剂酸中心 H^+ 作用存在多种途径，发生 β 断裂的能垒明显高于四氢萘脱氢；并且四氢萘与其他正碳离子发生氢转移反应的能垒更低，反应更强烈。因此，为了保证催化轻循环油加氢后高效进行“择形”裂化，需避免加氢催化轻循环油与重油直接混炼，要为加氢催化轻循环油匹配适宜的裂化反应器和反应环境，并且提出了双提升管反应器、使用不同操作苛刻度分别对催化轻循环油和重质油原料进行催化裂化的新工艺方法。

加氢工艺协同催化裂化实现了分子“选形”改质，大量环烷烃分子在提升管反应器中有效“择形”裂化的关键是减少环烷结构发生氢转移反应，这需要高温、短接触的高苛刻度裂化条件，同时需要选择专用裂化催化剂实现。

(2)专用裂化催化剂的选择

近年来研究者针对重质油分子组成、结构及转化特点，开发了新型催化材料、催化剂。例如，Corma、Sabawi、Borm 等以大孔高岭土材料为基质、微孔分子筛为主要活性组分，适当引入介孔材料，目标是实现重油大分子中的桥链结构预裂化，同时促进分子中的环烷环和芳环侧链结构断裂，提高催化剂的总裂化活性和选择性。需要注意的是，国内外市场对轻质油品和化工原料产品的需求总是发生交替变化，以重质油为原料催化裂化生产轻质油和低碳烯烃需要不同的转化深度(图 5.59)，提高目的产品的选择性需要根据催化裂化操作域使用不同的专用裂化催化剂。对于重质油裂化催化剂，需要具备的共性特征是催化剂结构稳定性好、有良好的孔分布梯度、活性高、水热稳定性好、抗重金属污染及重油裂化能力强。在常规裂化区域，面对提高轻质油收率和生产高辛烷值汽油的目标，应选择一次裂化反应能力强、二次裂化反应能力适当及氢转移活性适中的专用催化剂。当油气结合，以重质油为原料生产乙烯和丙烯为目标时，应选择重质油一次裂化反应能力强、汽油二次裂化反应能力强、氢转移活性低、抗水热环境强度高的专用催化剂。裂化催化剂的梯级孔材料结构和反应性能如图 5.60 所示。选择适宜的催化材料、调变梯度分布孔道表面性质是合成不同专用裂化剂的基础。例如，对于多产低碳烯烃的催化剂，使用高 L 酸/B 酸比的改性择形沸石材料是提高乙烯与丙烯产率比值的关键。在环烷环的催化裂化反应过程中，需要考虑催化剂的孔结构和酸性的共同影响。唐津莲等分别对全氢菲、八氢菲、十氢萘和四氢萘在 Y 型分子筛和 ZSM-5 型分子筛上的开环反应进行了研究。其在不同催化剂上的转化率与选择性的关系见表 5.2。其中 NRO/DHC 表示环烷环开环反应选择性与脱氢缩合反应选择性之比。从表 5.2 数据中可见，对于使用孔径越大的分子筛催化剂，进入催化剂孔道内的反应物越容易接近催化剂活性中心，转化率越高。但是，Y 型分子筛孔道内高酸性也使其对环烷环的吸附能力变强，对环烷环的扩散产生阻碍，易于脱氢生成多环芳烃和焦炭，因此 Y 型分子筛上 NRO/DHC 比值以及焦炭产率大于 ZSM-5 型分子筛，这与 Sabawi 的研究结果一致。催化裂化如果追求生产小分子烯烃，则还需要进一步解决碳五、碳六短链分子的裂化反应难题。碳五、碳六烃类辛烷值不高，在汽油中影响蒸气压，进一步裂化可提高液化气中低碳烯烃的浓度。但是，由于碳五、碳六烃类裂化键能很高，仅凭借目前的裂化催化剂和高苛刻度反应条件依然没有获得良好的裂化效果。因此，需要进一步分析重质油原料在催化裂化过程中的烃类链长的变化规律，考虑催化剂合成中使用复合分子筛材料。例如，Beta 型和 ZSM-5 型分子筛的搭配，从大分子裂化反应源头减少碳五、碳六短链烃分子的生成，增加小分子烯烃选择性。这是催化裂化装置担任炼化一体化炼厂流程中桥梁作用需要解决的一个反应“瓶颈”。

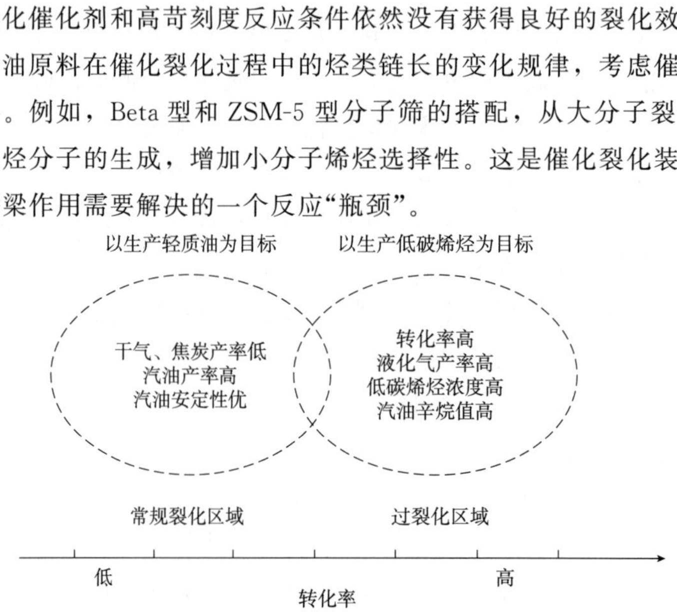

图 5.59　催化裂化生产轻质油和低碳烯烃转化深度区间图

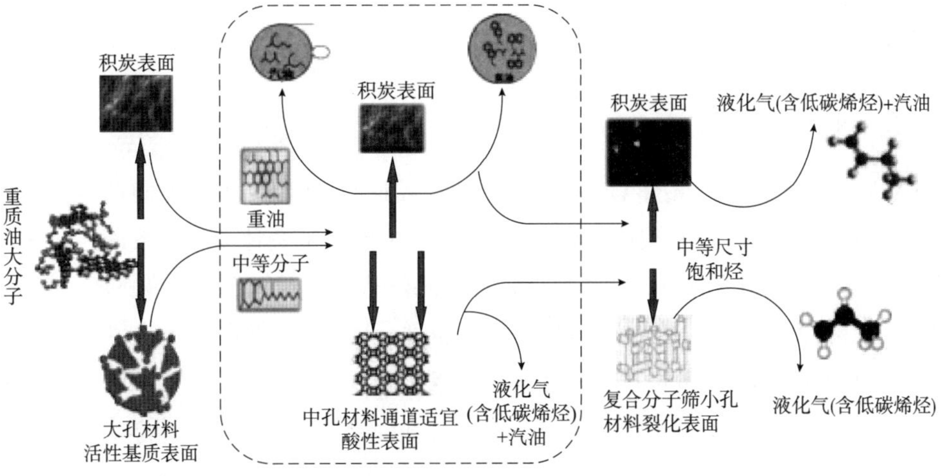

图 5.60 裂化催化剂的梯级孔材料结构和反应性能示意图

表 5.2 烃分子中环烷环结构在不同催化剂上的裂化反应选择性

项目		转化率/%	产物选择性/%				
			非芳烃	单环芳烃	多环芳烃	焦炭	NRO/DHC
全氢菲	CAT-Y	92.85	35.28	34.83	10.05	1.21	7.88
	CAT-Z	89.97	30.52	33.9	13.38	1.59	5.68
八氢菲	CAT-Y	90.68	25.14	26.27	20.04	1.48	3.65
	CAT-Z	84.24	22.6	23.88	25.02	1.06	2.83
四氢菲	CAT-Y	87.48	9.13	45.77	43.66	1.44	1.22
	CAT-Z	60.75	9.41	39.24	50.11	1.24	0.95

5.3.15 其他新技术

5.3.15.1 UOP 公司的 X 设计

UOP 公司于 1995 年发明了 X 设计，其目的在于提高剂油比。其特点是反应器与再生器之间设了一个催化剂混合器，待生催化剂与再生催化剂在此混合，部分混合剂流入提升管与原料油接触反应，剩下的混合剂流入再生器进行烧炭。这一构型的好处是：①待生催化剂(还有较高的活性)在混合器中可进一步在较高温度下汽提，因为混合器的温度高于汽提段(约 620℃)又比再生器低，故可以既将催化剂的黏附物汽提干净又不影响其水热稳定性；②混合剂进入提升管的温度比从再生器来的低，又因为循环量增加，所以热反应减少、催化反应增加，焦炭和干气产率降低，汽油产率增加。X 设计是在近年催化裂化的一些新技术应用后提出来的。这些新技术包括新型喷嘴、快速分离系统、高效汽提器、低生焦催化剂等。由于这些新技术的应用，碳差降低，再生温度提不上去，烧炭速度和完全再生遇到困难，采用 X 设计可解决这种问题。X 设计有不少灵活性，可用于调节生产方案，包括多产柴油、多产液化石油气等。在多产液化石油气时，可将粗汽油从提升管底部注入后再度进行裂化。

5.3.15.2 NEXCC 工艺

NEXCC 工艺是芬兰 Neste Oy 公司开发的裂化工艺，其特点是：①将两根反应管组装在一个带压的壳体里，一根是反应器，另一根是再生器，是一种流化床系统。加压罐大小是同等处理量催化裂化的 1/3。②油、催化剂和载气从反应器下部进入，在环形管中反应，带炭催化剂也从下部进入再生器，催化剂循环量 2～3 倍于一般催化裂化装置，再生时间约 30s。③反应温度 600～650℃，催化剂和油接触时间为 1～2s。④汽油和低碳烯烃的总转化率可达 85%～90%，其中丙烯 16%。为了工业放大，该公司还在开发数学模型。

5.3.15.3 Petrobras 公司的 IsoCat 工艺

这是一项调节催化裂化热平衡的技术。它把经冷却器取热后的一小股催化剂单独送入提升管底部与大股从再生器出来的热催化剂混合，然后进入提升管和原料油接触反应。这样可起到几个好的作用：①降低催化剂和油接触时的温度，减少热反应，降低干气和焦炭产率；②可提高预热温度，有利于大分子的汽化；③提高剂油比，增强催化裂化反应，提高重油转化率。采用这种工艺后，Petrobras 公司可加工残炭 8%～10% 的环烷基常压渣油。

5.3.15.4 高碱氮原料的催化裂化加工工艺(一)

美国专利：7744745；公开日期：2010 年 6 月 29 日；发明人：Alvarenga Baptista C M de L，Moreria E M，Cerqueira H S。

该专利利用多提升管催化裂化装置对高碱氮原料(原料 A、B)进行加工利用。该工艺主要包括以下步骤：①主提升管中加工原料 A；第二段提升管中加工高碱氮原料 B(碱氮含量比原料 A 高 200μg/g)。②第二段提升管中原料与催化剂的体积比为 40%～90%(体积分数)；高碱氮原料(1000～3500μg/g)在原料中的混合比例可达 5%～60%。取热装置在维持催化裂化装置热平衡的同时，可通过换热降低催化剂温度，从而提高第二段提升管中的剂油比。主提升管反应器的剂油比为 4.5～8.5。③按照设定的催化裂化条件操作催化裂化装置。④收集催化裂化产品。反应过程具有较高的重油转化率，较高的汽油及液化气产率，较低的焦炭及干气产率。⑤油剂分离设备回收的待生催化剂进入再生器烧焦并恢复催化剂活性。⑥再生催化剂分离。⑦再生催化剂分两股进入主提升管及第二提升管。

5.3.15.5 高碱氮原料的催化裂化加工工艺(二)

美国专利：736491；公开日期：2010 年 6 月 15 日；发明人：Alvarenga Baptista C M de L，Cerqueira H S，Sandes E F。

该专利利用一根提升管加工不同的催化裂化原料。工艺采用分子筛催化剂，可多产液化气等轻质产品。专利中对原料A、B(原料B易于裂化)的加工情况进行了说明。原料A和原料B在提升管的不同区域分别进入提升管反应器。主要包括下面步骤：①原料A在提升管底部进入，温升可达10～50℃。②原料B在原料A达到最大液化气产率的位置注入。

原料B的质量为总进料量的5%～50%(质量分数)。原料B在提升管反应区的10%～80%间单股或多股进料。原料B的雾化程度要高；原料B预热温度不低于原料A，雾化蒸汽用量为5%～20%(质量分数)。相同剂油比条件下，分开进料的轻质油收率高于原料A、B，均采用底部进料方式的收率。

5.3.15.6 生物质转化工艺

美国专利：20100105970；公开日期：2010年4月29日；发明人：Yanik S，Bartek R，O'Connor P，Stamires D和Brady M。

该专利为将固体生物质转化为烃类物质的方法。主要包括以下步骤：①固体生物质与催化剂在第一段提升管中混合反应，反应温度为50～200℃；②第一段提升管中生成的气态产物与生物质-催化剂混合物分离；③生物质-催化剂混合物进入第二段提升管反应器反应，温度为200～400℃；④第二段提升管生成的气态产物与第二段生物质-催化剂混合物分离；⑤第二段生物质-催化剂混合物进入第三段提升管反应器反应，反应温度大于450℃；⑥第三段提升管生成的气态产物与失活催化剂分离。

5.3.15.7 催化剂组成、制备与使用

美国专利：7749937；公开日期：2010年6月6日；发明人：Domokos L，Jongkind H，Stork W H J，Van Tol-KershofJ M H。

该专利介绍了一种采用沉淀法制备非负载型加氢催化剂的方法。催化剂含有一种或几种第Ⅵ副族金属、一种或几种Ⅷ族金属及一种耐高温氧化物。按氧化物形态计算，耐高温氧化物中含有50%以上的氧化钛成分。

催化剂适用的原料包括催化裂化轻重瓦斯油，加氢处理后的瓦斯油，轻质闪蒸馏分，轻循环油，减压瓦斯油，轻瓦斯油，直馏瓦斯油，焦化瓦斯油，合成瓦斯油及两种或两种以上的混合物；也可以是脱沥青油，费托合成生成的蜡质产物，常压及减压渣油，由油砂、页岩油及渣油改质生产的合成油，生物质等。

5.4 发展趋势

随着当今世界经济的快速发展，对能源的需求日趋增大。化石类能源——石油在21世纪仍占有举足轻重的地位。国内，流化裂化装置(FCCU)一直作为炼油厂最重要的二次

加工装置，因为其对原料适应性强、轻油产品收率高且汽油含量高，因此催化裂化技术也成为其核心技术。近些年，重劣质油高效转化，降低柴汽比，增产低碳烯烃含量，高效生产化工产品，成为技术发展的主要趋势。由于国家实施了有关清洁油品的新标准，催化裂化新技术的要求也需要进一步提高。催化裂化是将重质油转化为高辛烷值汽油、柴油和液化石油气的重要工艺。我国75%～80%的汽油和柴油来自催化裂化产品，目前，世界上大约1/3的丙烯由催化裂化改性工艺所提供。由于原油质量的不断提高，对高附加值石油产品的需求量随之增加，从过去的20多年来看，催化裂化技术在未来的发展大体会围绕三个方面：

1. 加工重质原料及劣质原料的处理

由于全球对轻质燃料需求和原油价格的不断提升，加工重质原料油的催化裂化技术有着更高的经济效益，在这样的形势下，日趋重质化劣质化的原油成为最大的加工难题，这将不断促使各石油公司研究新技术来更好地加工重质原油，比如降低焦炭产率和催化剂重金属污染等。

2. 催化剂油品改质

催化剂改制油品、提高目的产品收率和装置运转效率相比调整催化裂化工艺投资少、见效快。通常来说，可通过改变催化剂的配方来达到塔底油裂化、焦炭选择性、多功能和产品选择性目的。随着原料油不断重质化和劣质化，催化剂抗重金属和低生焦性越来越重要。催化剂助剂具有特定的功能，在使用上也更加灵活，在提高汽油辛烷值、降低氧化硫等排放量、多产丙烯和液化气等方面应用广泛，也是催化裂化技术未来发展的方向之一。

3. 现有催化裂化装置改造

催化裂化技术诞生以来，世界各地的催化裂化装置大都已经运行20年之久，随着燃料需求增长的不断减缓，炼油厂出现资金紧张、利润减少的情况，这使得炼油厂在提高装置加工能力时更愿意改造现有装置。对现有装置的改造可以显著地提高产率和操作效益，但是由于现有装置的限制，装置改造一般都比较复杂，需要充分认识工艺和经济目标，全面考虑装置的每一个细节，改造成功可以破除装置瓶颈并获得显著的经济效益。

对于石油化工催化裂化工艺技术优化来说，后续还需要重点做好两方面的工作：一是要做好优化催化剂的选择工作，为更好保障催化剂活性，石油炼化企业需要加大理论研究与实践研究力度，并结合催化裂化反应特点与需求，生产或引进高性能与高活性的催化剂，减少或避免生产反应过程中表面焦炭附着这一情况的发生；二是要做好石油催化裂化工艺的性能提升工作，随着近年来节能环保意识越发深入，各行各业均在积极走节能环保的发展之路。对于石油炼化企业来说，更要积极优化催化裂化工艺流程，完善多回路循环系统，确保在多次的回路循环过程中降低烟气温度，更好地利用热能资源。另外，石油炼化企业还需要有针对性地设置烟气净化装置，统一收集冷却后的烟气，最后进行统一性的净化处理，以此最大限度降低对生态环境的破坏。

在进行催化裂解的过程中会出现干气产率过高的现象，这是因为流化床以及提升管反应器没有实现分区优化控制。而增强型催化裂解技术就是为了解决这个问题，它主要通过对流化床反应的再生催化实现分区优化控制的目标，增加丙烯的产量，满足二次裂解的要求。

在催化裂解的过程中同时存在丙烯的生成和消除两个过程，因此还需要对丙烯的再转化技术进行优化和发展。通过加强对一次裂解的深度控制就能够实现生产高烯烃含量汽油以及多产丙烯的目的。对丙烯再转化过程进行控制和抑制，能够提高丙烯生产的速率，促进产业发展。

参考文献

[1]陈祖庇．与时俱进发展催化裂化[J]．炼油技术与工程，2003(2)：1－5.

[2]王昱．催化裂化技术详解[J]．石油知识，2021(1)：18－19.

[3]曹军．论催化裂化技术的发展现状[J]．决策探索(中)，2017(9)：11－12.

[4]陈俊武，许友好．催化裂化工艺与工程(第三版)[M]．北京：中国石化出版社，2015.

[5]李洪钟，朱庆山，谢朝晖，等．流化床结构传递理论与工业应用[M]．北京：科学出版社，2020.

[6]许友好，戴立顺，龙军，聂红．多产轻质油的FGO选择性加氢工艺与选择性催化裂化工艺集成技术(IHCC)的研究[J]．石油炼制与化工，2011，42(3)：7－12.

[7]李隆基．R2R工艺的特点[J]．炼油设计，1998(2)：28－32.

[8]凯洛格-菲利普斯．HOC工艺(常压渣油催化裂化)[J]．石油炼制与化工，1975(5)：82－83.

[9]沙颖逊，刘继绪．劣质渣油预处理新工艺——ART简介[J]．炼油设计，1983，13(5)：9－13.

[10]许昀，山红红．渣油催化裂化工艺及技术进展[J]．石油与天然气化工，2001(2)：79－82＋51.

[11]许友好．我国催化裂化工艺技术进展[J]．中国科学：化学，2014，44(1)：13－24.

[12]钟乐燊，霍永清，王均华，等．常压渣油多产液化气和汽油(ARGG)工艺技术[J]．石油炼制与化工，1995(6)：15－19.

[13]陈祖庇，张久顺，钟乐燊，等．MGD工艺技术的特点[J]．石油炼制与化工，2002(3)：21－25.

[14]李永杰．石油催化裂化提升管技术的应用发展[J]．化工管理，2016(19)：224.

[15]叶逢春．石油催化裂化烟气脱硫技术探讨[J]．化工管理，2017(14)：185－186.

[16]鲜楠莹，朱庆云，郑丽君，等．催化裂化技术进展[J]．石化技术与应用，2019，37(6)：367－370.

[17]颜国利．催化裂化技术研究进展[J]．青岛科技大学学报(自然科学版)，2015，36(S2)：10－11.

[18]任文坡，朱庆云，乔明．催化裂化技术新进展[J]．石化技术与应用，2015，33(4)：357－360.

[19]马良，吴祖明，钱建华，等．VOCs流化床吸附研究进展及展望[C]//中国环境科学学会2021年科学技术年会——环境工程技术创新与应用分会场论文集(三)，2021：399－405.

[20]宋亮．石油化工催化裂化工艺技术优化[J]．中国石油和化工标准与质量，2021，41(11)：154－155.

[21]段莉娜．催化裂化工艺发展趋势和环保问题的探讨[J]．山西化工，2020，40(3)：35－36＋46.

[22]葛营，杨林，邴生彬，等．催化裂化新工艺发展现状[J]．石油工程建设，2019，45(5)：1－4＋11.

[23]宁云锋．催化裂化炼油技术探讨[J]．石化技术，2019，26(3)：127＋120.

[24]熊建芳．流化床技术发展及其应用[C]//第十届中国科协年会论文集(四)，2008：1055－1061.

[25]谭铁鹏．流化床技术在处理废水废渣方面的应用[J]．云南化工，1995(1)：57－60.

[26]刘晓欣．催化裂化-延迟焦化组合工艺[J]．石油炼制与化工，1998(11)：30－35.
[27]王迪．试论未来炼厂中催化裂化装置的定位及设计[J]．民营科技，2015(6)：44.
[28]高金森，王刚，卢春喜，等．重油催化裂化反应工艺技术创新[J]．中国石油大学学报(自然科学版)，2013，37(5)：181－185.
[29]王刚，孙静，方东，等．分子炼油为导向的催化裂化加工重质油策略[J]．中国科学：化学，2018，48(4)：362－368.
[30]吴洪波，文婕，张连红，等．催化裂化油浆的净化以及综合利用生产高附加值产品[J]．应用化工，2020，49(10)：2618－2624+2635.
[31]尚大军．催化裂化油浆萃取——过滤分离催化剂粉末的研究[J]．炼油与化工，2017，28(4)：5－8.
[32]徐燕平，刘国荣．催化裂化油浆过滤技术的改进及应用[J]．石化技术，2012，19(2)：38－41+61.
[33]丁洛，杨焜远．催化裂化油浆催化剂粉末的脱除技术[J]．石油炼制与化工，2001(5)：60－61.
[34]Song X，Liu D，Lou B，et al. Removal of catalyst particles from fluid catalytic cracking slurry oil by the simultaneous addition of a flocculants and a weighting agent[J]. *Chemical Engineering Research & Design*，2018.
[35]陈卓．FCC油浆中催化剂颗粒的超声辅助脱除研究[J]．化工技术与开发，2017，46(6)：3.
[36]张强，张志伟，王鑫，等．催化油浆陶瓷膜净化处理实验研究[J]．石油学报(石油加工)，2018，34(6)：9.
[37]张洪莹，杨敬一，徐心茹．催化裂化油浆水洗脱固的研究[J]．现代化工，2016，36(8)：125－128.
[38]毛安国，龚剑洪．催化裂化轻循环油生产轻质芳烃的分子水平研究[J]．石油炼制与化工，2014，45(7)：1－6.
[39]许帆婷，侯明铉．做好从跟跑者到领跑者的角色转变——访中国石化石油化工科学研究院院长龙军[J]．中国石化，2015(8)：38－39.
[40]龚剑洪，龙军，毛安国，等．LCO加氢-催化组合生产高辛烷值汽油或轻质芳烃技术(LTAG)的开发[J]．石油学报(石油加工)，2016，32：867－874.
[41]Li D. Crucial technologies supporting future development of petroleum refining industry[J]. *Chin J Catal*，2013，34：48－60.
[42]许友好，汪燮卿．催化裂化过程反应化学的进展[J]．中国工程科学，2007，9：6－15.
[43]Nylén U，Sassu L，Melis S，et al. Catalytic ring opening of naphthenic structures：Part Ⅰ. From laboratory catalyst screening via pilot unit testing to industrial application for upgrading LCO into a high-quality diesel-blending component[J]. *Appl Catal A-Gen*，2006，299：1－13.
[44]Castaño P，Arandes JM，Olazar M，et al. Effect of hydrogen on the cracking mechanisms of cycloalkanes over zeolites[J]. *Catal Today*，2010，150：363－367.
[45]Jin N，Wang G，Yao L，et al. Synergistic Process for FCC Light Cycle Oil Efficient Conversion To Produce High-Octane Number Gasoline[J]. *Ind Eng Chem Res*，2016，55：5108－5115.
[46]Corma A，Orchillés AV. Current views on the mechanism of catalytic cracking[J]. *Micropor Mesopor Mater*，2000，35－36：21－30.
[47]Sabawi MA，de Lasa H. Influence of zeolite crystallite size on methyl-cyclohexane catalytic conversion products[J]. *Fuel*，2012，96：511－523.
[48]Borm RV，Reyniers MF，Martens JA，et al. Catalytic cracking of methylcyclohexane on FAU，MFI，

and bimodal porous materials: Influence of acid properties and pore topology[J]. *Ind Eng Chem Res*, 2010, 49: 10486-10495.

[49]唐津莲，许友好，汪燮卿，等，十氢萘在分子筛催化剂上的开环反应研究[J]. 燃料化学学报，2012，40：1422-1428.

[50]唐津莲，许友好，汪燮卿．四氢萘在分子筛催化剂上环烷环开环反应的研究[J]. 石油炼制与化工，2012，43：20-25.

[51]唐津莲，许友好，汪燮卿，全氢菲在分子筛催化剂上环烷环开环反应的研究[J]. 石油炼制与化工，2012，43：721-726.

[52]唐津莲，许友好，汪燮卿，八氢菲在分子筛催化剂上的环烷环开环反应[J]. 石油学报(石油加工)，2012，28：900-906.

[53]Sabawi Ma, de Lasa H. Modeling thermal and catalytic conversion of decalin under industrial FCC operating conditions[J]. *Chem Eng Sci*, 2010, 65: 626-644.

[54]王育梅．催化裂化多产异构烃的催化剂异构化性能研究[D]. 兰州：兰州理工大学，2020.

[55]吴鹏伟．某炼厂催化裂化装置的过程模拟及用能分析研究[D]. 青岛：中国石油大学(华东)，2019.

[56]赵文斌，朱丽云，苏楷然，等．催化裂化反应器研究进展[J]. 石油化工设备，2016，45(5)：34-39.

[57]刘帆，李烨，张卫红，等．催化裂化柴油回炼生产低烯烃高辛烷值汽油[J]. 石化技术与应用，2022，40(3)：216-218.

[58]江盛阳，范声，段丹，等．催化裂化原料非均相乳化及高效雾化技术开发及工业应用[J]. 炼油技术与工程，2022，52(3)：10-14.

[59]鞠雅娜，李天舒，张然，等．催化裂化重汽油临氢脱砷剂的研制及性能评价[J]. 石油炼制与化工，2021，52(12)：21-26.

[60]刘佩．双提升管催化裂化工艺技术浅析[J]. 广州化工，2021，49(21)：112-114+118.

[61]董群，梅春林，张国甲，等．流态化技术在催化裂化工艺中的应用进展[J]. 化学工业与工程技术，2010，31(1)：27-31.

[62]张建祥．流态化技术在催化裂化工艺中的应用进展[J]. 石化技术，2016，23(5)：14.

[63]刘翀．流态化技术在石化工业中的应用[J]. 石油和化工设备，2005，8(5)：15-17.

[64]李永杰，延敬祥，李永文，等．炼油中的催化裂化工艺研究[J]. 中国新技术新产品，2020(7)：65-66.

[65]马林．石油冶炼过程中的催化裂化技术及应用[J]. 中国石油和化工标准与质量，2020，40(12)：242-243.

[66]钱宇．石油化工催化裂化工艺技术的优化[J]. 化学工程与装备，2021(11)：36-37.

第6章 加氢裂化

6.1 加氢裂化的发展历史

加氢裂化是继热裂化、减黏裂化和焦化之后发展起来的，距离现在更近的一种炼油工艺。实际上，在热加工中使用氢气可能是20世纪炼油技术最重要的进步。为满足炼厂由氢/碳比低的重质原料生产馏分油的需求，加氢裂化工艺的研发近年来又进一步受到重视。

与加氢处理相似，加氢裂化也是加氢工艺的一种，是将各种原料进行转化生产出一系列产品。满足这个目标的装置分布在炼厂中的多个不同位置。现代炼油技术中“加氢裂化”的定义是指通过加氢反应使原料油中有10%和10%以上的分子变小的那些加氢工艺。其中包括：馏分油加氢改质，渣油加氢改质，减压瓦斯油(VGO)加氢改质，生产润滑油基础油料和其他加氢工艺(催化脱蜡、异构脱蜡生产低凝点柴油，催化脱蜡、异构脱蜡生产润滑油基础油)。通常所说的“常规(高压)加氢裂化”是指反应压力在10.0MPa以上的加氢裂化工艺；“缓和-中压加氢裂化”是指反应压力在10.0MPa以下的加氢裂化工艺。

加氢裂化的历史可以追溯到20世纪20年代末，对比催化裂化汽油质量更高的汽油的需求推动了加氢裂化的出现。首套加氢裂化装置位于德国Leuna，用于褐煤加氢。以煤为原料的高压加氢，其工艺流程由三段组成：第一段是煤糊的悬浮床液相加氢，以铁-半焦为催化剂(代号为10927)，在压力70MPa、温度470～475℃、空速0.70h^{-1}的条件下(或在压力20～22MPa、温度<430℃、空速0.31h^{-1}的条件下)进行加氢反应，把煤糊转化为汽油、中油和重油，1926年首次工业应用；第二段是气相加氢，以纯硫化钨为催化剂(代号为5058)，该催化剂的加氢活性很高，芳烃原料，含有硫、氮、氧的煤和重馏分油几乎可以全部被转化为链烷烃和异构烷烃，1931年首次工业应用；第三段是加氢裂化，以硫化钨-HF活化的白土为催化剂(代号为6434)，在压力22MPa、温度400～420℃、空速0.64h^{-1}的条件下，把精制后的中油转化为汽油和柴油，1937年首次工业应用；后来又研究开发了硫化钨-硫化镍-氧化铝催化剂(代号为8376)，在压力30MPa、温度360～440℃、空速0.42h^{-1}的条件下，把精制后的中油转化为汽油和柴油，1942年首次工业应用。虽然在第二次世界大战结束以前，这项技术在工业上得到了比较多的应用，但由于反应压力高、空速低、消耗氢气多，在第二次世界大战以后并没有继续应用，特别是石油的大量发现和开采，石油炼制技术的迅速发展，也限制了这项技术的应用。尽管如此，其工艺、催

化剂和高压设备制造技术都为现代加氢技术特别是加氢裂化技术的发明和应用奠定了基础。1939 年，英国帝国化学工业公司开发了二段催化剂，为后来英国航空汽油的生产作出了贡献。

第二次世界大战期间，仅德国、英国和美国采用二段工艺。在英国，原料是煤焦油中的木馏油和石油中的瓦斯油。在美国，新泽西州的标准石油公司在巴吞鲁日(Baton Rouge)建立了一套装置加工委内瑞拉煤油/轻瓦斯油馏分，用于生产汽油。这些装置的操作条件相似：反应温度约为 400℃，反应压力为 2900～4350psi。

第二次世界大战期间和战后，欧洲老式的氢解型加氢裂化工艺采用硫化钨(WS_2)或硫化钼(MoS)催化剂。反应要求高温高压，有时候连续操作的压力超过 3000psi。

到 20 世纪 50 年代，该工艺的经济效益越来越显著。催化剂技术的进步使反应可以在低压下进行，压力为 1000～2200psi，这也减小了反应器壁的厚度。与此同时，机械工程尤其是反应器设计和热传递技术也有了进步。

催化加氢裂化通常利用固定床反应器，在氢气存在和高压(1200～2000psi)条件下发生裂化反应。加氢裂化的原料经常是在催化裂化装置中无法有效裂化的组分，包括中间馏分油、循环油、渣油燃料油和常压渣油。这些原料通常先经过加氢处理脱除杂质，然后再进入催化加氢裂化反应器。

有时候在加氢裂化的第一反应器中完成加氢处理，脱除杂质。水对一些加氢裂化催化剂不利，因此物料进入反应装置前必须脱水，可以用硅胶或分子筛干燥器处理原料中的水。

根据目的产品和装置尺寸不同，加氢裂化可以在单段或者多段反应器中进行。大部分催化剂是二氧化硅-氧化铝及少量稀土金属的混合晶粒。

现代加氢裂化工艺最初用于将难裂化的原料转化为汽油和喷气燃料。工艺和催化剂的进步使加氢裂化发展成为能够生产从气体和石脑油到燃料油及催化裂化原料的工艺。沸石是最常用的加氢裂化催化剂，部分使用脱铝和低钠沸石或是使用高硅的氢型或稀土型的 Y 型沸石。图 6.1 是加氢裂化装置的一个示例。

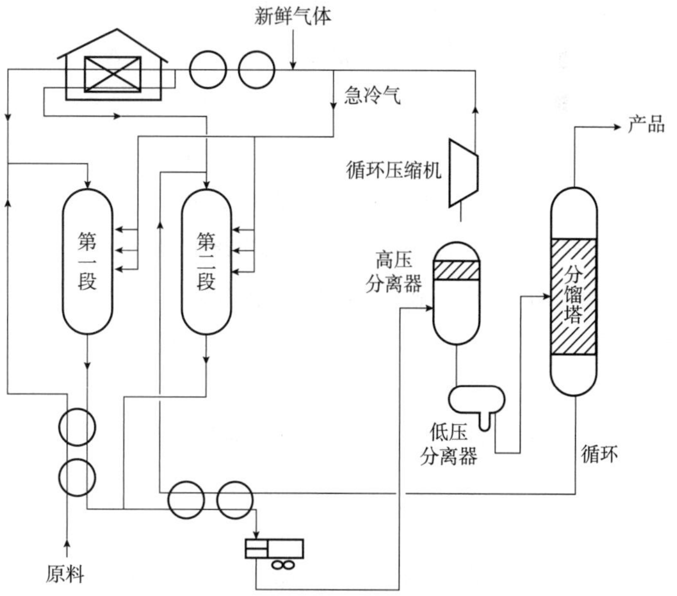

图 6.1 单段或两段(可选)加氢裂化装置

6.1.1 中国加氢裂化技术的发展背景和历程

我国加氢裂化技术的研究开发工作始于20世纪50年代初，抚顺石油三厂研制出硫化钼-白土3511和3521催化剂，以酸碱精制页岩轻柴油为原料，通过加氢裂化生产了车用汽油和灯用煤油，试制成功了航空汽油，并解决了我国加氢裂化工业装置初次开工的技术关键问题。后以俄罗斯库页岛原油和中亚原油的煤油馏分为原料，成功地生产了一批航空汽油和喷气燃料组分。与此同时，石油三厂与中国科学院大连化学物理研究所合作，开发了氧化钼-半焦催化剂(3592)，先后进行了低温煤焦油的高压和中压加氢裂化工业试生产。这些研究开发和工业生产工作的开展，为我国现代加氢裂化技术的发展奠定了基础。

1962年我国大庆油田投产以后，石油三厂用3622(硫化钨-白土)催化剂，以大庆含蜡重柴油为原料，生产了车用汽油和灯用煤油，这些以天然硅酸铝为载体的催化剂耐氮性能差，运转周期短；接着石油三厂又与中国科学院大连化学物理研究所合作，开发与生产了氧化钨-氧化镍-氧化硅-氧化铝3652催化剂，为我国第一代无定形催化剂，1966年正式应用于大庆石油化工总厂400kt/a加氢裂化装置上。该装置是我国自行开发、设计和建造的第一套现代单段加氢裂化工业装置，其工艺简单、能耗低，主要用于生产喷气燃料和柴油，同时尾油尚可充分利用，标志着我国是世界上最早掌握单段加氢裂化技术，用无定形催化剂生产石脑油、喷气燃料和柴油的国家。

20世纪70年代初，石油三厂开发了生产润滑油基础油的催化脱蜡技术。用新开发的加氢精制催化剂3714、3715和催化脱蜡催化剂3722，以大庆减二、三线VGO为原料，在工业装置上生产出了轻质润滑油基础油。接着又开发了催化脱蜡新催化剂3731，1973年在工业装置上成功地生产了轻中质润滑油基础油，调制了汽油机油、柴油机油等10多种润滑油产品，并实现了长周期运转。在此基础上，经过多年的反复试验，成功合成了β沸石及3762、3812晶型加氢裂化和3792催化脱蜡新催化剂，同样以大庆减二、三线VGO为原料，在工业装置上得到的润滑油基础油凝点在-5℃以下，凝点降低幅度达50℃以上；而以加氢裂化尾油为原料，用3792催化剂进行催化脱蜡，得到的润滑油基础油凝点在-20℃左右，液收可达90%。这些情况表明，我国是世界上最早掌握生产润滑油基础油的催化脱蜡技术并实现工业化的国家。

继大庆油田投产以后，胜利、辽河等大型油田又相继建成投产。但由于国产原油轻油馏分含量较低，仅有30%，因此要得到较多的运输燃料等轻质油品，就必须大力发展VGO及重油加工技术。进入20世纪80年代以后，根据我国国民经济快速发展、石油产品特别是中馏分油(喷气燃料和柴油)需求大幅度增长的需要，我国炼油工业在大力发展催化裂化技术的同时，也加快了加氢裂化技术开发的步伐。从80年代初开始，抚顺石油化工研究院(FRIPP)首先研制成功超稳Y沸石，继而开发了中油型3824与轻油型3825以及用于缓和加氢裂化的3882三种晶型催化剂。3824催化剂于1986年首次在荆门炼油厂的中压加氢裂化装置上应用，1990年用于茂名石化公司炼油厂的加氢裂化装置，3882催化剂于1989年首次在我国齐鲁石化公司炼油厂的缓和加氢裂化装置上应用，3825催化剂于1991年在上海石化公司首次应用，后又用于多套装置。1985年以后，石油化工科学研究院(RIPP)开发了中压加氢改质技术，1992年首次使用RIPPRT-5催化剂的中压加氢改质技术在大庆石油化工总厂进行工业运转。

与此同时，金陵石化公司炼油厂和FRIPP研究开发了催化脱蜡(临氢降凝)生产低凝点柴油的催化剂NDZ-1和FDW-1，先后于1986年和1988年用于齐鲁石化公司炼油厂的工业装置并替代了进口催化剂。

进入20世纪90年代，FRIPP加快了新功能及升级换代加氢裂化催化剂的开发速度。首先在3824催化剂的基础上，开发了换代产品3903催化剂，1993年首次用于金陵石化公司的加氢裂化装置，其活性明显高于3824，在其他反应条件相同的情况下，反应温度降低13℃，产品性质和分布与3824相近。接着在3825催化剂的基础上，开发了换代产品3905催化剂，1997年首次用于扬子石化公司的加氢裂化装置，不但耐氮性能有所提高，活性也更高一些，反应温度降低了3～4℃。与此同时，FRIPP还开发了5种新催化剂：第一种是以生产中馏分油为主的非贵金属分子筛新催化剂3976，不仅活性高、选择性好，还有较高的耐氮性能，1998年首次用于辽阳化纤公司的加氢裂化装置；第二种是能灵活生产最大量喷气燃料和柴油的非贵金属分子筛新催化剂3974，1999年首次用于镇海炼化公司的加氢裂化装置，中馏分油平均收率在65%左右；第三种是单段串联加氢裂化装置需用的加氢精制3936催化剂，先后用于茂名石化公司、镇海炼化公司的加氢裂化装置和燕山石化公司的中压加氢裂化装置，实际使用结果表明，各项指标均达到了较高的水平；第四种是单段加氢裂化无定形3973新催化剂，在生产大量中馏分油的同时，能生产部分高芳潜的重整原料油和低BMCI值的裂解原料油(加氢裂化尾油)或高黏度指数的润滑油基础油料，1997年首次用于抚顺石化公司石油三厂的加氢裂化装置；第五种是单段加氢裂化新催化剂FRC-2，耐氮性能强，选择性好，能生产大量中馏分油，联产部分重整料和裂解料，1998年首次用于齐鲁石化公司炼油厂的加氢裂化装置。为了增加柴油产量和提高柴油质量，FRIPP专门开发了一种劣质柴油提高十六烷值加氢改质技术，以催化柴油为原料，用专门开发的3963催化剂，通过一段加氢改质，柴油十六烷值提高10个单位以上，硫含量降至500μg/g以下，柴油收率高达95%，1998年首次用于吉林化学工业公司炼油厂的200kt/a工业装置，目前已投产3套，近期还将有几套采用这项技术的工业装置投产。

20世纪90年代以后，RIPP针对新疆克拉玛依环烷基稠油生产润滑油基础油的问题，开展了催化脱蜡技术的研究开发工作。采用专门开发的新催化剂RDW-1和原有的加氢脱酸催化剂CH-4以及加氢精制催化剂RN-1，1995年在生产能力为50kt/a的催化脱蜡工业装置上生产出合格的32号、46号冷冻机油和45号变压器油。FRIPP针对我国东北和西北地区对低凝点柴油迅速增长的需要，专门开发了劣质柴油加氢精制-催化脱蜡(临氢降凝)串联生产低凝点柴油的技术，采用3926加氢精制催化剂和FDW-1临氢降凝催化剂的第一套300kt/a工业装置自1998年在哈尔滨炼油厂顺利投产后又有2套装置投产。

随着我国炼油厂高、中压加氢裂化工业装置的逐年增加，催化剂用量迅速增多，催化剂再生技术也随之问世。金陵石化公司炼油厂采用自行开发的再生新工艺和流程，1990年初成功地进行了加氢裂化催化剂的器内再生工作。山东淄博邦达恒基化工有限公司采用自行开发的连续式器外再生技术，1996年以来，对齐鲁石化公司的加氢裂化催化剂及茂名石化公司、金陵石化公司、石家庄炼油厂等所用的加氢裂化和加氢精制催化剂进行器外再生，理化性质和活性评价以及工业应用的结果表明，再生催化剂的性能达到了较高水平。目前这套器外再生装置的生产能力为1000～1500t/a。

在我国加氢裂化工艺和催化剂的研究开发工作与工业应用取得很大进展的同时，我国第一台锻焊结构的热壁加氢裂化反应器(内径1.8m、切线长度22m、筒体壁厚150mm、总重220t)于1989年试制成功并用于抚顺石化公司石油三厂的加氢裂化装置。目前我国已设计制造了内径4.2m和重约1000t的大型加氢裂化反应器。与此同时，我国还开发了3Cr-1Mo-0.25V新钢材，用这种新钢材制造的工业加氢裂化反应器即将问世。

6.1.2 国外加氢裂化技术的发展背景和历程

20世纪50年代中期，美国对汽油的需求量逐年增长，对柴油和燃料油的需求量逐年下降，产品结构不能适应需求结构的变化。虽然，当时通过热裂化、催化裂化、延迟焦化等二次加工技术可以增加汽油产量，但汽油质量不能满足车用汽油提高辛烷值的要求。随着汽车发动机压缩比提高，需要异构烷烃和芳烃含量高的汽油，以避免汽车出现爆震现象。因此，需要一种新的加工技术，把重质油品转化为轻质油品。许多石油公司根据催化裂化催化剂的开发经验和德国煤与煤焦油高压催化加氢生产汽油、柴油的经验，通过试验研究，发现了一些特殊的不可逆反应过程，研究出能使单体烃按需要进行反应并支配整个混合物转化的固定床加氢裂化工艺和催化剂。1959年美国Chevron公司首先宣布开发了Isocracking加氢裂化技术；1960年UOP公司宣布开发了Lomax加氢裂化技术，Union公司宣布开发了Unicracking加氢裂化技术。后来，相继有海湾研究开发公司的H-G，壳牌国际石油集团的Shell，法国石油研究院的IFP，德国巴斯夫公司的DHC，英国石油公司的BP等加氢裂化技术开发成功。1961年11月UOP公司的Lomax加氢裂化技术与Chevron公司的Isocracking加氢裂化技术合并，称为Isomax加氢裂化(加氢裂化催化剂仍由两公司分别供应)。各大公司开发的加氢裂化技术，催化剂有所不同，工艺流程都类似。40年来加氢裂化技术的发展历程，可以归结如下。

20世纪60年代初期，加氢裂化技术主要用于把CGO、LCO和AGO转化为汽油。因为当时催化裂化的转化率低，有些原料转化不了，所以加氢裂化主要用于转化在催化裂化装置中难以裂化的油料，以增产汽油。这时的加氢裂化装置都采用两段工艺，首先在第一段用加氢处理催化剂对原料油进行精制，脱除硫氮等杂质，然后进入第二段，用选择性裂化催化剂进行裂化生产汽油，得到的加氢裂化轻汽油辛烷值高，直接用作汽油调和组分；含环烷烃的重汽油进行催化重整，可以得到高收率的高辛烷值汽油和氢气。这种两段加氢裂化工艺目前仍在应用，一方面用在催化循环油多、汽油需求量大(如美国)和以 VGO 为原料生产汽油和重整料的炼油厂，另一方面也用在以 VGO 为原料主要生产中馏分油、加氢裂化装置能力大的炼油厂。

随着催化裂化技术(提升管技术和分子筛催化剂)的进展，催化裂化能够生产最大量高辛烷值汽油，同时由于油品市场喷气燃料和柴油需求量迅速增加特别是进入 20 世纪 70 年代以后，活性高、选择性强、稳定性好、能转化较重原料油的新催化剂趋于成熟，在加氢裂化工艺方面出现了以生产中馏分油为主的单段流程和既能生产中馏分油又能生产石脑油灵活性较大的单段串联流程，炼油厂新建的加氢裂化装置大多转向以加工 VGO 生产喷气燃料和柴油为主要目的。到 1975 年，新建的加氢裂化装置 60%的加工能力用于生产喷气燃料和柴油，而且逐年增加。80 年代以来，加氢裂化技术发展的趋势，除了多生产中馏分油，就是把加氢裂化未转化富含烷烃的尾油用作催化裂化料或生产乙烯的裂解料或生产高黏度指数润滑油的基础油料。90 年代以来，新建的加氢裂化装置 90%的加工能力用于生产中馏分油，其中有采用单段流程和单段串联流程的装置，也有采用两段流程的大型装置。

20 世纪 60 年代初期工业化的 Isocracking 和 Lomax 两段加氢裂化装置，第二段加氢裂化催化剂都是用 $Ni\text{-}SiO_2\text{-}Al_2O_3$。当时，这是借鉴催化裂化用的合成硅酸铝催化剂和煤与煤焦油气相加氢用的金属硫化物催化剂，把硅酸铝的裂化活性和金属硫化物的加氢活性结合起来构成加氢裂化催化剂的一项重大成果。但是，实际使用结果表明，这种催化剂不仅要求原料油深度脱硫脱氮，而且活性不高，达不到预期效果，特别是在原料油超重的情况下更是如此。就在 Mobil 石油公司首次把合成分子筛催化剂用于催化裂化装置的同时，Union 公司的 Rowland Hansford 也在进行以分子筛为载体的加氢裂化催化剂的研发工作，并于 1964 年首先用在 Unicracking 加氢裂化装置上。实践证明，这种分子筛加氢裂化催化剂与无定形加氢裂化催化剂相比，不仅活性高得多，而且选择性也好得多。虽然这种分子筛加氢裂化催化剂不是现代加氢裂化最早使用的催化剂，但它奠定了加氢裂化催化剂发展的基础，也代表了加氢裂化催化剂的发展方向。

1964 年在 Unocal 公司洛杉矶炼油厂投产的 Unicracking 加氢裂化装置是采用 Unocal 加氢裂化技术的第一套工业装置，加工能力是 800kt/a(16000 桶/日)，采用两段流程，第二段用加氢裂化催化剂 HC-11(钯-Y 型分子筛)，以 LVGO 和 LCO 为原料，生产汽油。其主要特点是，原料油先进行加氢预处理，特别是加氢脱氮(以保护分子筛催化剂的活性)，然后进入第二段进行加氢裂化。近 40 年来，Unocal 加氢裂化催化剂的发展历程，实际上就是一部分子筛加氢裂化催化剂的发展史。截至目前，Unocal 开发的加氢裂化催化剂，可以分为以下 5 个系列。

第Ⅰ系列是生产最大量汽油(石脑油)和部分喷气燃料的贵金属分子筛加氢裂化催化剂，用于两段装置，也可用于单段串联装置。早期的是 HC-11、HC-18；第三代是 HC-28，1987 年工业应用，HC-28 比 HC-18 的活性高，反应温度低 10～15℃；第四代是 HC-35，1996 年工业应用，HC-35 与 HC-28 的活性相近，但选择性高一些，喷气燃料收率高 4%。

第Ⅱ系列是生产最大量汽油(石脑油)和部分喷气燃料的非贵金属分子筛加氢裂化催化剂，用于两段装置，也可用于单段串联装置。第一代是 HC-14；第二代是 HC-24，1992 年工业应用，HC-24 比 HC-14 的活性高，反应温度低 5.6～11.2℃；第三代是 HC-34，尚未见工业应用报道，中试结果表明，HC-34 比 HC-24 活性高，反应温度低 6.7℃。

第Ⅲ系列是灵活生产汽油(石脑油)、喷气燃料和柴油的非贵金属分子筛加氢裂化催化剂，用于单段串联装置，也可用于两段装置。第一代是 HC-16；第二代是 HC-26，1990 年工业应用，HC-26 比 HC-16 的活性高，反应温度低 17～19.5℃；第三代是 HC-33，1994 年工业应用；第四代是 HC-43，尚未见工业应用报道。

第Ⅳ系列是生产最大量中馏分油和少量汽油(石脑油)的非贵金属分子筛加氢裂化催化剂，主要用于单段串联装置。第一代是 HC-22，20 世纪 80 年代中期工业应用；第二代是 DHC-32，1993 年工业应用；第三代是 DHC-39，1996 年工业应用；第四代是 DHC-41，尚未见工业应用报道。

第Ⅴ系列是与分子筛加氢裂化催化剂配套的加氢预处理催化剂。从 20 世纪 50 年代中期至今已开发到第 8 代。早期开发和工业应用的有 N-2、HC-A、HC-B、HC-D、HC-F。第六代是 HC-K/H，80 年代初期首次工业应用，如以第一代 N-2 相对脱氮活性为 100，则 HC-K/H 相对脱氮活性为 650；第七代是 HC-P/R，90 年代中期首次工业应用，相对脱氮活性为 750；第八代是 HC-T，刚刚在工业上应用。

UOP 公司的加氢裂化技术是世界上首先工业应用的加氢裂化技术。采用这种技术(Lomax)的第一套工业装置于 1961 年 8 月在美国鲍威林石油公司的加州洛杉矶炼油厂投产，加工能力为 110kt/a(2200 桶/日)，采用两段流程，以 AGO 为原料，生产汽油。UOP 加氢裂化技术的开发是从无定形加氢裂化催化剂开始的，进入 20 世纪 70 年代以后，开始开发分子筛加氢裂化催化剂。从 90 年代初开始，UOP 与 Unocal 合作开发加氢裂化催化剂，1995 年 UOP 兼并 Unocal 的加氢技术部，从此 Unocal 的加氢裂化技术知识产权都归 UOP 所有，但 Unicracking 技术名称和催化剂代号仍继续沿用。经过近 40 年的开发，其催化剂已形成两个主要系列。

第Ⅰ系列是以生产中馏分油为主的非贵金属无定形加氢裂化催化剂，主要用于单段装置，也可用于两段装置。第一代是 DHC-2，第二代是 DHC-6，第三代是 DHC-8，1983 年工业应用。

第Ⅱ系列是以生产中馏分油为主的非贵金属分子筛加氢裂化催化剂，主要用于单段串联装置，也可用于两段装置。第一代是DHC-100，80年代中期工业应用；第二代是DHC-200，1990年工业应用。

除此之外，UOP还开发了生产最大量汽油(石脑油)的加氢裂化催化剂HC-8，后来又开发了替代HC-8的HC-100催化剂，1980年工业应用，还有生产液化气的HC-101催化剂等。UOP与Unocal合作开发的加氢裂化催化剂有DHC-32、DHC-39和DHC-41三种。

Chevron公司的加氢裂化技术是仅次于UOP在工业上应用最早的加氢裂化技术。采用这种技术(Isocracking)的第一套工业装置于1962年1月在俄亥俄州托利多炼油厂投产，加工能力375kt/a(7500桶/日)，采用两段流程，以AGO、LCO和CGO为原料，生产汽油(石脑油)。Chevron公司加氢裂化技术的开发也是从无定形加氢裂化催化剂开始的，20世纪70年代以后开始开发分子筛加氢裂化催化剂。近40年的开发，已经形成了以下5个主要系列。

第Ⅰ系列是生产最大量中馏分油的非贵金属无定形催化剂，既可以用于单段装置，也可以用于两段装置。第一代是ICR-102；第二代是ICR-106；第三代是ICR-120，20世纪80年代中期工业应用；第四代是ICR-150，90年代后期工业应用。

第Ⅱ系列是生产最大量中馏分油的非贵金属分子筛催化剂，主要用于单段装置。第一代是ICR-126，20世纪80年代中期工业应用；第二代是ICR-136，90年代初工业应用；第三代是ICR-142，90年代后期工业应用。

第Ⅲ系列是灵活生产汽油、喷气燃料和柴油的非贵金属分子筛催化剂，主要用于单段装置。第一代是ICR-117；第二代是ICR-139/141，20世纪90年代初工业应用；第三代是ICR-147，90年代后期工业应用。

第Ⅳ系列是生产最大量汽油(石脑油)和部分喷气燃料的非贵金属分子筛催化剂，主要用于两段加氢裂化装置。第一代是ICR-204；第二代是ICR-208，20世纪90年代初工业应用；第三代是ICR-210，1991年工业应用。

第Ⅴ系列是生产最大量汽油(石脑油)和喷气燃料的贵金属分子筛催化剂，主要用于两段加氢裂化装置。第一代是ICR-207，1988年工业应用；第二代是ICR-209，20世纪90年代初工业应用；第三代是ICR-220，1999年工业应用，能生产最大量喷气燃料，其喷气燃料产率超过用ICR-120的产率。

除了Unocal、UOP和Chevron公司，还有IFP以及只开发和供应加氢裂化催化剂的Criterion催化剂公司和Akzo公司等，但这些公司开发的技术和供应的催化剂，在加氢裂化技术的发展进程中和在国际市场上均未占据主导地位。

20世纪70年代末和80年代初，在国际市场重燃料油需求量减少、中馏分油特别是柴油馏分需求量增加的情况下，许多外国大公司先后推出了缓和加氢裂化技术(Mild Hydrocracking)。一开始主要是利用原有 VGO 加氢脱硫(日本称为间接脱硫)装置，进行简单改造，更换催化剂，在操作压力不变的情况下，进行低转化率加氢裂化，以增产柴油。当时，这项技术受到了日本、西欧等国家的普遍关注和重视。因为这些国家的炼油厂多为浅度加工型，且中馏分油特别是柴油馏分的需求量远大于汽油，因而一批 VGO 加氢脱硫装置都先后改造为缓和加氢裂化装置。由于缓和加氢裂化装置受到原有设备的限制，操作压力一般在 5.6～7.0MPa 之间，产品质量改进受到限制，喷气燃料烟点及柴油的十六烷指数都不高。

稍后，Mobil 石油公司推出了中压加氢裂化(Moderate Pressure Hydrocracking)技术。这项技术在压力 7.0～10.5MPa、温度 343～427℃的条件下单段单程操作。于 1983 年首次工业应用，现共有 3 套工业装置，其中第二套装置是在新加坡裕廊炼油厂新建的，加工能力 1.45Mt/a(29000 桶/日)，1990 年投产，高分操作压力 9.1MPa，以含硫 VGO 为原料，转化率 50%～60%，生产轻馏分油，未转化尾油通过异构脱蜡生产低凝点柴油。Mobil 曾用中压加氢裂化技术进行 LCO 的中压加氢改质试验，得到了一组转化率 40%和 62%的试验数据，但至今未见工业装置的报道。Chevron 公司宣称，开发了一种利用单段部分转化技术，进行 LCO 加氢改质的新工艺，氢气消耗量很少，中馏分油收率很高，第一套工业装置在 2000 年内运转。Mobil-Akzo-Kellog 公司也宣称，开发了一种利用单段串联加氢裂化工艺进行选择性部分加氢裂化，使多环芳烃(例如烷基萘)中的一个芳香环饱和，然后加氢裂化选择性开环，反应苛刻度低，不出现产生石脑油和气体的过度裂化与脱烷基反应，优点是柴油收率高、氢耗少、密度有所下降、十六烷值提高幅度大。

20 世纪 70 年代以来，在国际市场柴油需求量大幅度增加的情况下，Mobil 石油公司在 60 年代末发现合成中孔沸石 ZSM-5 的基础上，利用其对正构烷烃的择形裂化作用，开发了中馏分油催化脱蜡(临氢降凝)技术(MDDW)，在 1974 年第一代催化剂首次工业应用的基础上，又有两个换代催化剂实现工业应用。与此同时，Mobil 又推出了催化脱蜡生产润滑油基础油的技术(MLDW)，到 1996 年已有四代催化剂实现了工业应用。在催化脱蜡(临氢降凝)生产低凝点柴油(MDDW)技术工业化以后，对 ZSM-5 催化剂进行改性，开发了一种双功能贵金属催化剂，通过异构脱蜡(MIDW)，从中馏分油生产低凝点柴油获得成功，1990 年第一套工业装置建成投产。在此基础上，Mobil 公司又开发了一种异构脱蜡生产润滑油基础油(MSDW)技术，利用一种载有贵金属、比 ZSM-5 择形性更好的合成沸石新催化剂，既进行正构烷烃的异构化反应，又进行选择性裂化反应，能够得到黏度指数大幅度提高的Ⅱ/Ⅲ类润滑油基础油，第一代催化剂 1997 年工业应用，第二代催化剂 1999 年工业应用。Chevron 公司为了实现润滑油产品升级换代的需要，率先开发了生产Ⅱ/Ⅲ类润滑油基础油的异构脱蜡技术，关键技术是以中孔沸石 SAPO 为载体的贵金属催化剂，第一代催化剂 1993 年工业应用，第二代催化剂 1996 年工业应用，第三代催化剂 1999 年工业应用。

6.2 主要加氢裂化技术提供商及其技术特色

加氢裂化原料是由烷基多环芳烃和环烷烃、直链和带支链烷烃分子组成的混合物，部分硫、氮原子存在于这些分子结构中。加氢裂化反应实际上是由加氢连接起来的一系列反应。以带支链的多环芳烃为例，在加氢裂化过程中的反应(图 6.2)包括饱和、脱烷基、开环、异构化和裂化一系列反应。经过这一系列反应以后，相对分子质量(分子量)大的原料分子被“加氢裂化”为低沸程液体和 $C_1 \sim C_4$ 气体分子。研究发现，这种加氢裂化反应具有以下四个特点：

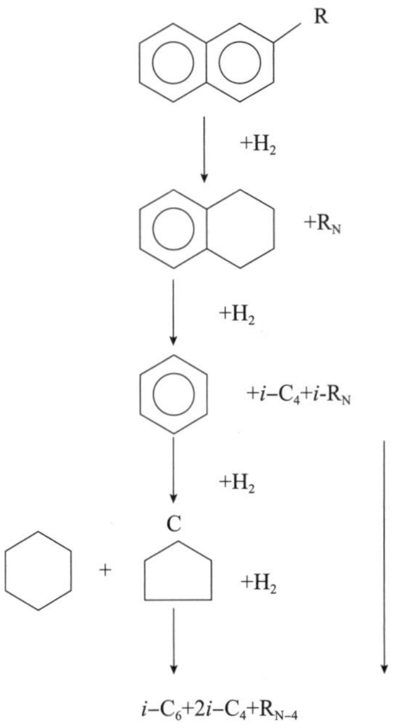

图 6.2 加氢裂化反应

(1)轻产品中异构烷烃的含量高于热力学平衡含量；

(2)重芳烃裂化时，环结构无显著的饱和或损失；

(3)芳烃脱烷基但不生成甲烷而是生成异构烷烃；

(4)重环烷烃加氢裂化时，在 $C_7 \sim C_8$ 沸程内的环烷烃产率很高。

6.2.1 CLG 公司加氢裂化技术

CLG 公司是由 Chevron 公司和 ABB Lummus Golabl 公司合并资源共同组建的一家技术公司，其全称为 Chevron Lummus Golabl LLC。Chevron 是世界上第一家进行现代馏分油加氢裂化技术开发和工业应用的公司。采用 Chevron 加氢裂化技术设计建造的加氢裂化装置超过了 100 套。CLG 公司负责经营 Chevron 能源技术公司开发的 ICR 系列加氢裂化催化剂和工艺技术。

在工艺技术方面，CLG公司在其原有的单段一次通过(SSOT)、单段循环(SSREC)和两段(TSR)加氢裂化工艺技术的基础上，近年来又推出了优化部分转化(Optimized Partial Conversion)、分步进料(Split-Feed Injetion)、反序串联两段(Reverse Stage 和 SSRS)、ISOFLEX等加氢裂化新工艺。新开发的反序串联两段(SSRS)加氢裂化工艺技术将首次在我国大连西太平洋石化公司工业应用。

在催化剂开发方面，CLG公司推出的新一代催化剂提高了活性、选择性和运行周期。CLG公司加氢裂化催化剂主要牌号、性能特点及用途列于表6.1。

表6.1 CLG公司加氢裂化催化剂主要牌号、性能特点及用途

催化剂牌号	主要性能特点	用途(产品)
ICR 134	中等活性	加氢裂化预处理
ICR 154	中等活性	加氢裂化预处理
ICR 178	中/高活性	加氢裂化预处理
ICR 174	高活性	加氢裂化预处理
ICR 179	高活性	加氢裂化预处理
ICR 142	低活性，非贵金属	多产馏分油型加氢裂化
ICR 155	低活性，非贵金属	多产馏分油型加氢裂化
ICR 177	中等活性，非贵金属	多产馏分油型加氢裂化
ICR 162	中等活性，非贵金属	多产馏分油型加氢裂化
ICR 160	高活性，非贵金属	石脑油/中间馏分油型加氢裂化
ICR 139	高活性，非贵金属	石脑油/中间馏分油型加氢裂化
ICR 141	高活性，非贵金属	石脑油/中间馏分油型加氢裂化
ICR 240	低活性，非贵金属	多产馏分油型加氢裂化
ICR 220	中等活性，贵金属	多产馏分油型加氢裂化
ICR 230	高活性，非贵金属	石脑油/中间馏分油型加氢裂化
ICR 211	高活性，贵金属	石脑油/中间馏分油型加氢裂化
ICR 209	高活性，贵金属	石脑油/中间馏分油型加氢裂化
ICR 210	高活性，非贵金属	石脑油/中间馏分油型加氢裂化

Chevron能源技术公司开发、CLG公司负责对外发放许可的全氢法生产润滑油技术在世界上占据主导地位。它开发的异构脱蜡(Isodewaxing)催化剂已发展到第3代，催化剂性能得到持续改进。其包括异构脱蜡在内的全氢法生产润滑油技术已在中国石油大庆炼化公司和中国石化上海高桥分公司成功工业应用。

6.2.2 Criterion催化剂公司加氢裂化技术

在工艺方面，Criterion催化剂公司主要开发一段串联加氢裂化工艺技术和SYN系列柴油加氢改质工艺技术。

Criterion 催化剂公司长期从事加氢裂化催化剂生产，但开发任务主要由 Zeolyst 公司承担。Criterion 催化剂公司生产 *DN* 系列加氢裂化预处理催化剂，其主要牌号为 *DN*3110、*DN*3120 和 *DN*3300。Criterion 催化剂公司生产的 Z 系列加氢裂化催化剂分为用于精制段反应器底部的脱氮-缓和裂化型、最大量生产馏分油型、灵活生产石脑油-馏分油型和选择性生产石脑油型等四大类。其中，用于精制段反应器底部的脱氮-缓和裂化型催化剂有 Z-503 和 Z-513，最大量生产馏分油型催化剂有 Z-603、Z-623 和 Z-673，灵活生产石脑油-馏分油型催化剂有 Z-723、Z-3723、Z-5723、Z-733 和 Z-803，选择性生产石脑油型催化剂有 Z-753、Z-853 和 Z-863。

Criterion 催化剂公司生产的加氢裂化催化剂已先后在中国石油锦西石化公司和独山子石化公司等企业工业应用。

6.2.3 Haldor Topsoe 公司加氢裂化技术

在工艺方面，Haldor Topsoe 公司最近开发了 SPC 分段部分转化(Staged Patial Conversion)加氢裂化工艺技术，原料油全部进行加氢预处理，根据实际需求，部分加氢处理后的原料进行加氢裂化，产品分布和产品质量容易操控，氢耗能够得到有效控制，具有较高的生产灵活性。

在催化剂方面，Haldor Topsoe 公司近年开发了 BRIMM 技术平台，并利用该技术平台，开发生产了新一代高活性加氢裂化预处理催化剂 TK-605 BRIM™ 和缓和加氢裂化/蜡油加氢处理催化剂 TK-558 BRIM™ 和 TK-559 BRIM™。除此之外，Haldor Topsoe 公司还开发生产能够提高转化率并改善产品质量的 TK-961、TK-962 和 TK-965 缓和加氢裂化催化剂，以及可以用于单段、一段串联和两段加氢裂化装置、最大量生产中间馏分油的 TK-925、TK-926 无定型加氢裂化催化剂和 TK-931、TK-941、TK-951 含微量分子筛型加氢裂化催化剂。

据说，Haldor Topsoe 公司开发生产的加氢裂化催化剂最近几年已有 15 个批次在工业加氢裂化装置上使用。

6.2.4 Albemarle 公司加氢裂化技术

Albemarle 公司在 2004 年兼并 Akzo Nobel 公司的催化剂业务，成为世界上最大的炼油催化剂提供商之一。Akzo Nobel 公司曾与 ExxonMobil 公司、Kellogg Brown & Root 公司合作开发 MAKFining 中压加氢裂化(MPHC)、柴油加氢异构降凝(MIDW)和柴油加氢改质(包括降低 T95 点、降低密度和改善十六烷值)等技术，并与 Fina 研究公司合作开发柴油加氢降凝(CFI)和加氢脱芳(HDAr)等技术。但在催化剂业务出让之前的 2003 年，Akzo Nobel 公司就已经解除了与 ExxonMobil 公司和 Kellogg Brown & Root 公司的联盟合作关系。

Albemarle 公司兼并 Akzo Nobel 公司催化剂业务之后，就接手继续开发生产加氢裂化预处理催化剂和加氢裂化催化剂，并与 UOP 公司结成策略联盟，在采用 UOP 公司技术设计建造的加氢裂化装置上配套使用由 Albemarle 公司生产的加氢裂化预处理和加氢裂化催化剂。

在催化剂方面，Albemarle 公司生产的 KF848 加氢裂化预处理催化剂享有较高声誉，至今仍在世界上广泛使用。该公司开发生产的 NEBULA-20 体相法加氢裂化预处理催化剂的加氢脱氮和加氢脱芳性能更是居于国际领先水平，因而也备受炼油业界关注。在加氢裂化催化剂方面，该公司也有较多品种可供选择，其中用于缓和加氢裂化工艺的有：KF 1014、1015、1022、1023 和 1025 等无定型催化剂，用于最大量生产中间馏分油的有：KF 1015MD、KC 3210 和 3211 等分子筛型催化剂，用于灵活生产石脑油-中间馏分油的有：KC 2301、2601、2602、2610 和 2611 等分子筛型催化剂，用于最大量生产石脑油的有：KC 2710、2711 和 2715 等分子筛型催化剂。

在加氢裂化工艺方面，Albemarle 公司至今未见有大的建树。

6.2.5 Chevron 公司的 Isocracking 技术

1959 年 Chevron 公司首先开发出了加氢异构化裂化技术，反应温度 200～400℃，压力 3.5～15MPa，可以看到，反应条件明显比煤液化温和许多。

采用 Isocracking 技术的第一套工业装置于 1962 年 1 月在俄亥俄州托利多炼油厂投产，加工能力 375kt/a(7500 桶/日)，采用两段流程，以 AGO、LCO 和 CGO 为原料，生产汽油(石脑油)。Chevron 公司加氢裂化技术的开发也是从无定形加氢裂化催化剂开始的，20 世纪 70 年代以后开始开发分子筛加氢裂化催化剂。近 40 年的开发，已经形成了以下 5 个主要系列：

第Ⅰ系列是生产最大量中馏分油的非贵金属无定型催化剂，既可以用于单段装置，也可以用于两段装置。第一代是 ICR-102；第二代是 ICR-106；第三代是 ICR-120，20 世纪 80 年代中期工业应用；第四代是 ICR-150，90 年代后期工业应用。

第Ⅱ系列是生产最大量中馏分油的非贵金属分子筛催化剂，主要用于单段装置。第一代是 ICR-126，20 世纪 80 年代中期工业应用；第二代是 ICR-136，90 年代初工业应用；第三代是 ICR-142，90 年代后期工业应用。

第Ⅲ系列是灵活生产汽油、喷气燃料和柴油的非贵金属分子筛催化剂，主要用于单段装置。第一代是 ICR-117；第二代是 ICR-139/141，20 世纪 90 年代初工业应用；第三代是 ICR-147，90 年代后期工业应用。

第Ⅳ系列是生产最大量汽油(石脑油)和部分喷气燃料的非贵金属分子筛催化剂，主要用于两段加氢裂化装置。第一代是 ICR-204；第二代是 ICR-208，20 世纪 90 年代初工业应用；第三代是 ICR-210，1991 年工业应用。

第Ⅴ系列是生产最大量汽油(石脑油)和喷气燃料的贵金属分子筛催化剂，主要用于两段加氢裂化装置。第一代是ICR-207，1988年工业应用；第二代是ICR-209，20世纪90年代初工业应用；第三代是ICR-220，1999年工业应用，能生产最大量喷气燃料，其喷气燃料产率超过用ICR-120的产率。

6.2.6 UOP公司的Lomax加氢裂化技术

20世纪60年代初期工业化的Isocracking和Lomax两段加氢裂化装置，第二段加氢裂化催化剂都是用Ni-SiO_2-Al_2O_3。当时，这是借鉴催化裂化用的合成硅酸铝催化剂和煤与煤焦油气相加氢用的金属硫化物催化剂，把硅酸铝的裂化活性和金属硫化物的加氢活性结合起来构成加氢裂化催化剂的一项重大成果。但是，实际使用结果表明，这种催化剂不仅要求原料油深度脱硫脱氮，而且活性不高，达不到预期效果，特别是在原料油超重的情况下更是如此。

6.2.7 Mobil公司和Union公司的分子筛催化剂技术

两段法工艺流程生产弹性大，但投资成本也高，后来随着催化剂的改进，Mobil公司和Union公司先后进行了负载分子筛催化剂的研究，这种催化剂实际上是一种双功能催化剂。催化剂载体属于氧化物催化剂，有催化裂化的功能，负载的金属离子一般能够催化加氢。负载分子筛催化剂的出现使得一段法加氢裂化工艺成为可能。

实践证明，这种分子筛加氢裂化催化剂与无定形加氢裂化催化剂相比，不仅活性高得多，而且选择性也好得多。虽然这种分子筛加氢裂化催化剂不是现代加氢裂化最早使用的催化剂，但它奠定了加氢裂化催化剂发展的基础，也代表了加氢裂化催化剂的发展方向。

6.2.8 Axens公司加氢裂化技术

Axens公司作为法国石油研究院(FP)下属的分子公司，于2001年7月1日由IFP的技术许可部和Procatalyse Catalysts & Adsorbents公司合并成立。

在加氢裂化工艺方面，FP近年投入力量开发了低转化率(＜40%)下运行的HyK-LC/HyK-10缓和加氢裂化，中等转化率(40%～60%)下运行的HyK-MC中压加氢裂化，高转化率(＞60%)下运行的HyK-HC高压加氢裂化，基于H-Oil技术平台开发的H-Oil-DC(原称T-Star)劣质VGO适度加氢转化，以及以降低劣质柴油干点、硫含量和改善十六烷值为目的的Hytail重柴油/轻蜡油加氢改质等工艺技术。

在加氢裂化催化剂方面，Axens公司负责生产销售FP开发的加氢裂化预处理催化剂和加氢裂化催化剂，其主要品种有基于ACEIM先进催化剂工程技术平台开发的HRK 558加氢裂化预处理催化剂，HTH 648和HTK 758缓和加氢裂化催化剂，以及用于生产中间馏分油和润滑油料的 HYC 642、HYC 652、HYK 742 和 HTK 758 等加氢裂化催化剂。

IFP 开发的加氢处理生产润滑油料工艺技术和 HR 360 催化剂曾于 20 世纪 90 年代在中国石油兰州石化公司工业应用。

6.2.9 意大利 ENI 公司的 EST 技术

意大利 ENI 公司自 1988 年开始开展 EST 技术的催化剂筛选与评价，到 1996 年开始实验室微型反应釜的评价，1997～1998 年开始小型试验评价，1998 年进行了中试装置评价试验，2005 年进行了 50kt/a 工业示范装置的运转评价试验。2013 年在意大利建设了第 1 套工业装置。

EST 技术具有 3 个特征：(1)非常高活性的纳米级薄层分散型催化剂，防止生焦并促进改质反应；(2)基于室内开发的浆态鼓泡反应器的原创性工艺方案，完全均相和等温，可以实现对加氢裂化放热反应的最佳控制；(3)催化剂和未转化油的回收系统。

6.2.10 法国 Axens/IFP 公司与委内瑞拉 Intevep 合作开发 HDHPLUS-SHP 技术

1983～1988 年，PDVSA 公司的 Intevep 与开发了 Veba 技术的 VebaOel 合作开发了 HDH 工艺，并在德国建立 150 桶/d 的示范装置；1988～1996 年，在 Cardon 炼厂进行 HDH 技术商业化应用的工程化研究；1998～2003 年，优化 HDH，包括 SHP 概念研究，并建设了 10 桶/d 的 SHP 实验装置，形成 HDHPLUS 工艺；从 2006 年至今，PDVSA 的 Intevep 与 IFP 的 Axens 联合开发了 HDHPLUS-SHP 工艺并商业化。

HDHPLUS-SHP 所用的催化剂主要特点是：(1)转化率可达 85%～93%；(2)渣油在临氢、固体添加剂和催化剂的作用下转化为高价值的以轻组分为主的产物；(3)金属催化剂通常分散在渣油中，形成起催化作用的乳状液；(4)添加剂是一种通过机械破碎和热处理方式制备得到不同特性的材料，以控制反应器内的流体力学特征；(5)可以处理含硫、金属、沥青质的减压渣油；(6)反应器为圆柱形的内部具有泡沫上升空间的三相反应器。

6.2.11 Chevron 公司的 VRSH 技术

Chevron 公司 VRSH 技术可以将重油和超重原油加氢改质转化为主要由汽油、柴油等组成的混合油，转化率接近 100%。VRSH 技术反应温度在 410～450℃，反应压力在 14～21MPa，原料通过 3 台反应器进行循环转化，催化剂部分循环使用。为提高原料油的转化率，实现轻重组分分步转化，采取多步反应/分离步骤，既降低了反应的苛刻度，又能在控制生焦的条件下进行渣油加氢处理的连续操作。此外，为进一步提高原料的胶体稳定性抑制结焦，在原料进入反应器 2 前，引入部分 VGO。该技术已于 2003 年在多套中试装置上成功进行了试验，并于 2008 年，建设成了加工能力为 180kt/a 的工业示范装置，技术流程见图 6.3。

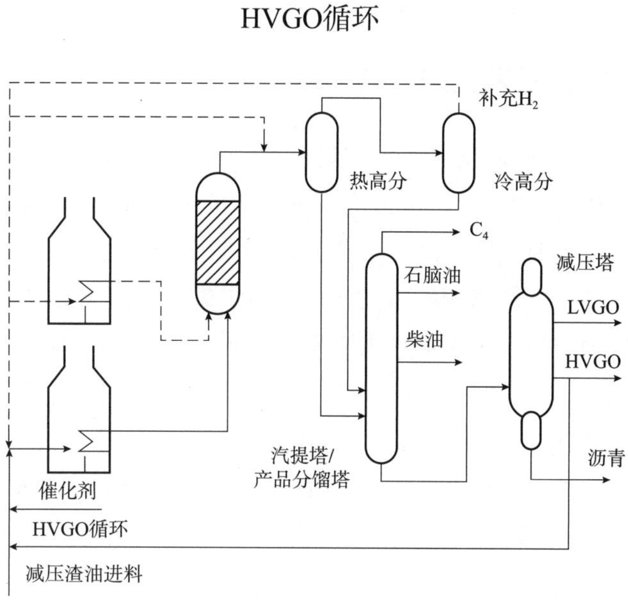

图 6.3 VRSH 技术流程图

6.2.12 UOP 公司的 UniflexTM 工艺

UniflexTM 工艺最早由加拿大矿产和能源技术中心(CANMET)开发，并于 1985 年在 250kt/a 示范装置上进行了放大试验。催化剂采用添加量为 5%的硫酸亚铁和磨碎的煤粉，试验原料采用冷湖减压渣油，反应的工艺条件为：反应温度 435～455℃，反应压力 14MPa，减压渣油的转化率在 90%以上。2007 年，UOP 在 CANMET 加氢工艺的基础上研发出了 UniflexTM 工艺。

UniflexTM 工艺采用含催化剂的原料油和循环氢分别加热的方式，经加热的物料经浆态床反应器底部进入进行转化，反应完成后进行分离。UniflexTM 工艺的反应温度为 435～470℃，反应压力 14MPa。UniflexTM 工艺已经开发了 2 代催化剂，第 1 代采用具有大比表面积的铁基分散型催化剂，其具有抑制中间相生焦前体生成的功能，有利于减少生焦量。UOP 公司的第二代催化剂具有更高的处理能力，同时具有更高的催化性能。

6.2.13 KBR 公司和 BP 公司合作推出的 VCC 浆态床加氢技术

该技术起源于德国 Bergius-Pier 煤液化技术，采用含铁、镍的褐煤和焦炭磨细后形成的催化剂，催化剂与渣油共混后通过上流进入液相反应器进行 1 次通过转化，反应工艺条件为反应温度 440～485℃，反应压力 15～30MPa。该工艺渣油一次性转化率在 95%以上。

但该工艺存在尾油无法得到有效处理的缺点。该工艺先后于1983年建成了工业示范装置，并于1988年进行了工业放大试验。2010年1月开始，KBR和BP共同推广VCC技术。BP公司的VCC减压渣油浆态床加氢采用含有镍和铁的赤泥或褐煤半焦作为催化剂。

6.2.14 三聚环保浆态床加氢技术

三聚环保于2012年开展新型浆态床加氢催化剂研发，并建立了基础研究、小试、中试、连续评价的研发体系，2015年10月完成催化剂的工业放大及规模化工业生产。2016年2月，其超级悬浮床工业装置一次开车成功，第1周期生产主要加工全馏分高中低温煤焦油，并掺炼减压渣油及石油沥青等重质油品。固定床主要加工悬浮床生产的中间物料，产出国Ⅴ柴油及石脑油产品。第1周期安全平稳运行141d。运行温度430～460℃，压力值达到20～21MPa，石脑油收率20%～30%，柴油收率60%～70%，转化率96%～99%。该技术采用高效的MCT反应器。

其特点是具有强大的三相流返混效果，独特的自清洁功能，先进的控制系统，催化剂浓度在20%～30%，可灵活调整。

6.2.15 FMN系列最大量生产催化重整原料加氢裂化技术

为最大限度地解决炼化企业对于优质催化重整原料的需求，中国石油化工股份有限公司大连石油化工研究院(FRIPP)开发了FMN系列最大量生产催化重整原料加氢裂化技术，根据工艺流程特征可细分为FMN1(单段串联全循环)工艺和FMN2(两段全循环)工艺。FMN1工艺在低压下加工直馏柴油，石脑油馏分(轻石脑油+重石脑油)整体收率近93%，其中重石脑油收率为72%，芳烃潜含量为43.9%，轻石脑油链烷烃质量分数达到95%，裂解制乙烯效益高；在高压(AMPa)下加工减压蜡油，石脑油馏分的整体收率近90%，其中重石脑油的收率为74%，芳烃潜含量为46.0%。为优质的催化重整原料，轻石脑油馏分链烷烃质量分数达到95%，可以作为优质的蒸汽裂解制乙烯装置原料。FMN2在中压下加工减压蜡油，可以实现在较低的氢分压下最大量生产重石脑油馏分。

黄澎等研究了加氢裂化处理低温热解焦油生产催化重整原料的工艺，其将悬浮床加氢裂化、固定床加氢裂化以及催化重整装置有机结合，进一步扩大原料范围，实现将劣质、低附加值的低阶煤热解焦油定向转化为优质、高附加值的BTXE(苯、甲苯、二甲苯、乙苯)产品。低温热解焦油悬浮床加氢裂化生成的轻质油(370℃以下馏分)其物化性质与传统化石燃料有着明显区别，氮质量分数高(>5000μg/g)、硫质量分数低(约350pug/g)，环烷烃+芳香烃之质量分数近70%，该轻质油结构组成的特殊性为其作为催化重整原料提供了优秀的先决条件。

6.3　最新加氢裂化技术进展

科研机构研究了裂化温度、系统压力、工艺流程对于加氢裂化装置生产重石脑油的影响，分别见图 6.4、图 6.5、图 6.6。由图 6.4 可知，随裂化温度的提高，加氢裂化转化率显著升高，裂化温度每升高 1℃，重石脑油收率提高 1.16%，重石脑油产品选择性降低 0.29%。对于单程通过加氢裂化工艺，提高裂化温度虽能一定程度上提高重石脑油产品收率，但低附加值产品收率也随之增加，且重石脑油芳烃潜含量也随之降低，因此通过单一提高裂化温度来提高催化重整原料收率是不经济的。由图 6.5 可知，氢分压对于加氢裂化增产催化重整原料的影响明显小于裂化温度的影响，体系压力每增加 1MPa，重石脑油收率提高 0.32%，重石脑油产品选择性降低 0.35%，同时重石脑油产品的芳烃潜含量有所降低，工艺化学氢耗相应增加。通过提高系统压力来增加加氢裂化重石脑油产品收率是不可行的。图 6.6 对比了全循环加氢裂化工艺与单程通过加氢裂化工艺增产催化重整原料的生产效果，全循环模式下重石脑油的收率可达 68%左右，较单程通过模式重石脑油产品收率增加 99.21%，采用全循环工艺模式进行加氢裂化可以实现增产催化重整原料。

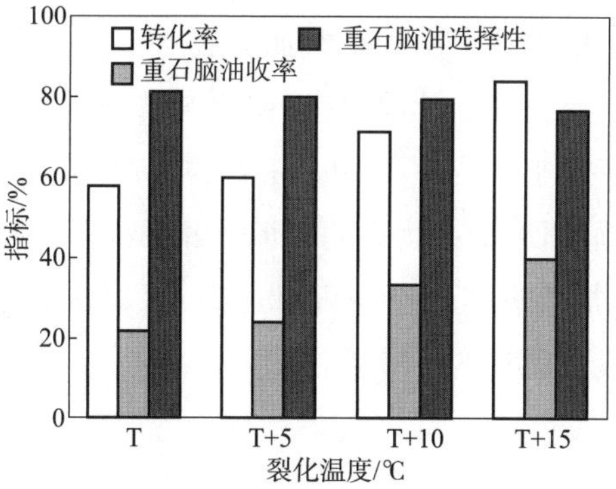

图 6.4　裂化温度对于加氢裂化增产重石脑油效果影响

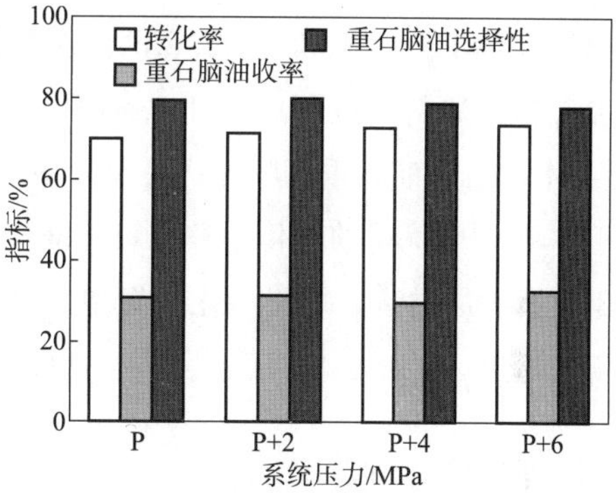

图 6.5　系统压力对于加氢裂化增产重石脑油效果影响

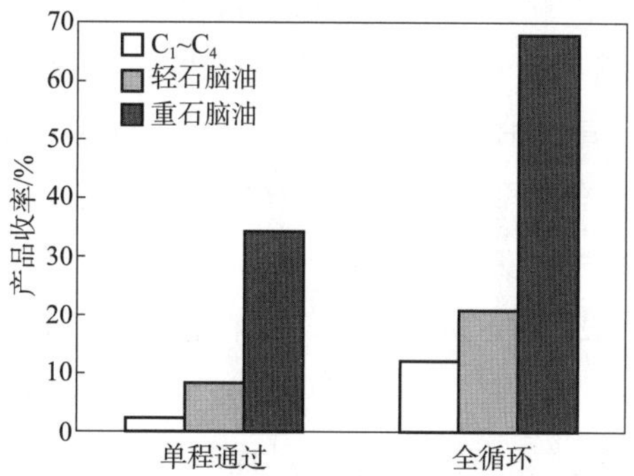

图 6.6　工艺流程对于加氢裂化增产重石脑油效果影响

6.3.1 多产优质化工原料加氢裂化技术

随着全球范围内能源结构逐渐转型，油品需求增速放缓，石化产品需求加快，炼油化工一体化已成为石油化工行业的重要发展战略。炼化一体化已从最初的由先建炼油厂为后建石化厂乙烯和芳烃装置提供石脑油原料的简单分散的一体化，发展成为炼油与石油化工物料互供、能量资源和公用工程共享的一种综合紧密的一体化，以提高石油资源的利用效率，降低投资和生产成本，适应油品和石化产品需求变化。与同等规模的炼油企业相比，炼化一体化企业的产品附加值可提高 25%，节省建设投资 10%以上，降低能耗 15%左右。在新形势下，炼化一体化呈现出一系列新动向和新趋势。

加氢裂化技术具有原料适应性强、产品质量好、目的产品选择性好、生产灵活度高等优点，已经在现代炼油厂中得到了广泛的工业应用。多产化工原料的加氢裂化技术可以支撑炼油化工转型，满足炼厂的产品结构调整需求。

6.3.2 FMN 最大量生产重整原料加氢裂化技术

FMN 最大量生产重整原料加氢裂化技术包括 FMN 1 单段串联全循环最大量生产重整原料加氢裂化工艺技术和 FMN 2 两段全循环最大量生产重整原料加氢裂化工艺技术，既可以加工蜡油原料，也可以加工柴油原料。近年来，随着加氢裂化催化剂选择性的提高，FMN 技术轻石脑油和重石脑油产品总收率可以不低于 90%。其中，重石脑油产品收率可以不低于 70%，是优质的催化重整原料；液化气和轻石脑油是优质的乙烯裂解原料。随着加氢裂化工程技术的进步，加氢裂化装置单系列设计规模近年来已经可以达到 400 万 t/a，新鲜进料规模超过 300 万～400 万 t/a 的需要采用两段全循环的 FMN2 技术。

6.3.3 FMC 技术

为满足炼化一体化企业同时对于催化重整原料和乙烯裂解原料的需求，FRIPP 开发了 FMC 1 单段串联一次通过多产化工原料加氢裂化技术和 FMC2 两段全循环最大量生产化工原料加氢裂化技术。FMC 1 技术化工原料总收率可以达到 85%，重石脑油可达 50%，是优质催化重整原料，加氢尾油 BMCI 值不高于 12，其与液化气、轻石脑油均是优质乙烯裂解原料；此时，还可以兼产 5%～15%的优质喷气燃料。FMC 2 技术为第一段加氢裂化所产航煤、柴油馏分进入第二段反应器循环裂解，液化气、轻石脑油、重石脑油和尾油等化工原料总收率可以达到 93%～98%。其中，重石脑油产品收率高达 45%～55%，芳潜通常高于 FMN 技术和 FMC1 技术，是优质催化重整原料；加氢尾油可以不低于 30%，BMCI 值不高于 12，其与液化气、轻石脑油均是优质乙烯裂解原料。

针对柴油消费需求下降、化工原料需求快速上升的炼油企业化工转型发展趋势，大连石油化工研究院开发了直馏柴油缓和加氢裂化多产乙烯原料技术，该技术以直馏柴油为主要原料，可以最小成本利用现有柴油装置，未转化柴油收率90.00%，BMCI值为14.5，与直馏柴油原料相比BMCI值降低5个单位；未转化柴油作为蒸汽裂解制乙烯原料，三烯收率增加3.0个百分点，甲基萘收率降低5.7个百分点；可以低成本实现压减柴油、增产优质乙烯裂解原料的产品结构调整目的，经济效益显著。

6.3.4 沸腾床加氢技术与其他技术的组合集成工艺

6.3.4.1 沸腾床加氢技术与溶剂脱沥青集成工艺

沸腾床加氢技术与溶剂脱沥青集成工艺按照原料的加氢流程顺序分为两种，分别是溶剂脱沥青-沸腾床加氢技术、沸腾床加氢-溶剂脱沥青技术。前者由Axens公司开发，原料首先进行溶剂脱沥青再与H-Oil工艺进行整合。后者是由CLG公司开发，原料首先进行沸腾床加氢处理，溶剂脱沥青装置穿插在LC-Fining中，称为LC-Max工艺。溶剂脱沥青-沸腾床加氢处理工艺的特点：先将重质油进行脱沥青处理，减少沸腾床反应器与催化剂的结焦和堵塞。沸腾床处理后未转化的脱沥青油再次进入溶剂脱沥青装置进行脱沥青，以提高原料利用率和轻油收率。采用该工艺对难以转化的乌拉尔减压渣油的转化结果表明，该工艺使渣油转化率达到74%，相比于单段沸腾床加氢工艺的转化率提高20%，具备一定的工业应用价值。LC-Max工艺过程是集成LC-Fining、溶剂脱沥青与加氢精制一体化的组合工艺。LC-Max工艺特点：首先利用第一个沸腾床反应器进行渣油的低转化率-缓和加氢裂化，使得未转化油中的生焦前驱物和沉积物大幅减少，随后进行溶剂脱沥青，脱沥青油中沥青质含量很低，可在第二个沸腾床反应器中进行高温反应，从而大大提高渣油转化率。该工艺相比于溶剂脱沥青-沸腾床加氢工艺，原料的转化率更高。据报道，采用LC-Max工艺，即使是加工具有高沉淀物生成趋势的拉乌尔原油和冷湖重油，也可实现80%～90%的转化率。LC-Max工艺为渣油的高转化率加工提供了有效的解决方案。

6.3.4.2 沸腾床加氢裂化-延迟焦化集成工艺

如前所述，传统沸腾床加氢处理技术对重劣质油的转化程度有限，存在部分未转化油，而延迟焦化技术能够加工各种高沥青质、高金属含量的劣质油品，因而可以全部或部分对未转化油进行处理。世界上第一套沸腾床加氢裂化-延迟焦化集成装置于1984年投产，沸腾床装置的渣油转化率达到75%，经过延迟焦化可以进一步提高轻质油的收率。近期研究表明，在焦化装置中掺炼一定量的沸腾床加氢工艺的未转化油，并不会引起生焦量的大幅度增加和产品质量的明显变化，同时可以提高全厂轻油收率。目前对于该技术的进展是在延迟焦化工艺前增加固定床加氢处理装置，进一步脱除沸腾床加氢裂化产品中的杂原子，生产清洁轻质油与绿色石油焦。

6.3.4.3 沸腾床加氢处理-悬浮床加氢裂化集成工艺

沸腾床加氢处理-悬浮床加氢裂化集成工艺是处理极为劣质原料的有效手段。专利报道了一种沸腾床与悬浮床集成的重质原油轻质化技术。该技术的特点是通过前置沸腾床反应器，利用负载型催化剂的吸附并容纳金属的性能和在线加排的特点，除去原料油中的大部分金属(V脱除率为50%～80%，Ni脱除率>40%)并对油品进行一定程度的轻质化，再利用悬浮床反应的高反应活性对原料油进行深度转化。据报道，利用该工艺对硫含量为5%(质量分数)、金属(V+Ni+Fe)含量为297μg/g、沥青质含量为10.07%(质量分数)的减压渣油进行转化，在沸腾床反应温度为420℃、悬浮床反应温度为440℃时，可得到92.4%的原料转化率，脱硫率可达到81.9%。沸腾床加氢技术与其他工艺技术的集成是目前对重劣质油进行深度转化、提高轻质油品收率的重要手段。与此同时，为应对严格的环保法规要求，联合固定床加氢精制技术生产清洁油品必将成为集成工艺的趋势。此外，沸腾床加氢技术还可与FCC、流化焦化等工艺集成以提高重质油品的利用率。

6.3.5 EST减压渣油悬浮床加氢裂化技术

EST减压渣油悬浮床加氢裂化概念流程见图6.7。

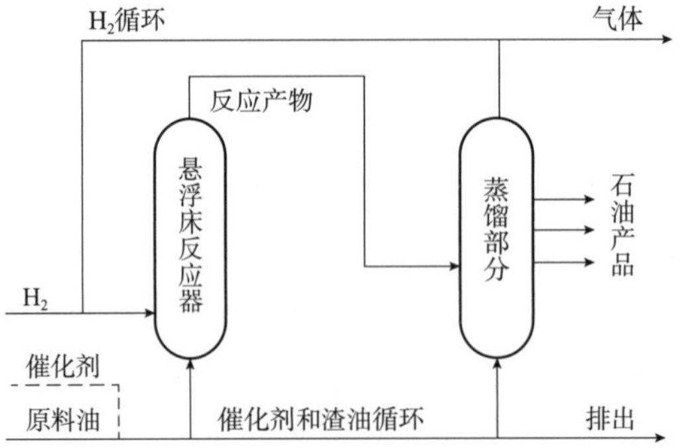

图6.7 EST减压渣油悬浮床加氢裂化概念流程示意图

该技术的核心是悬浮床反应器。减压渣油于悬浮床反应器中在钼基催化剂存在和缓和的操作条件(温度400～425℃，压力16MPa)下进行加氢裂化，转化为轻产品。已转化的油进入分离系统，以回收气体、石脑油、中馏分油和催化原料油。气相产物在分出轻产品后进入胺洗部分，清洁气体经过再次压缩和补充氢气后循环回反应部分，从液相产物中回收馏分油。未转化的尾油与分散的催化剂一道循环返回反应器。根据原料油质量对工艺苛刻度(反应时间和温度)进行优化，以使渣油处于稳定状态，避免沥青质沉淀生成焦炭和设备结垢，部分转化后的渣油与新鲜原料混合并循环，能保持循环油的稳定性，因此可以再进行加氢裂化直至近完全转化。在多次循环后，系统一直处于稳定状态，最终将全部原料转化为有价值的产品。为限制来自原料渣油中的金属(镍和钒)的积累，必须排出少量(小于3%)未转化的尾油。排出的未转化尾油一是可回收渣油，二是回收金属(包括钼)。因此，EST减压渣油悬浮床加氢裂化不产生副产品，如石油焦和重燃料油。

EST减压渣油悬浮床加氢裂化所用的催化剂是一种油溶性母体在反应器中转化为以纳米级薄层形式存在的无载体的MoS_2。因为原料中的金属以硫化物形式沉积形成单独相，不干扰裸露的MoS_2活性中心，所以在整个操作过程中催化剂实际上没有发生变化，因而不会老化，不需要像其他加氢处理工艺那样更换催化剂和装置停工。与固定床和沸腾床反应器中所用的常规载体催化剂的不同之处还有，EST悬浮床加氢裂化催化剂不会因金属和焦炭沉积在载体的孔隙中而出现堵塞问题。

生焦的影响很小、表面积大和不存在传质扩散阻力，使EST催化剂比载体催化剂有更高的活性。很高的比活性(单位质量的活性)使EST催化剂的浓度仅保持在几千微克每克水平。因为催化剂在原料油中分散得很好，温度控制是均匀的，不会像载体催化剂那样容易出现局部过热。因此，杂质含量特别是金属和沥青质含量高的原料油，选用这种无载体的悬浮床催化剂特别有效。减压渣油转化由热反应通过C—C键断裂产生自由基开始，氢摄取反应快速骤冷，避免出现自由基的β裂变和它们的再结合而导致生焦。在悬浮床中MoS_2薄层间的距离比载体催化剂与油分子间的距离要小几个数量级，因此缩短了自由基生成和在催化剂上加氢所需的时间，也就减少了生焦。Mo催化氢摄取反应，使芳环加氢、残炭减少以及通过C—杂原子键氢解进行的加氢脱硫(NDS)、加氢脱金属(HDM)和加氢脱氮(HDN)反应脱除杂原子。

6.3.6　CLG的渣油悬浮床加氢裂化新技术

LC-SLURRY渣油悬浮床加氢裂化装置的工艺流程如图6.8所示。

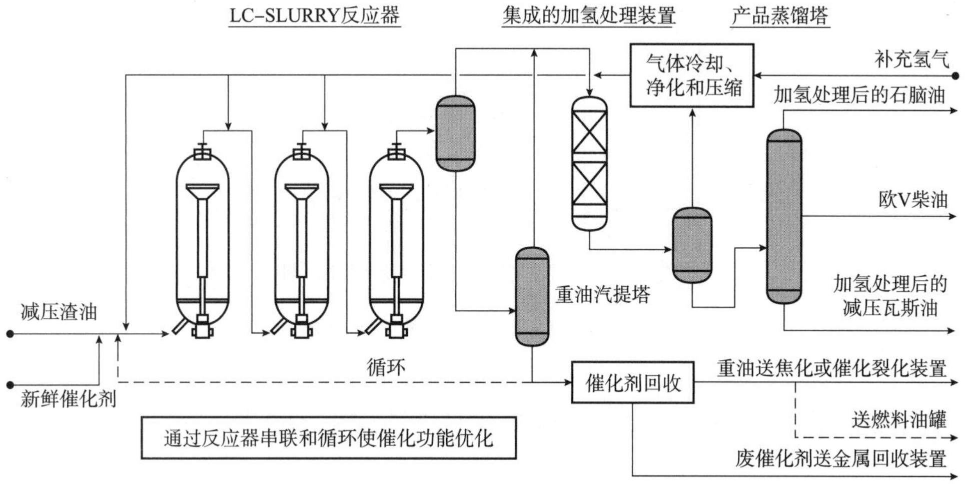

图6.8　LC-SLURRY渣油悬浮床加氢裂化装置工艺流程图

LC-SLURRY悬浮床加氢裂化技术的基础是工业上成熟LC-Fining渣油沸腾床加氢裂

化的液体循环反应器平台，其优势为：气体滞留量较少且稳定，需要的反应器体积较小；反应器中液体速度较高，能改进传热和传质，温度控制稳定，流动状态优化，强化催化活性；有利于改进悬浮催化剂的输送、混合和分散，使催化剂能更好地利用、流动和回收。该技术选用的悬浮床加氢裂化催化剂（商品名称为 ISOSLURRY），所用配方是加氢活性很好且成熟的钼镍，具有催化加氢裂化性能好的优点。与目前工业上普遍使用的有载体稀释的加氢催化剂相比，具有明显大得多的表面积和孔容。

LC-SLURRY 渣油悬浮床加氢裂化技术具有高转化率和产品收率、产品分布和质量好的优点，其与 LC-Fining、LC-MAX 工艺转化率的比较如图 6.9 所示，产品收率如图 6.10 所示。

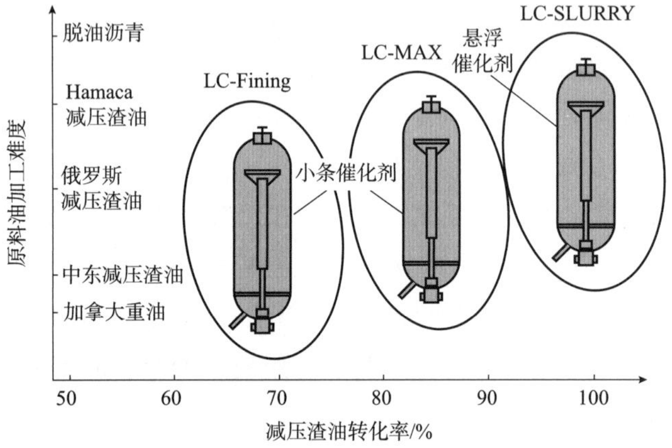

图 6.9　不同工艺转化率比较

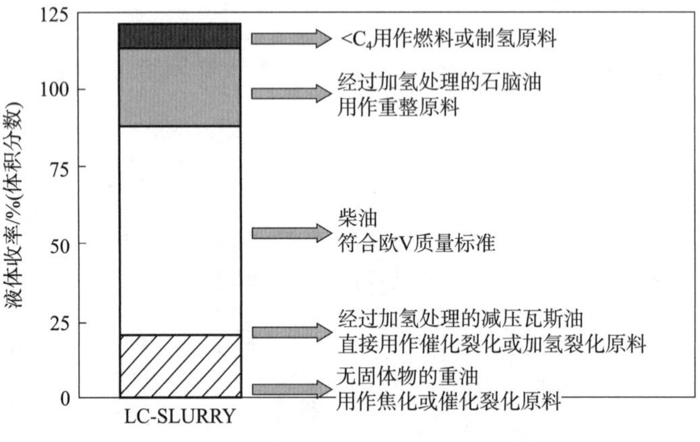

图 6.10　LC-SLURRY 装置产品收率

6.3.7　抚顺石化研究院 FDHC 柴油中压加氢裂化技术

针对在中等压力下加工柴油原料增产优质喷气燃料产品和蒸汽裂解制乙烯原料存在的问题，抚顺石化研究所采用加氢裂化-补充精制工艺流程，开发了 FDHC 柴油中压加氢裂化技术，以增产优质喷气燃料、蒸汽裂解制乙烯原料和催化重整原料等产品，从而明显降低柴汽比，满足炼油企业调整产品结构的迫切需求。

FRIPP 在 FDHC 柴油中压加氢裂化技术开发过程中分别进行了原料类型优选、加氢裂化催化剂类型优化、补充精制工艺流程优选等方面的工作，最终确定技术路线为：采用加氢裂化-补充精制工艺流程，如图 6.11 所示。

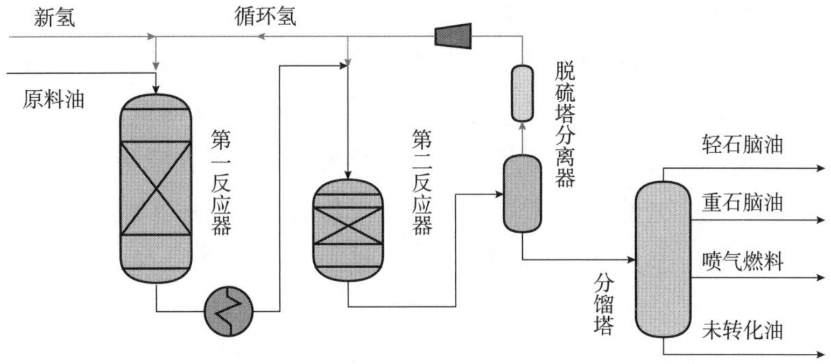

图 6.11 FDHC 柴油中压加氢裂化技术原则工艺流程示意图

FDHC 柴油中压加氢裂化技术采用加氢裂化-补充精制工艺流程，解决了中压加氢裂化喷气燃料馏分烟点偏低和装置运行末期产品质量下降等难题，通过优化原料构成、催化剂体系和操作参数，适用于加工直馏柴油原料，灵活增产优质喷气燃料产品、重整原料和蒸汽裂解制乙烯原料。生产的喷气燃料馏分烟点可达 28.1mm，可作为优质 3 号喷气燃料；未转化柴油馏分 BMCI 可达 9.5，可作为优质的蒸汽裂解制乙烯原料。该技术有助于满足炼油企业减产柴油、降低柴汽比的产品结构调整需求。

6.4 发展趋势

因为加氢裂化工艺对原料选择和产品生产具有较高的灵活性，并且可以生产高质量的产品，尤其是高质量的石脑油、喷气燃料、柴油和润滑油基础油，该工艺逐渐成为现代石油炼制及石油化工生产中一项必不可少的工艺。加氢裂化能够更好地平衡汽油和馏分油生产，提高汽油产率、辛烷值，弥补重质原料流化催化裂化的不足。加氢裂化工艺将轻燃料油在高氢压及热催化剂床层下转化成较轻的产品，主要产品有石脑油、喷气燃料和柴油。

重质原油、含酸原油和油砂沥青的加工比传统原油需要更大的能耗，但也可促进燃料油生产新工艺的改进。

尽管如此，与许多炼制工艺类似，加氢裂化工艺也面临一些重质原料加工过程中遇到的难题，这直接与复杂的、较高沸点组分的存在有关。加工这些原料不仅需要应用从传统原油加工工艺中得到的技术，还需了解更加复杂的重质原料的组成与性质。

加氢裂化增加了灵活性，为炼厂提供了一种既能处理不同性质的原料又能在不同操作条件下运行的工艺。使用不同类型的催化剂能够改变最终产物的分布。反应器的设计及反应段的数目对工艺的灵活性具有重要作用。

显然，我们需要新的思路为重油和渣油的转化开发合适的工艺。实际上，热加工(脱碳工艺)和临氢工艺(掺氢)这两种在炼厂用来处理较轻原料的工艺对此类重质原料未必适用。这已经引起而且在未来的炼厂将继续引起工艺流程的变革，以满足重质原料加工处理的要求。

反应器的设计将继续着眼于催化剂的在线更换。固定床设计的缺陷在于催化剂机械强度不足和寿命短，即使在处理重质原料时使用了大量的催化剂(液时空速一般为 0.5～1.5)，催化剂寿命通常也仅为 6 个月或更短。炼油商试图通过创新设计来克服这些缺点，以更好地实现原料流动、催化剂利用及在线催化剂装卸。例如在线催化剂置换(OCR)工艺就取得了较大成功，此工艺在固定床加氢裂化反应器之前设有一个前置移动床反应器用于重质原料的脱金属。但这对于是否能够完全满足重质原料的持续加氢裂化仍然是一个问题。

目前，通过对沥青质化学性质的深入研究，我们已研发出改进的催化剂，改进催化剂的目的是能够催化沥青质组分的加氢裂化并且不会对催化剂产生严重的毒害作用。在这一点上，反复验证的 CANMET 工艺很有优势，该工艺加工阿萨巴斯卡沥青效果很好，铁甚催化剂作为焦炭前驱体的清除剂，还有一些金属氧化物可作为焦炭和硫的清除剂。尽管如此，炼油工业仍然很保守，导致在这些技术上的投资并不高。事实上，重质原料加氢技术占全球渣油加工能力的比例小于 1/3。

20 世纪 60 年代首次引入沸腾床技术以克服固定床中催化剂失活和分布不均的问题。氢气和原料从反应器底部进入，从而使催化剂床层膨胀。尽管沸腾床技术能通过催化剂的在线更换维持催化剂的性能不变，但沸腾床技术会产生返混，因此脱硫率和加氢转化率比固定床工艺低。通常为了限制结焦，多数工业沸腾床装置的脱硫范围在 70%～85%，渣油转化率在 50%～70%(体积分数)。

工艺开发工作将继续进行，沸腾床装置也将得到更多的应用，而且将对渣油转化产生越来越大的影响。工艺改进体现在以下方面：

(1)采用第二代催化剂技术，使稳定产物的转化率更高；

(2)催化剂再生，可实现比目前更大程度的废弃催化剂的再利用；

(3)设计新型反应器以提高单程生产能力。

重质油的浆态床加氢裂化和分散型催化剂的最新进展强烈表明这种技术将在未来炼厂中占有一席之地。重质油浆态床加氢裂化催化剂经历了两个发展阶段：

(1)非均相固体粉末催化剂。催化活性较低，会在塔底油中产生大量固体颗粒使得催化剂很难处理及再利用；

(2)均相分散型催化剂，又分为水溶性分散型催化剂和油溶性分散型催化剂。

分散型催化剂有较高的表面积/体积比，因此表现出高催化活性和良好的性能，适用于重油浆态床加氢裂化，并且将来会有更广泛的应用。尽管目前已经存在大量的工艺方案，但仍然需要工艺设计及设备创新。传统的加氢裂化工艺(高压)仍将用于生产更多的汽油和柴油，一种新的方案是在流化催化裂化装置上游引入一套缓和加氢裂化装置以维持流化催化裂化装置的全负荷运转。或者，更多的炼厂会转向两段循环加氢裂化(TSR加氢裂化)和逆向分段流程。

催化剂将继续从以下几个方面改进：

(1)提高加氢裂化活性；

(2)提高加氢脱硫活性；

(3)降低催化剂失活；

(4)增加循环周期。

为提高金属分散性及加氢装置操作灵活性，我们也需要对非贵金属催化剂进行改进，除了在高活性加氢裂化催化剂中加入β分子筛和酸性裂化剂外，含杂多阴离子的非贵金属催化剂也已经成为催化剂改进的一个方向，并且将继续改善。使用无定形硅酸铝载体和脱铝Y型分子筛的新方案即将被应用，这种催化剂能提供高活性及高稳定性。这些设计将降低操作压力，增加运转周期，提高汽油和柴油产率。

另一个焦点问题是在维持产物质量的同时降低氢耗。目前正在开发用于较低成本单段工艺的耐有机氮污染的催化剂。加工高金属原料时，在加氢装置上游设置一金属脱除装置是保护高活性催化剂的一种方法，该方法将得到广泛应用。

此外，生物质气化和费托合成转化作为下一代生物燃料开发的一部分，很可能会成为未来炼厂的一部分。炼油商需要密切关注炼制相关技术的最新进展，以及生物质加工的未来方向。炼油工业尤其应该把握目前重质油和渣油加工、强制性使用生物燃料及降低CO_2排放环保法规这些机遇和挑战。此外，带有碳收集器的气化装置，以及生物质原料的使用可以帮助炼油商达到CO_2低排放的要求。

参考文献

[1]韩崇仁．加氢裂化工艺与工程[M]．北京：中国石化出版社，2006.

[2]方向晨．加氢裂化[M]．北京：中国石化出版社，2006.

[3]James G. Speight. 未来炼厂[M]．北京：石油工业出版社，2016.

[4]杨成德．加氢裂化技术综述[J]．兰州石化职业技术学院学报，2000(2)：47－50.

[5]王祖纲，李颖．加氢裂化技术发展现状及展望[J]．世界石油工业，2020，27(4)：12－21.

[6]马强，贠世海，李凤岭．加氢技术应用研究进展[J]．内江科技，2007(3)：103－108.

[7]孟兆会，杨涛，葛海龙，等．劣质渣油复合床(SiRUT)加氢技术研究[J]．炼油技术与工程，2021，51(4)：10－13.

[8]田新堂，张玉峰，胡书敏，等．石油炼制工业中加氢技术和加氢催化剂的发展现状[J]．石油化工应用，2021，40(1)：14－17＋23.

[9]梁宇，王紫东，马守涛．催化裂化柴油加氢裂化技术研究进展[J]．炼油与化工，2019，30(6)：1－3.

[10]邓强，杭伟亮．沸腾床渣油加氢技术的工业应用及展望[J]．化工设计通讯，2018，44(12)：68－69.

[11]廖有贵，薛金召，肖雪洋，等．固定床渣油加氢处理技术应用现状及进展[J]．石油化工，2018，47

(9)：1020-1030.
[12]辛靖，高杨，张海洪．劣质重油沸腾床加氢技术现状及研究进展[J]．无机盐工业，2018，50(6)：6-12.
[13]俞亮．浅论加氢裂化技术的现状与趋势[J]．中国石油石化，2017，(10)：150-151.
[14]丁秀涛，关宝安，代旭，等．简述加氢裂化发展历史[J]．辽宁化工，2017，46(5)：481-482.
[15]郝文月，刘昶，曹均丰，等．加氢裂化催化剂研发新进展[J]．当代石油石化，2018，26(7)：29-34.
[16]吴青．悬浮床加氢裂化——劣质重油直接深度高效转化技术[J]．炼油技术与工程，2014，44(2)：1-9.
[17]王建明，江林．减压渣油悬浮床加氢裂化技术——当代炼油工业的前沿技术[J]．中外能源，2010，15(6)：63-76.
[18]孙建怀．分子筛型加氢裂化催化剂不注氨预硫化新技术应用[J]．现代化工，2022，42(1)：226-229.
[19]丁都林，孙荣阔．炼厂加氢工艺技术的发展与展望[J]．中国石油和化工标准与质量，2019，39(20)：201-202.
[20]李涛．国外加氢裂化催化剂的技术回顾[C]//第十一届全国工业催化技术及应用年会论文集，2014：28-32.
[21]汪文波．加氢裂化技术的改造及发展趋势分析[J]．石化技术，2018，25(1)：260.
[22]凡长坡．石油化工工业加氢催化裂化研究进展[J]．化工设计通讯，2021，47(10)：7-8.
[23]才智．加氢裂化工艺节能技术及应用[J]．化工管理，2021(17)：142-143.
[24]晓欣．雪佛龙的渣油悬浮床加氢裂化技术[J]．石油石化节能与减排，2015，5(5)：51.
[25]沈燕华．国外馏分油加氢裂化技术新进展[J]．当代石油石化，2004(7)：37-41.
[26]吴惊涛，石友良．国外馏分油加氢裂化技术新进展[J]．当代化工，2008(2)：161-165.
[27]姚国欣．CLG 的渣油悬浮床加氢裂化新技术[J]．中外能源，2016，21(12)：60-66.
[28]吴子明，曹正凯，曾榕辉，等．FDHC 柴油中压加氢裂化技术的开发[J]．石油炼制与化工，2017，48(2)：12-15.
[29]黄茂生，高杭，秦波，等．加氢裂化催化剂 FC-80B 研制与应用总结[J]．炼油技术与工程，2022，52(5)：48-50.
[30]于政敏，陈玉晶，樊宏飞，等．FC-60 加氢裂化催化剂的研制及工业应用[J]．当代化工研究，2022(9)：1-4.
[31]樊宏飞，孙晓艳，于政敏，等．加氢裂化催化剂 FC-38 的性能及应用[J]．石化技术与应用，2022，40(2)：73-77.
[32]韩飞．RN-32/RHC-1 催化剂在加氢裂化装置的应用[J]．石化技术，2022，29(4)：253-254.
[33]高杭，秦波，柳伟，等．新一代轻油型加氢裂化催化剂的研制[J]．炼油技术与工程，2022，52(3)：43-46+64.
[34]戴鑫．高温煤焦油悬浮床加氢裂化工艺优化[J]．石化技术与应用，2022，40(1)：12-16.
[35]陈玉晶，于政敏，樊宏飞，等．高干点原料多产中间馏分油加氢裂化催化剂研制[J]，炼油技术与工程，2022，52(4)：50-55.
[36]关宝安，丁秀涛，代旭，等．加氢裂化工艺简介[J]，辽宁化工，2017，46(3)：221-222+225.
[37]刘一丰．加氢裂化工艺技术研究[J]．山东工业技术，2014(19)：230.

[38]舟丹．加氢裂化工艺[J]．中外能源，2012，17(8)：99.
[39]寿建祥，何阳．催化重整技术对炼化一体化总流程的支撑作用[J]．炼油技术与工程，2020，50(2)：49-54.
[40]陈淳．炼化一体化基地的差异化发展[J]．石油炼制与化工，2013，44(7)：64-68.
[41]石化化工"十四五"行业重点任务[J]．乙醛醋酸化工，2020(2)：44.
[42]张伟清．中国将建设更多的炼化一体化工厂[J]．石油炼制与化工，2019，50(5)：63.
[43]凌颖．霍尼韦尔 UOP 先进制氢技术助力盛虹石化炼化一体化项目[J]．现代化工，2020，40(4)：243.
[44]谷云磊，袁明江，徐以泉，等．通过石脑油正异构分离装置提高炼化一体化工程经济效益的研究[J]．中外能源，2015，20(3)：68-72.
[45]范思强，王仲义，崔哲，等．加氢裂化工艺条件对直馏柴油高附加值的影响[J]．石油化工，2019，48(12)：79-83.
[46]范思强，子明，孙学峰，等．混合劣质柴油加氢改质试验研究[J]．炼油技术与工程，2019，49(4)：10-14.
[47]夏强斌．石脑油型加氢裂化技术及装置设计[J]．石油炼制与化工，2015，46(6)：17-20.
[48]范思强，彭冲，孙士可，等．加氢裂化精制油氨含量响应面优化[J]．石油化工，2020，49(1)：27-33.
[49]彭冲，黄新露，牛世坤，等．中国炼油加氢催化过程强化技术进展[J]．化工进展，2020，39(12)：4837-4844.
[50]童军，黎臣麟，武宝平，等．催化剂级配在加氢裂化装置中的应用[J]．石油化工，2019，48(11)：1174-1179.
[51]李振宇，黄格省．推动我国能源生产革命的途径分析[J]．化工进展，2015，34(10)：3521-3529.
[52]张庆军，刘文洁，王鑫，等．国外渣油加氢技术研究进展[J]．化工进展，2015，34(8)：2988-3002.
[53]刘海燕，于建宁，鲍晓军．世界石油炼制技术现状及未来发展趋势[J]．过程工程学报，2007(7)：176-185.
[54]Yasuak，Katsuyama H. Preparation eatalysis and charac-terization molybdenmll sulfide catalysts supposed[J]. Ind Eng Chem Res，1996，35(6)：1834-1841.
[55]郭淑芝，王甫村，刘彦峰，等，国外馏分油加氢裂化工艺和催化剂的最新进展[J]．炼油与化工，2007(4)：7-10.
[56]赵广乐，赵阳，董松涛，等．大比例增产喷气燃料改善尾油质量加氢裂化技术的开发与应用[J]．石油炼制与化工，2018，49(4)：7.
[57]石华信．加氢裂化预处理催化剂的级配新技术[J]．石油石化节能与减排，2015.
[58]陈积功．浅谈加氢裂化装置的能耗与节能措施[J]．石化技术，2021.
[59]刘美，刘金东，张树广，等．悬浮床重油加氢裂化技术进展[J]．应用化工，2017，46(12)：6.
[60]沐俊，王宗贤，沐宝泉，等．提高委内瑞拉常压渣油转化效率的工艺研究．
[61]John G. Gatsis Process for hydrorefining a hydrocarbon utilizing non-stoichiometric vanadium sulfide catalyst[P]. US：US061026474，19800422.
[62]Yoshimura Y，Matsubayashi N，Sato T，et al. Molybdatecatalysts prepared by a novel impregnation method：Effectof citric acid as a ligand on the catalytic activities[J]. Applied Catalysis A General，1991，

79(2)：145 - 159.

[63]张学花，丁玉华．催化剂对重油悬浮床中压加氢工艺的影响研究[J]. 科学技术与工程，2012，12(20)：5020 - 5022.

[64]Cyrt，Lewkowicz L，Ozum B，et al. Hydrocracking processinvolving colloidal catalyst formed in situ：US，5578197[P]. 1996 - 11 - 26.

[65]Montanari R，Marchionna M，Panariti N，et al. Process forthe conversion of heavy feedstocks such as heavy crudeoils and distillation residues：EP，US 8123932 B2[P]. 2012 - 02 - 28.

[66]高攀，公为军，武宝平．UOP 公司加氢裂化技术探索和研究[J]. 中国化工贸易，2014，000(11)：143 - 162.

[67]张煦显．加氢裂化组合催化剂的工业应用[J]. 当代化工，2009(4).

[68]李冰，宋国玉．RBI 技术在加氢装置中的应用[J]. 辽宁石油化工大学学报，2010(3).

[69]侯芙生．中国炼油供血技术发展途径展望[J]. 当代石油石化，2005，13(3)：19.

[70]加氢裂化学会．加氢裂化学会第五届年会报告论文选集[C]. 北京：科学技术出版社，2003：96 - 103.

[71]杨朝合，林世雄．重质油加氢裂化反应动力学的研究[J]. 石油与天然气化工，1998，1(1)：19 - 26.

[72]邢颖春．国内外炼油装置技术现状与进展[M]. 北京：石油工业出版社，2006：175 - 190.

致　谢

在本书的编写过程中，我得到了许多宝贵的帮助和支持。

首先，我要感谢参与本书编写的石油加工教研室所有同人，包括刘欣梅、杨朝合、孙昱东、陈小博、钮根林、吕玉超等，他们的耐心指导和无私帮助促成了本书的顺利完成。我还要感谢所有参与我课堂教学的本科生，他们为本书内容的丰富和完善作出了卓越贡献。

另外，衷心感谢本书的编辑，他们为本书的出版付出了巨大努力。

最后，我要感谢所有阅读本书的读者，是你们让我的写作之旅充满了意义。

编著者